Flug in die zweite Dimension

Geheimakte MARS 05

© 2017 D. W. McGillen

Umschlagfoto: Mit Lizenz

Paperback: ISBN 9781500712907
Imprint: Independently published

Hardcover: ISBN: 9798831514070
Imprint: Independently published

ISBN-e-Book: ebenfalls erhältlich:

Das Werk, einschließlich seiner Teile ist urheberrechtlich geschützt. Jede Verwertung ist ohne die Zustimmung des Verlages und des Autors unzulässig. Die Namen der Personen und die Handlung sind frei erfunden.

D.W. McGillen, 01.06.2022

Auch erhältlich:

Geheimakte Mars 01: Suche nach dem Ursprung
Geheimakte Mars 02: Erde in Gefahr
Geheimakte Mars 03: Entscheidung an der Dunkelwolke
Geheimakte Mars 04: Rebellion auf Proxima-Centauri
Geheimakte Mars 05: Flug in die zweite Dimension
Geheimakte Mars 06: Die versunkene Basis

Inhaltsverzeichnis

FLUG IN DIE ZWEITE DIMENSION 1
DIE GEHEIMNISVOLLE STADT 4
RENDEZVOUS MIT DER VERGANGENHEIT 78
SABOTAGE AUF PRODUKTIONSWERFT 5 148
INFILTRATION 245
DIE LETZTE ZUFLUCHT DER GEJAGTEN 427

Die geheimnisvolle Stadt

Barenseigs dachte sterben zu müssen.

»Ich war gewarnt worden«, erinnerte er sich. »Diese Warnungen habe ich ausgeschlagen und auf meine fortschrittliche Technik vertraut. Admiral Cartero hatte mir noch vor der Abreise mitgeteilt, dass ich ohne Hilfe sein werde. «

Barenseigs war ein Dickkopf, wie viele von seiner Rasse. Er gehörte zu den Gildoren der Admiralität. Als Außen-Agent suchte er nach Artefakten und den Spuren der Aller-Ersten. Das war eine mystische alte Rasse im Universum, von denen nur noch Hinweise, Rätsel und Artefakte zu finden waren. Was für Wesen das waren, konnte Barenseigs nicht beantworten. Keine Rasse kannte ihr Aussehen. Hin und wieder fiel der Name der Ablonder. In welchem Verhältnis sie zu den Aller-Ersten standen, war ebenfalls ungeklärt. «

Gildoren mussten sich in der Regel allein durchschlagen. Hierauf waren sie geschult und ausgebildet. Er hatte gewusst, was ihn hier auf diesem unbekannten Planeten erwartete. Bereits die Drohne, mit dem exzellenten Abwehrschirm, war von den Strahlen der großen Stadt abgeschossen worden. Jetzt war es seinem technisch weit ausgereiften Raumschiff ebenso ergangen. Obwohl sein Schutzschirm eingeschaltet war, half er nicht. Die mächtigen Strahlen der großen Stadt schlossen sein Schiff ein, ließen seinen Schirm kollabieren und zerstörten seine Antriebe. Nur schwer gelang es ihm, das unkontrollierbare Raumschiff halbwegs sicher zu landen. Barenseigs stand neben seinem Schiff und schaute auf den zerstörten, qualmenden Antrieb. Dunkler, schwarzer Rauch zog sich quälend in den Himmel. Sein geschulter Verstand konnte sich gegen die aufkeimende Furcht zur Wehr setzen, jedoch sein Selbstbewusstsein drohte in eine bodenlose Tiefe zu entfliehen. Er versuchte dagegen anzukämpfen, musste sich jedoch eingestehen, dass es nicht immer klappte. Er wusste, er war auf sich gestellt. Hieran konnte er jetzt nichts mehr ändern.

Er schaute wieder zu der großen Stadt hinüber. Der Schutzschirm um die große Stadt war zwischenzeitlich erloschen. Sie hatte wohl bemerkt, dass Barenseigs keine Gefahr mehr für sie darstellte. Wer, oder was hatte sein Schiff abgeschossen? Er wusste es nicht. Barenseigs würde sich auf die Suche machen und die Schuldigen finden. Solange er denken konnte, war er ein Suchender. Die Gildoren hatten bereits früh sein Talent erkannt, Ergebnisse und Erfolge vorzulegen. Alle seine Aufgaben hatte er immer positiv abgeschlossen. Auch bei dieser Mission war das sein Ziel. Barenseigs konnte sich nicht an Misserfolge erinnern.

Es hatte lange gedauert bis er das alte Artefakt der Ablonder, oder war es doch durch Die Aller-Ersten entwickelt worden, gefunden hatte. Ein dreieckiges Amulett, mit seltsamen Schriftzeichen, silberfarben, jedoch aus einem Material, das von der Admiralität seines Heimat-Planeten nicht spezifiziert werden konnte. Das Material kam in den ihnen bekannten Universen nicht vor. Nur durch einen Zufall war es ihm und dem Befehlshaber der Gildoren gelungen, eine versteckte

Tastatur zu bedienen, die ein dreieckiges Transmitter-Tor ins All öffnete. Das sollte der Weg in das Refugium sein, zu einem besseren Universum. Das sagten zumindest die Legenden aus. Barenseigs war es gelungen, dieses Dimensions-Tor zu öffnen.

Er wusste, dass es nicht mehr viele Amulett-Träger im Universum gab. Trotz aller Bedenken war er hindurch geflogen und hatte den vor ihm liegenden Planeten als erstes Ziel auserkoren. Es war der einzige sichere Navigationspunkt, den er im näheren Umkreis erkennen konnte. Sicherheitshalber aktivierte er sein Tarnfeld, zusätzlich seinen Schutzschirm. Alles ging gut, bis er sich der großen Stadt näherte. Da passierte es. Wie schon bei der Drohne bemerkt, schossen drei gezielte Strahlen, vermutlich von programmierten Abwehr-Geschützen der Stadt, auf sein Schiff zu. Barenseigs riss den Knüppel der Steuerung nach links, jedoch zu spät. Die Strahlen hüllten sein Schiff ein. Er wunderte sich, warum seine KI keinen Notsprung gemacht hatte. Sie war für solche Probleme speziell programmiert.

Barenseigs bemerkte, dass seine Anzeigen verrücktspielten und der Schutz-Schirm kollabierte. Hiermit nicht genug. Sekunden später explodierten die Antriebe. Feuer und Rauch loderten auf. Die automatische Löschanlage konnte zwar das Feuer löschen, jedoch waren die Antriebe hin. Im Gleitflug zog er mehrere Runden am Himmel und senkte so die Geschwindigkeit ab. Der harte Aufprall auf dem Boden pflügte eine lange Rinne in die Lichtung vor der Stadt. Er musste sich mit dem Gedanken anfreunden, dass er vermutlich nie mehr gefunden werden würde.

»Besser hier auf dieser Sauerstoffwelt als irgendwo im luftleeren Raum verschollen«, dachte er. »Hier kann ich mich einrichten und die alte Stadt erkunden. Vielleicht kann ich verwertbare Materialien sammeln, um mein Schiff zu reparieren. Energie scheint die Stadt noch zu haben. «

Barenseigs schloss die Augen und versuchte sich wieder zu sammeln. Ein starkes Stechen durchzog seinen Körper. Er holte tief Luft, schnallte sich von seinem Sitz los. Vorsichtig öffnete er den Schott. Barenseigs kletterte aus seinem beschädigten Schiff nach außen. Tief atmete er die würzige Luft in seine Lungen ein. Es tat ihm gut.

»Es ist saubere Luft, ohne jegliche Art von Industrie-Abgasen, Verschmutzungen, oder chemischen Gerüchen«, dachte er.

Er drehte sich zu seinem Schiff um und öffnete an der Außenwand eine Klappe. Hieraus zog er seinen Waffengurt und legte ihn um.

»Ich nehme besser auch das Laser-Gewehr mit«, dachte er und schulterte es.

Die restliche Ausrüstung war in seinem Rucksack verstaut, den er ebenfalls aus der Kammer zog. Barenseigs entfernte sich 100 Meter von seinem Raumschiff und setzte sich ins frische Gras. Seinen Individual-Schirm hatte er mit der leichtesten Stufe aktiviert. So würden auch sich anschleichende Tiere keine Chance haben ihn zu verletzen.

Er schaute zurück auf sein Schiff. Der Qualm zog sich hoch in die Atmosphäre.

»Die Rauchsäule kann man von weitem sehen«, bemerkte er. »Ich muss mir ein Versteck suchen, bevor ungebetene Gäste zum Essen kommen.«

Barenseigs konnte nur einen kleinen Teil der Stadt erkennen, die in 5 Kilometern vor ihm lag. Viele Türme, Bürogebäude, Hallen mit Antennen, vermittelten ihm einen ersten Eindruck. Er schätzte die Größe auf mindestens 24 Kilometern Durchmesser. Barenseigs kramte in seinem Rucksack und zog eine selbstkühlende Flasche Flüssigkeit heraus. Er schnippte den Verschluss ab und setzte zum Trinken an. Wohltuend floss das kalte Sekret seinen Hals hinunter. Dabei legte er seinen Kopf in den Nacken und bemerkte plötzlich das grelle Licht am Himmel. Dieses entstand immer, wenn der Dreiecks-Transmitter seinen Dienst verrichtete. Irritiert verschloss er die Flasche und schaute dem Schauspiel zu. Dunkle Schatten traten aus dem Licht heraus.

»Raumschiffe«, sagte er zu sich. »Wie kann das sein? Sind die Aller-Ersten zurück? Hat die Stadt Verstärkung gerufen. Wer sonst sollte die Möglichkeit haben, das Transmitter-Tor zu öffnen. Ich werde es bald erfahren.

***

Major Travis, Sirin, Commander Brenzby und Heinze standen am CIC und schauten auf den vor ihnen liegenden Planeten mit seinem Trabanten.

»Scans durchführen«, befahl Major Travis.
»Alle Orter laufen bereits«, antwortete Sergeant Dantow.
»Wir bekommen erste Ergebnisse herein. Ich leite auf das Combat-Information-Center durch.«

»Keine Industrie-Abgase«, bemerkte Major Travis.
»Die Luft ist für uns atembar«, ergänzte Commander Brenzby. »Relativ wenige Tiere wurden festgestellt. Ansonsten viel Wasser, Wälder, Wiesen. Es kommen weitere Werte herein von vergleichbar großen Städten auf dem Planeten, aber keine Bevölkerung wurde registriert. Die Städte scheinen verlassen zu sein.«

»Ich messe Energiewerte, aber im Luftraum des Planeten«, teilte Ortungs-Offizier Dantow mit. »Es scheint ein kleineres Raumschiff zu sein, das in die Luftschichten eindringt.«

»Nahortung einschalten«, befahl Major Travis.
Die Objektive der Termar 1 zoomten die Koordinaten heran.

»Da ist es«, sagte Commander Brenzby.
Die Sensoren hatte das kleine Raumschiff erfasst, das sich im Sinkflug in der Atmosphäre des Planeten befand.

»Es nähert sich der Stadt«, erkannte Sergeant Dantow. »Ich messe verstärkte Energiewerte. Die Anzeige der Skala schnellt nach oben.«

Die Brücken-Crew konnte plötzlich sehen, wie sich um die große Stadt ein Energieschirm aufbaute.

»Es scheint doch noch etwas Interessantes auf diesem Planeten zu sein«, sagte Major Travis.

Ohne Vorankündigung schossen drei Energiestrahlen von der Stadt in den Schutzschirm des kleinen Raumschiffes ein. Das Raumschiff geriet ins Trudeln, Rauch stieg von seinem Antrieb auf.

»Das Schiff wurde getroffen«, erkannte Commander Brenzby. »Es stürzt ab.«

Die Offiziere sahen, wie das Schiff anfing zu trudeln und versuchte den Abwärtsflug zu bremsen. Das Schiff schien durch seinen Piloten nicht mehr kontrollierbar zu sein. Es stürzte schließlich auf eine große Wiese und pflügte einen langen tiefen Graben aus, bis es endlich zum Stillstand kam.

»Es ist bereits ein Besucher vor uns eingetroffen«, bemerkte Major Travis. »Wir sollten äußerst vorsichtig an die Sache herangehen. Unsere sechs Schiffe der Kaiser-Klasse nehmen eine Warteposition in der Umlaufbahn des Planeten ein. Commander Brenzby, lassen sie sich bitte eine Bestätigung geben.«

»Der Befehl ist raus«, meldete der Commander. »Die Bestätigungen treffen bereits ein.«

Marc blickte Heinze an.
»Kannst du die Gedanken der Person empfangen?«, fragte er. » Er scheint von humanoider Gestalt zu sein.«

»Ich versuche es«, entgegnete Heinze.

Dieser verzog seine Stirn in Falten und esperte nach den Gedanken des Raumfahrers.

»Die Gehirnwellen sind ähnlich, wie bei Sirin«, flüsterte er. »Ich erfasse die gleiche Wellenstruktur. Der Pilot ist ein Mitglied der Gildoren. Er versteht sich als Agent für Außen-Aufgaben. Sein Interesse liegt auf der Suche nach Artefakten und neue Technologien von untergegangenen Rassen. Seine Gedanken sind nicht böse, sondern eher neugierig. Es geht keine Gefahr von ihm aus.«

»Wir werden in seiner Nähe landen und nehmen Kontakt auf«, entschied Major Travis. »Wir haben in dem Tempel der Alten gelernt, dass die Technik der Ablonder den natradischen Wissenschaftlern Einlass gewährt. Sergeant Farmer, senden sie unseren ID-Code an die KI der Stadt. Vielleicht haben wir Glück, dass wir nicht mit Abwehr-Strahlen empfangen werden. Legen sie sämtliche Energie bitte auf unsere Schilde.«

***

Barenseigs saß im Gras und blickte in den Himmel. Die Konturen der Raumschiffe wurden größer.

»Ich bekomme tatsächlich Besuch«, dachte er. »Es kann keine Hilfsflotte der Gildoren sein. Die Konturen der Schiffe sehen völlig anders aus. Ich habe versagt.«

Barenseigs hatte nicht damit gerechnet, angegriffen zu werden. Er saß auf einem Stein und ließ seine Hände durch das Gras gleiten. Die kühle Frische der Wiese kühlte ihn etwas. Barenseigs stand auf und ging zu seinem qualmenden Raumschiff zurück. Er öffnete eine Klappe und holte seinen Kampfanzug heraus. Nachdem er den Waffengürtel abgelegt hatte, deaktivierte er kurz seinen Körperschirm. Er zog sich den Kampfanzug an, der sich selbstständig verschloss.

Ein kurzer Blick auf die Anzeigen seines Anzuges genügte, um zu erkennen, dass ausreichend Energie für die nächsten Wochen vorhanden war. Sicherheitshalber aktivierte er wieder seinen Individual-Schirm. Das bekannte blaue Flimmern des Energiefeldes legte sich um seinen Körper. Erst dann schnallte er sich seinen Waffengürtel um. Auf der Brust des schwarzen Panzeranzuges leuchtete goldfarben das Symbol der Gildoren. Barenseigs bemerkte, dass sechs Schiffe in eine Umlaufbahn um den Planeten manövrierten. Lediglich ein Schiff setzte zum Landeanflug an. Schnell wurde es größer und größer. Barenseigs sah, wie die Bremsdüsen ihren Dienst versahen und das Schiff abfingen.

***

»Landestützen werden ausgefahren«, meldete Sergeant Hausmann.

Sanft setzte das 500-Meter-Raumschiff auf der Lichtung auf.

»Landung erfolgreich«, bemerkte der Sergeant. Major Travis und sein Team waren bereits auf dem Weg zum Lift.

»Ist Sergeant Hardin informiert?«, erkundigte sich Marc bei seinem Commander.

»Gewiss«, erwiderte dieser. »Er erwartet uns an der Ausstiegsbrücke. So wie ich ihn verstanden habe, nimmt er sechs Marines und ebenfalls sechs Kampfroboter mit.«

»Das alles für einen abgestürzten Raumfahrer?«, bemerkte Heinze.

»Wir kennen ihn nicht«, erwiderte Major Travis. »Er könnte gefährlich werden.«

»Er sendet keine gefährlichen Gedanken aus«, erwiderte Heinze.

»Trotzdem werden wir nicht leichtsinnig werden«, konterte Marc. »Die Taja's werden auf Stufe 1 eingestellt.«

Der Lift bremste ab, die Türe öffnete sich geräuschlos.

»Lasst uns gehen«, sagte Commander Brenzby.

Major Travis instruierte Sergeant Hardin und öffnete das Außen-Schott. Sofort baute sich die laserbrücke auf und stellte den Bodenkontakt her. Sergeant Hardin befahl den Kampfrobotern vorzurücken. Die Marines folgten ihnen in kurzen Abständen.

Die Shy-Ha-Narde hatten bereits in den Kampfmodus geschaltet. Die rotglühenden Augen wiesen auf eine extreme Wachsamkeit hin. Major Travis und sein Team folgten in kurzem Abstand. Er blickte auf das in 200 Meter vor ihnen liegende kleine Raumschiff, von dem sich immer noch Rauchsäulen in den Himmel zogen. Etwas davor saß ein Raumfahrer, in einem schwarzen Anzug gemütlich im Gras. Er machte keine Anstalten aufzustehen oder sich schreckhaft nach einer Deckung umzusehen. Major Travis hatte den Eindruck, dass er sich interessiert das Schauspiel anschaute. Langsam näherte sich die Gruppe dem Raumfahrer.

***

Die Wächterin der Stadt war eine Hypertronic-KI. Ihre Herren, die Ablonder, waren schon lange nicht mehr da.

»Sie wollten irgendwann zurückkommen und ihr Eigentum wieder in Besitz nehmen«, dachte sie. »Das ist jetzt mehr als 169.000 Jahre her. Ich bin als Verwalterin eingesetzt und programmiert worden, das Eigentum unserer Herren zu beschützen. Seit ihrer Abreise habe ich nichts mehr von ihnen gehört. Noch nie in dieser Zeit durfte ich Besuch empfangen. Jetzt aber hat sich das dreieckige Transmitter-Tor wieder geöffnet und ein Raumschiff freigegeben. Es ist ein unbekanntes Raumschiff und für mich nicht identifizierbar. Unsere Herren haben mich mit einer Programmierung versehen, die natradischen Forschern und Wissenschaftlern Einlass gewähren sollte. Die Ablonder kannten die Natrader und schätzten ihre Entwicklung in der Milchstraße. Dieses Schiff ist jedoch kein natradisches Schiff und es sendet keine Erkennungs-ID.«

Die Entscheidungen waren für die KI gefallen.

»Unautorisierter Anflug«, stellte die KI fest.
Sie gab Alarm und aktivierte ihre Energie-Reaktoren. Unzählige unterschiedliche Roboter erwachten zum Leben und liefen quirlig zwischen den riesigen Anlagen hin und her. Nach der langen Zeit des Wartens konnte die KI wieder notwendige Wartungen durchführen und ihre Systeme überprüfen.

»Die Abwehrsysteme unverzüglich aktivieren«, stellte sie fest.

Sie konnte zwischenzeitlich das fremde Raumschiff scannen und stellte eine Unzahl von Waffen fest.

»Schutzschirme hochfahren, Abwehrgeschütze aktivieren, Kampf-Schwadronen einsetzen«, befahl sie.

Am Fuße ihres Basis-Centers schoben sich große Tore auf, aus denen 200 waffenstarrende Kampf-Roboter ins Freie entlassen wurden. Diese 2,50 Meter großen Kolosse waren flugfähig. Ihre runden Köpfe lokalisierten die Situation nach allen Seiten. Schon nach den ersten Schritten ins Freie, aktivierten sie ihre Turbinen, klappten kleine Flügel aus und hoben in die Luft ab. In geordneter Formation flogen sie auf den Energie-Schirm zu. Während des Fluges klappten sie ihre vier schweren Strahlen-Geschütze aus, die sich bereits auf die Ziel-Koordinaten einpendelten.

Die KI wusste, dass dort wo die Roboter hinflogen, das Haupttor in dem Energie-Schirm integriert war. Ihre Kampf-Schwadronen sollten das Tor zusätzlich sichern und niemanden ohne ihr Geheiß einlassen. Die Roboter hatten ihre Zielerfassung aktiviert. Das kleine Raumschiff durchdrang die Wolken und näherte sich der Stadt. Die KI konnte nicht mehr länger warten. Sie erteilte die Feuerfreigabe für einen ihrer Geschütztürme.

Drei mächtige Laser-Lanzen lösten sich von dem Geschütz und rasten dem unbekannten Raumschiff entgegen. Die KI erkannte, wie die Laser-Strahlen das Schiff einhüllten und den Schutzschirm kollabieren ließen. Dann explodierte der Antrieb. Die Explosion ließ das Schiff erschüttern. Ihre feinfühligen Sensoren meldeten ihr den Ausfall des Antriebes des Raumschiffes. Rauch stieg am Heck des Fluggerätes auf.

»Schwerer Einschlag an dem Raumschiff«, meldeten ihre Sensoren. »Ausfall des Antriebes und der Waffentechnik.«

Sie registrierte den Absturz des Schiffes und die anschließende Harmlosigkeit des Wracks. Die KI gab Entwarnung. Sie deaktivierte die Abwehr-Geschütze und beorderte ihre Roboter zurück. Die Überwachungs-Sensoren erfassten ein humanoides Lebewesen, das sich von dem Raumschiff entfernte. Die KI scannte das Lebewesen und stellte eine entfernte Verwandtschaft zu ihren Herren fest.

»Die DNA weist jedoch sehr große Unterschiede auf«, dachte sie. »Von nur einem Wesen geht keine Gefahr aus.«
Erleichtert fuhr sie alle ihre Aktivitäten zurück. Lediglich ihre Sensoren beobachten weiterhin die Absturzstelle und das humanoide Wesen. Plötzlich einsetzender Alarm löste sie aus der Beobachtungshaltung. Wieder war das dreieckige Transmitter-Tor geöffnet worden und gab sieben Raumschiffe frei.

»Heute überschlagen sich die Ereignisse«, bemerkte sie. Vorsichtshalber aktivierte sie wieder ihre komplexe Anlage und stellte sich auf weitere Abwehr-Maßnahmen ein. Sie bemerkte, dass sechs Schiffe eine Umlaufbahn um ihren Planeten einschlugen. Lediglich ein Schiff blieb auf dem ursprünglichen Kurs und wollte landen.

»Es ist ein großes Schiff und es hat bereits seine Schutz-Schirme aktiviert«, dachte sie. »Dieses Schiff wird sich nicht von einem Geschütz-Turm überraschen lassen. «

Sie ließ das Schiff von allen ihren 69 Abwehr-Geschützen anvisieren und wartete ab. Funkwellen erreichten sie. Das Schiff übersandte ihren ID-Code. Die KI verglich die Daten mit ihrem Archiv.

»Scheinbar handelt es sich um ein natradisches Schiff«, registrierte sie. »Die Form wurde modifiziert, aber es ist trotzdem noch als natradische Bauweise erkennbar. Der Einlass wird gewährt. «

Sie versuchte weitere Scans durchzuführen, konnte aber den aktivierten Schutzschirm nicht durchdringen. Gemäß ihrer Programmierung deaktivierte sie ihre Waffen, blieb aber weiter wachsam. Plötzlich bemerkte sie, dass etwas nicht stimmte. Tief in der Erde, da wo ihre Energie-Versorgung gewonnen wurde, schmorte das zentrale Kommunikations-Modul durch, das eine Funkverbindung zu ihren Kampf-Robotern aufbaute. Sie erkannte sofort, dass durch das Aktivieren und Deaktivieren, nach der langen Zeit der Abschaltung, ein Defekt entstanden war. Sofort entsandte sie Wartungseinheiten zu dem Problem-Terminal. Ihre Analysen zeigten ihr jedoch, dass die Verbindung zu ihren Kampf-Schwadronen abgebrochen war. Sie wusste, dass jetzt das Notfall-Programm einsetzte, dass ihren Robotern die Ausführung des letzten Befehls befahl. Sie bemerkte, wie die Roboter eine Strukturlücke in ihrem Schirm öffneten und im Laufschritt losstürmten.

***

Barenseigs stand auf, als sich die gefährlich aussehenden Kampf-Roboter der Termar 1 näherten. Die Gildoren hatten ähnliche Modelle und er kannte die Gefährlichkeit dieser Maschinen. Eine zu schnelle Bewegung konnte schon einen Eklat verursachen. Er entschied sich dafür, entspannt zu bleiben. Barenseigs bemerkte, wie die militärische Einheit sich an günstigen Positionen um ihn herum aufstellte. Es kamen humanoide Wesen auf ihn zu.

»Mein Name ist Major Travis«, sprach eine hochgewachsene Gestalt ihn in reinem Natradisch an. »Es sieht fast so aus, als ob sie eine Mitreise-Gelegenheit suchen?«

Barenseigs lächelte.
»Das wäre hilfreich«, antwortete er. »Mein Name ist Barenseigs, Gildor der Admiralität.«

»Freut uns sehr«, antwortete Major Travis. »Darf ich ihnen Commander Brenzby vorstellen. Er kommandiert unser Schiff.«

Barenseigs schaute ihn an und drückte seine Hand kurz auf die Brust und ließ die geballte Faust danach nach oben schnellen.

»Das ist die Form unserer Begrüßung«, sagte er.

Sirin zog ihre Stirn in Falten und beobachtete den Fremden.

»Daneben steht Heinze, «, ergänzte Major Travis. »Er ist ein Ro. Er unterstützt uns bei unseren Expeditionen. «

Barenseigs lächelte ihm zu.
»Es freut mich, sie alle kennen zu lernen«, entgegnete er. »Wer ist die Frau in ihren Reihen? «

»Das ist Sirin, die letzte natradische Prinzessin«, entgegnete Major Travis.

Sie schaute Barenseigs genau in die Augen. Plötzlich bemerkte sie, wie seine Gesichtszüge einfroren. Er ließ sich weiter nichts anmerken und setzte seine Begrüßung fort.

Barenseigs erkannte, wie Heinze dem Major etwas ins Ohr flüsterte. Dieser sprach etwas in sein Head-Fon und gestikulierte mit den Armen. Er sah, wie aus dem Raumschiff weitere Kampfroboter ausgeschleust wurden und vor ihnen eine breite Abwehrstellung bildeten.

»Es müssen weit über 400 Stück sein«, dachte Barenseigs.

Eine gewisse Hektik entstand. Der ihm vorgestellte Kommandeur der Marines lief im Eilschritt sein Kommando ab und erteilte letzte Instruktionen. Jetzt wurde auch Commander Brenzby sehr aktiv, der die Ausdehnung des Super-Schutzschirmes um 300 Meter erweiterte und so das Außenteam absicherte.

»Was ist los?«, fragte Barenseigs.

»Wir werden angegriffen«, antwortete Major Travis. »Die Stadt sendet uns ihre Kampfroboter. Sie müssten gleich da sein.«

Die Waffentürme der Steuerbordseite der Termar 1 drehten sich den Angreifern zu. Barenseigs bemerkte, dass Sergeant Hardin seine Kampf-Roboter bereits durch eine Strukturlücke in dem Schirm nach außen geschickt hatte. Die Roboter rammten Laser-Abwehrschilde in den Boden, die einen Großteil der Strahlen ablenken konnten. Der so aufgebaute Schildwall gab ihnen wenigstens etwas Schutz. Die Waffen wurden entsichert und die anstürmende Horde von Fremd-Roboter anvisiert.

Dann war es so weit. Überall entstanden Explosionen von Geschossen, die derzeit noch weit vor dem Schirm den Boden aufrissen. Zischende Thermostrahler, knisternde Desintegratoren, donnernde Einschläge von gezündeten Sprengkörpern der 2,50 Meter großen angreifenden Metall-Kolosse.

Auf der anderen Seite standen die kampferprobten Shy-Ha-Narde. Sie warteten exakt ab, bis die gegnerischen Roboter in Zielreichweite gekommen waren. Fast gleichzeitig mit den Geschützstürmen der Termar 1, begannen sie ihre heißen Strahlen zu verschießen. Es schien so, als ob die gegnerischen Roboter vor eine Wand gelaufen waren. Die Treffer schleuderten die vorderste Reihe zurück, auf den nachfolgenden Trupp. Die Geschütze der Termar 1 rissen gewaltige Löcher in die Angreifer-Front.

Roboter wirbelten durch die Luft und stützten auf Kollegen. Erneut setzten die natradischen Kampfroboter ihre schweren Laser-Gewehre ein. Der schwere Beschuss riss die feindlichen Metallboliden von ihren Beinen. Trotzdem leisteten diese einen erbitterten Widerstand. Sie feuerten ununterbrochen aus ihren vier beweglichen Waffenarmen. Doch es gelang ihnen nicht, den Schutzschirm der Shy-Ha-Nardes zu durchdringen. Der Super-Schutzschirm der Termar 1 absorbierte ebenfalls alle Treffer.

Barenseigs atmete durch.

»Sie verfügen über einen außerordentlichen Schirm?«, sprach er Major Travis an.

Der war in Gedanken versunken und antwortete nur in einem kurzen Satz.

»Das ist unsere Basis-Verteidigung«, erklärte er.

Der Major konzentrierte sich wieder auf das Kampfgeschehen. Immer mehr angreifende Roboter blieben als qualmender Schrott liegen und standen nicht mehr auf. Noch brauchten die Marines nicht einzugreifen. Die vor dem Schirm positionierten Kampfroboter hatten keine Ausfälle zu verzeichnen. Der Schutzschirm bewährte sich erneut. Das Feld der angreifenden Roboter lichtete sich. Die Shy-Ha-Narde feuerten ununterbrochen auf die verbliebenen Gegner.

Der gleichzeitige Einschlag von mehreren Treffern ließ die Getroffenen reihenweise explodieren. Trotz guter Waffen-Ausstattung hielt ihr Schutzschirm nur wenige Treffer aus. Die starken Laser-Gewehre der Roboter-Abwehr des neuen Imperiums, rissen Löcher in die Reihen der heranstürmenden Roboter. Die natradische Abwehr stand wie ein Fels in der Brandung. Die Roboter gaben Dauerfeuer auf die heraneilende feindliche Horde. Endlich verebbte der Angriff. Die feindlichen Roboter lagen zerstört auf dem Schlachtfeld. Aus einigen stieg Rauch auf. Andere hatten Gliedmaße verloren. Überall lagen Einzelteile der Fremd-Roboter verteilt.

»Hoffen wir einmal, dass wir nicht noch mehr Überraschungen erleben«, sagte Major Travis.

Er drehte sich wieder Barenseigs zu.
»Was führt sie in diese Gegend des Universums?«, fragte Marc und zog sein rechtes Augenlid nach oben.

»Der reine Forscherdrang«, antwortete Barenseigs. »Sie vermuten richtig, ich befinde mich ebenfalls im Besitz eines Amulettes. Ansonsten wäre ich nicht hierhin gelangt. «

Major Travis lächelte.
»Sie haben meine Vermutung bestätigt«, antwortete er.
»Wie sind sie in den Besitz gelangt? «

»Das ist eine längere Geschichte«, antwortete er. »Ich möchte hier gar nicht darauf eingehen. Nur so viel, ich habe das Amulett von einem Echsenwesen erhalten, das es loswerden wollte. Es erklärte mir, dass der Besitz großes Unwohlsein bei ihm ausgelöst hatte. Wir tätigten das Geschäft und jeder von uns ging seiner Wege. Dann plötzlich 2 Tage später tauchte das Echsenwesen wieder auf und wollte es zurückhaben. Ich teilte ihm mit, dass der Kauf rechtsgültig wäre und ich keine Absicht hegen würde das Amulett wieder loszuwerden. Bei dem sich hieraus entwickelnden Kampf verstarb das Echsenwesen. Ich flüchtete und verwischte meine Spuren. «

»Was wissen sie über das Amulett? «, fragte Major Travis.

Jetzt schmunzelte Barenseigs.
»Eigentlich nichts«, antwortete er. »Nur durch Zufall habe ich eine Tastenkombination gedrückt, der dann das Dreiecks-Tor öffnete. Mein Vorgesetzter hatte mich noch gewarnt, einfach in das Portal zu fliegen. Leider war

meine Neugier größer. Ich wollte wissen, was sich hier verbirgt. Ich bin auf den Spuren der Aller-Ersten.«

»Wer sind die Aller-Ersten?«, fragte Commander Brenzby. »Wieder so eine mysteriöse Rasse des Universums?«

»Sie haben nicht ganz Unrecht«, entgegnete Barenseigs. »Es sind nur noch ganz wenige Spuren von ihnen zu finden. Angeblich sollen sie die Amulette hergestellt haben. Diese Rasse scheint über ein Wissen verfügt zu haben, das weit über unsere heutigen Vorstellungen und unserem technischen Verständnis hinausgeht.«

»Wir haben Informationen, dass eine Rasse, die sich Ablonder nannte, die Amulette versteckt haben soll?«, erklärte Major Travis.

»Das eine schließt das andere nicht aus«, erwiderte Barenseigs. »Unser Volk hatte vor langer Zeit einmal Kontakt mit den Ablondern. Sie haben uns geholfen, eine neue Heimat für unser Volk zu finden. Das ist aber lange her. Viele Informationen sind leider durch die schwierigen Umstände der damaligen Zeit verloren gegangen.«

»Wo ist ihr Volk ansässig?«, fragte Major Travis.
»Weit entfernt«, entgegnete Barenseigs. »Wir haben uns eine Kunst-Galaxie erschaffen, die wir Santaron nennen. Sie liegt nahe der Sombrero-Galaxie. Trotzdem werden sie diesen Ort nicht finden, weil wir unser Heimat-System

getarnt haben. Es wurden Vorkehrungen getroffen, um nie mehr unliebsamen Besuch zu erhalten. «

»Warum das Ganze? «, fragte Major Travis.
»Weil wir hier einen Nachkommen der natradischen Evakuierungs-Flotte von Admiral Tarin gefunden haben«, kam Sirin der Antwort von Barenseigs zuvor. »Verraten haben sie sich mit der alten natradischen Begrüßung. «

»Ich habe es direkt gewusst, dass ich der letzten kaiserlichen Prinzessin von Natrid nichts vormachen kann«, antwortete dieser.

Major Travis blickte ihn an.
»Sie sind ein Natrader? «, fragte er. » Dann war ihr Ursprung in dem gleichen Sternensystem, in dem wir zu Hause sind. Wir sind Terraner und kommen von der Erde. «

Barenseigs wirkte erstaunt.
»Sie sind Atlanter? «, erwiderte er.

Major Travis schüttelte den Kopf.
»Atlantis ist mit Natrid untergegangen und uns nur noch durch Mythen bekannt«, erklärte er. »Wir sind die Barbaren, von denen einzelne immer noch das Natridgen in sich tragen. Wir stammen von dem dritten Planeten des Sol-Systems. Sie nannten unseren Planeten damals Tarid. «
» Tarid und Natrid dürfte gar nicht mehr existieren«, sagte Barenseigs. »Die Überlieferungen unserer Vorfahren

haben uns vermittelt, dass die Planeten im großen Krieg restlos vernichtet wurden?«

»Das ist nicht richtig«, antwortete Sirin. »Natrid wurde radioaktiv verseucht. Die unterirdische Stadt Tattarr überlebte und konnte einige natradische Flüchtlinge eine Zeit lang beherbergen. Diese wurden später von Admiral Tarin und seiner Evakuierungs-Flotte in Sicherheit gebracht.«

»Das wusste ich nicht«, staunte Barenseigs.

»Vor zwei Jahren ist eine alte Programmierung von Admiral Tarin angelaufen, die den Menschen die Nutzung der technischen Hinterlassenschaften von Natrid zugesprochen hat«, ergänzte Sirin. »Die Evakuierten haben sich nicht mehr sehen lassen«

Sirin wirkte bei diesem Satz recht aufgewühlt.

»Ich erklärte ihnen bereits, dass wir glaubten, Natrid wäre restlos zerstört worden«, entgegnete Barenseigs. »Es sind über 100.000 Jahre vergangen. Die Evakuierten haben sich damals eine neue Heimat gesucht und diese nach ihren Wünschen aufgebaut. Viele Generationen nach den Ereignissen haben wir kein Begehren mehr nach Natrid zurückzukehren. Heute verfügen wir über mehr Möglichkeiten als früher, um uns abzusichern. Das geht hin bis zur völligen Tarnung unseres Kunst-Systems. Zusätzlich können wir unser Planetensystem durch ein spezielles Beschleunigungs-Feld räumlich versetzen. Dies ist sehr aufwendig und wurde bisher nur zu Erprobungszwecken getestet.«

»Etwas verstehe ich nicht«, sagte Major Travis. »Warum war es dieser alten Stadt so einfach möglich, den technisch ausgereiften Schutzschirm ihres Schiffes so einfach auszuschalten?«

Barenseigs stutzte einen Moment.
»Sie haben Recht«, erwiderte er. »Der Umstand bedarf einer intensiven Prüfung. Uns Gildoren wurde immer mitgeteilt, er wäre undurchdringlich und könnte nicht ausfallen.«

»Sie haben bestimmt noch viel zu erzählen?«, fragte Major Travis. »Darf ich sie auf unser Schiff einladen. Wir werden für sie sicherlich eine geeignete Kabine finden. Sie können uns heute Abend bei einem gemütlichen Essen ihre weitere Geschichte erzählen. Gehen wir ins Schiff und machen uns frisch. Für heute haben wir genug gekämpft.«

»Hoffentlich sieht das die Stadt auch so«, bemerkte Commander Brenzby.

Barenseigs schaute ihn entspannt an.
»Viele Möglichkeiten wird die KI nicht mehr zur Verfügung haben?«, sagte er.

***

Obwohl sie den Fehler in ihrer Befehls-Führung erkannte, musste sie das Ergebnis des Roboter-Angriffes neu bewerten.

»Alle ausgesandten 200 Kampfroboter wurden von den Gegnern mühelos vernichtet«, registrierte sie. »Meine Roboter waren technisch vollkommen unterlegen. Das konnten meine Herren nicht voraussehen. Nur durch die Hilfe des natradischen Schiffes und deren Besatzung ist es gelungen, meine Kampf-Roboter zu zerstören.«

Das Blatt hat sich gewandelt. Sie war die Verliererin. Obwohl ihre Basis-Programmierung zusagte, natradischen Forschern und Wissenschaftlern Einlass in ihre Stadt zu gewähren, gab es keine Verhaltens-Regeln, die einen Angriff von Seiten dieser Rasse rechtfertigte. Sie beschloss daher, alle fremden Wesen als unerwünschte Personen zu betrachten.

»Das Ausschalten einer ersten Einheit Roboter können die Eindringlinge sicherlich noch nicht als einen Erfolg ansehen«, dachte sie. »Ich habe noch unbegrenzt von ihnen eingelagert. Wenn das nicht reichen sollte, kann ich auch schnell für Nachschub sorgen. Der Angriff hat noch gar nicht richtig angefangen.«

Jedoch erinnerte sie sich, wie leicht die natradischen Geschütze ihre Roboter ausschalten konnten.

»Ich brauche etwas Größeres, etwas mit mehr Durchschlagskraft«, überlegte sie.

Ihre Sensoren zeigten ihr an, dass die Wesen sich auf ihr Raumschiff zurückzogen. Sie erinnerte sich an ihre Wachflotte, die ihre Herren in einer Zeit-Dimensions-Spalte geparkt hatten. Diese Flotte war für mehrere Zeitebenen zuständig und sollte nur im Notfall eingesetzt werden. So lautete die Anweisung ihrer Herren. Doch der Notfall war eingetreten. Fremde Wesen, mit einer hochstehenden Technik, konnten ihre Roboter vernichten. Die Hypertronic-KI entschied, die Flotte aus dem Dämmerschlaf zu erwecken. Sie reaktivierte ihr Kontroll-Display und ermittelte den Standort der Flotte.

»Da ist sie«, registrierte sie. »Unversehrt und einsatzbereit. Ich verfüge immer noch über 500 Kriegsschiffe der Wachflotte.«

Mehr Schiffe in die Wach-Flotte einzubinden, hatten ihre Herren nicht für notwendig erachtet. Die KI gab den Aktivierungs-Impuls an 50 Schiffe. Sie hoffte sehr, dass die Waffenstärke der Schiffe genügen würde, um die fremden Wesen zu vertreiben. Schon lange hatte sie keine eigenen Schiffe mehr benötigt. Das dreieckige Transmitter-Tor hatte sich seit der Abreise ihrer Herren nicht mehr geöffnet. Jetzt aber wollte die KI die Wachflotte ihrer Herren zur Verteidigung ihrer Stadt einsetzen. Sie stellte den Zeit-Dimensions-Transponder ein und gab einen Notruf durch.

Dieser beinhaltete auch den Aktivierungspuls der ersten 50 Schiffe der Flotte. Sie wusste, dass einige Zeit vergehen würde, bis die Flotte hier eintreffen würde. »Nach der langen Zeit der Ruhepause, müssen auch die Schiffe diverse Wartungsarbeiten über sich ergehen lassen«, dachte sie. »Möglicherweise werden auch einige Schiffe aufgrund ihres Alters ausfallen, die als nicht mehr einsatzbereit eingestuft werden.«

Aber die KI hatte noch einen Trumpf in dem Ärmel. Sie konnte bei Bedarf den Schläfer erwecken. Dieser lag seit vielen Tausenden von Jahren in dem Sarkophag, in einer Art Stasis-Feld. Die KI wusste, dass ein Stasis-Feld den Organismus ihrer Herren einfror und die Lebens-Funktion bis zur möglichen Untergrenze reduzierte.

»Normalerweise sollte niemand 136.000 Jahre in einem Stasis-Feld liegen«, dachte sie. »Meine Herren wollten rechtzeitig zurückkehren, doch das sind sie nicht. Irgendein Problem wird sie hieran gehindert haben. Einen Zeitpunkt für das Erwecken des Schläfers haben sie mir nicht mitgeteilt.«

Durch das Piepsen einiger Sensoren, widmete sie sich wieder dem zentralen Display. Die Bestätigungen der Wachflotte waren eingetroffen. Die Schiffe mit Roboterbesatzungen waren aus ihrem Dämmerschlaf erwacht und machten sich bereit. Die Hypertronic-KI musste der Flotte die Zeit-Dimensions-Falte nicht öffnen, das konnten sie allein. Alle Schiffe waren mit entsprechenden Vorrichtungen ausgestattet. Die KI wartete geduldig ab.

»Die Flotte braucht nicht den Dreieck-Transmitter zu öffnen, sondern konnte der Einfachheit ein zeitgesteuertes Wurmlochfenster aktivieren«, dachte sie. »Die Technik meiner Herren beherrscht beide Transportmöglichkeiten. «

Sie dachte an die große Anzahl ihrer Abwehrgeschütze.
»Soll ich einen Alleingang wagen und meine Geschütze einsetzen, um die fremden Wesen abzuwehren?«, fragte sie sich.

Sie entschied sich jedoch, die Vorgabe ihrer Herren einzuhalten.

***

Barenseigs konnte zwischenzeitlich seine Kabine beziehen. Major Travis hatte ihm eine Mitreise-Möglichkeit angeboten. Er schaute sich in der geräumigen Kabine um. »So habe ich die alten natradischen Schiffe gar nicht mehr in seiner Erinnerung«, staunte er. »Das hier muss bereits eine modifizierte Ausführung sein. Eine große Liege, ein Tisch, mehrere Stühle, eine Kommunikationseinheit und ein Feuchtraum, runden die Ausstattung ab. «

Er blickte sich um.

Ein Getränke-Server war in der Kabinenwand eingelassen. Barenseigs ging hierauf zu. Die Beschriftung war in Natradisch gehalten. Er drückte die Sensortaste für

Wasser. Ein leichtes Brummen zeigte ihm, dass der Automat seinen Wunsch bediente. Aus dem Nichts materialisierte sich ein Glas, das sich kurze Zeit später mit Wasser füllte. Er nahm es aus der Mulde heraus und setzte es an seinen Mund. Vorsichtig ließ er das kühle Nass über seine Zunge gleiten.

Er lächelte.
»Es war reines, sauberes Wasser, mit Sauerstoff angereichert«, erkannte er. »Es kribbelt auf der Zunge. Es schmeckt sehr angenehm. Hier ist alles vorhanden, was das Leben sich wünscht.«

Er setzte sich auf die Liege und streckte seine Füße aus.

»Das ist besser als auf unseren Gildoren-Schiffen«, dachte er. »Sehr angenehm«.

Der Wunsch erwachte in ihm, sich frisch zu machen und in den Feuchtraum zu gehen. Er wusste, dass dieser Major Travis bei einem gemeinsamen Abendessen weitere Fragen über sein Volk und die Evakuierungsflotte von Admiral Tarin stellen würde. Doch seine Anweisungen waren eindeutig. Er durfte nicht zu viele Antworten preisgeben. Das verbot ihm der Status der Gildoren. Als Außen-Agent mit Sonderbefugnissen war er hierauf geschult. Dennoch imponierte ihm die technische Entwicklung der Menschen. Auch wenn das meiste auf den alten natradischen Hinterlassenschaften basierte, war jetzt bereits festzustellen, dass die Menschen sofort alles weiterentwickelten, so dass kein Stillstand entstand.

Barenseigs entkleidete sich, schritt unter die Dusche und schaltete sie ein. Das kalte Wasser erfrischte seine Sinne.

Die Offiziere der Termar 1 hatten sich in dem großen Konferenzraum versammelt. Heinze stand vor einer Schale Mohrrüben, die auf dem langen Tisch liebevoll standen. Der Geruch der Mohrrüben betäubte seine Sinne.

Major Travis ging an ihm vorbei, bemerkte sein Verlangen.

»Wir warten noch, bis unser Gast eingetroffen ist. «, sagte er kurz. «

Heinze drehte sich entrüstet um.
»Ich schaue sie mir ja nur an, das muss ja noch erlaubt sein«, antwortete er.

Major Travis lächelte.
»Dein Anschauen kennen wir bereits«, erwiderte er.

Er ging weiter auf Commander Brenzby zu.
»Wie ist der Status Commander? «

»Derzeit ist alles ruhig«, antwortete dieser. »Die KI scheint aufgegeben zu haben. «

»Ich habe ein ungutes Gefühl«, entgegnete Major Travis.

»Aus welchen Gründen?«, fragte Commander Brenzby. »Ich bin der Meinung, dass eine Garnison, bestehend aus 200 Kampf-Robotern, nicht die ganze Verteidigung einer so hoch entwickelten Zivilisation sein kann.«, antwortete Major Travis. »Die KI der Stadt wird sicherlich noch einige Überraschungen für uns bereithalten. Wir sollten wachsam sein.«

»Die Sensoren, Orter und alle Aufklärungs-Geräte sind eingeschaltet und laufen rund um die Uhr«, erwiderte der Commander. »Wenn sich etwas zusammenbraut, werden wir es sofort erfahren. Unsere Schiffs-KI überwacht alle Außenaktivitäten.«

»Lassen sie bitte die Tarnung der Termar 1 aktivieren und unser Raumschiff einige Kilometer versetzen«, empfahl Major Travis. »Die fremde Hypertonic-KI wird unseren jetzigen Landeplatz gespeichert haben und sicherlich an diesen Koordinaten zuschlagen. Sie wird äußerst verwundert sein, wenn wir nicht mehr an diesen Koordinaten zu finden sind. Trotzdem sollten wir vorsichtig sein. Die KI der Stadt wird immer noch viele Abwehrgeschütze besitzen.«

Major Travis dachte nach.

»Diese konnten das durch einen modernen Schutzschirm gesicherte Schiff von Gildor Barenseigs vom Himmel holen«, erinnerte er. »Mir ist nicht ganz wohl bei dem Gedenken. Leiten sie bitte meine Befehle auch an unsere Schiffe im Orbit weiter. Auch sie sollen sich tarnen und ihre Waffentürme ausfahren. Falls sie angegriffen werden, befehle ich den Commandern sich sofort in Gruppen zu zwei Zerstörern aufzuteilen, das Tarnfeld ihrer Schiffe abzuschalten, um den Feind gebündelt angreifen. Unsere Zerstörer sollen ihre Hyper-Space-Kanonen einsetzen. Das sollte dem angreifenden Schiffen den Rest geben. Im Anschluss aktivieren sie wieder die Tarnfelder ihrer Zerstörer führen einen Standortwechsel durch. Diese Prozedur wiederholt sich, bis das letzte Schiff des Gegners ausgeschaltet wurde. Bitte geben diesen Befehl als Alpha-Order mit meiner Signatur durch. I«

Commander Brenzby nickte.
»Ich gebe den Befehl sofort weiter«, antwortete er.

Heinze trat zu den beiden.
»Hallo Kleiner«, sagte Marc. »Sind die Möhren weg? «

»Du hast doch gesagt, ich sollte warten«, antwortete der Ro. » Sie liegen alle noch in der Schale. Ich wollte nur kurz mitteilen, dass ich schwache Gedanken empfangen habe, von einer Person auf dem Planeten. «

»Von einem unserer Leute? «, fragte Commander Brenzby.

Heinze schüttelte den Kopf.
»Es sind Gedanken von einem fremden Wesen, einem sehr alten und müden Wesen «, antwortete er. »Es scheint künstlich am Leben erhalten zu werden. Die Gedanken sind vergleichbar mit Träumen, als ob sich das

Wesen in einem Schlaf befindet. Die Gedanken kommen aus der Stadt. Das Wesen leidet und möchte endlich sterben.«

»Ist es uns freundlich gesonnen?«, fragte Major Travis. »Das geht aus dem Gedanken nicht hervor«, erwiderte Heinze. »Ich glaube vielmehr, dass es gar nicht weiß, dass wir eingetroffen sind.«

»Unser Gast ist ebenfalls eingetroffen«, unterbrach Sirin das Gespräch.
Sie stand auf und ging zur Türe, um Barenseigs zu empfangen. Der Gildor folgte Sirin unsicher. Es war ruhig im Saal geworden. Alle Augen lasteten auf dem Gast.

Major Travis bot ihm einen Platz an. Er blickte in die Runde seiner Offiziere.

»Darf ich ihnen Gildor Barenseigs vorstellen«, sagte er. »Er ist ein direkter Nachkomme der von Admiral Tarin evakuierten Bewohner des Planeten Natrid. Sie haben sich seinerzeit eine neue Heimat gesucht. Alle Offiziere kennen die Geschichten aus ihren den Schulungen. Jetzt stehen wir kurz davor, das Rätsel zu lösen.«

»Darf ich sie unterbrechen«, bemerkte Barenseigs. »Bevor sie falsche Rückschlüsse ziehen, möchte ich ihnen folgendes erklären. Wir sind zwar Nachkommen der Natrader, doch wir definieren uns heute nicht mehr als natradisches Volk. Zu viele Jahrtausende sind vergangen und unsere Kultur hat sich grundlegend geändert. Wir nennen uns Gildoren seiner Admiralität und halten in unserem Universum das Gleichgewicht zwischen den Rassen aufrecht. Wir sind so etwas wie eine Ordnungsmacht, die im Verborgenen arbeitet und dafür sorgt, dass sich die unterschiedlichen Species nicht gegenseitig die Köpfe einschlagen. Das alles ist entstanden aus dem grauenvollen Krieg vor vielen Tausenden von Jahren, den wir mir den Rigo-Sauroiden geführt haben. Dieser Krieg hat fast das ganze zivilisierte Leben in ihrer Milchstraße vernichtet. Aufgrund dessen haben wir unendlich viel Schuld auf uns geladen, weil wir die Rassen in der Milchstraße nicht schützen konnten. Das Kaisertum wurde abgeschafft und durch die so genannte Admiralität ersetzt. Sie ist heute das gesetzgebende Organ für uns.«

Barenseigs machte eine kleine Pause und blickte die Zuhörer an. Dann fuhr er fort.

»Wir sind nicht mehr an dem Aufbau eines großen Sternenreiches interessiert, sondern halten das bereits Vorhandene im Gleichgewicht«, erklärte er. »Dank unserer Technik ist es uns möglich, ausufernde Rassen in die Schranken zu weisen. Weiterhin sind wir Forscher und Entdecker. Als Volk haben wir uns nahe dem Sombrero-Nebel niedergelassen, können uns aber nicht direkt als dazugehörig definieren. Unsere Vorfahren haben uns ein kleines, künstliches Sonnensystem aufgebaut, das wir tarnen und vor den Augen unliebsamer Besucher schützen können. Versuchen sie nicht uns zu suchen. Sie werden uns nicht finden.«

»Warum verstecken sie sich?«, fragte Commander Brenzby.

»Wir verstecken uns nicht«, antwortete Barenseigs. »Wir möchten nur nicht, dass jeder erwünschte Besucher uns finden kann. Alle Rassen, die wir mögen, die von uns geprüft wurden, haben unsere Koordinaten vorliegen und können auf einem Leitstrahl zu uns kommen.«

»Andere Rassen nicht?«, erkundigte sich Sirin. »Ist das nicht etwas einseitig. Geben sie neuen Species die Möglichkeit sie kennenzulernen?«

Barenseigs stutzte.
»Es gab lange keine Kontaktanfragen mehr«, bestätigte er. »Können sie uns Informationen aus ihrer Geschichte geben, wie der Flug von Admiral Tarin und seiner Evakuierungsflotte verlaufen ist?«, fragte Commander Brenzby. » Wie ich ihnen schon mitgeteilt habe, sind meine Geschichtsdaten nicht komplett«, antwortete der Gildor. Daher kann ich ihnen die Geschichte nur stückchenweise mitteilen.«

»Das macht nichts«, entgegnete Major Travis. »Wir Menschen sind gute Zuhörer.«

Marc gab den Servicekräften ein Zeichen, die Getränkewünsche abzufragen und mit dem Servieren der Speisen zu beginnen.

Barenseigs blickte Sirin an.

»Können sie mir ein Getränk empfehlen«, fragte er. »Sie scheinen sich bereits besser mit den Gepflogenheiten der Terraner auszukennen.«

Sirin nickte.
»Die Menschen sind in allen Dingen Experten«, antwortete sie. »Ich fühle mich zu Wein hingezogen. Das ist ein alkoholhaltiges Getränk, das aus angebauten Beeren gewonnen wird. Doch ich habe festgestellt, dass Männer lieber ein Getränk bevorzugen, das sich Bier nennt. Das ist ein Getränk, das aus Wasser, Gerstenmalz und Hopfenextrakt gewonnen wird. Es ist leicht alkoholhaltig und löst die Zunge. Fangen sie hiermit an, dann sehen wir weiter.«

Barenseigs bedankte sich für die Auskunft und bestellte ein großes Bier.

Nachdem alle anwesenden Personen versorgt waren, hob Major Travis sein Glas.

»Wir begrüßen unseren Gast auf der Termar 1 und wünschen uns, dass sich hieraus für beide Seiten eine erfolgreiche Freundschaft entwickelt«, sagte er.

Barenseigs stand auf und hob sein Glas.
»Ich bedanke mich für die freundliche Aufnahme und die Mitreise-Möglichkeit«, antwortete er vorsichtig. »Ihr Wunsch liegt nicht in meiner Hand und wird von unserer Admiralität geklärt. Ich hoffe sehr, dass in ihrem Sinne entschieden wird.«

Er hob sein Glas hoch und wartete, bis alle Gäste es ihm gleichtaten.

»Viel Genuss«, ergänzte er.
Etwas irritiert hörte er, wie die anderen Gäste Prost riefen. Er blickte Sirin an.

»Damit ist das Gleiche gemeint«, erklärte sie ihm zu.

Er nahm einen tiefen Schluck aus dem kühlen Glas. Es schmeckte gut. Er schaute sich die Flüssigkeit nochmals an, bevor er weitersprach.

»Die Flucht vom Planeten Natrid lief übereilt ab«, erklärte er. »Obwohl unsere Kriegsflotte die Rigo-Sauroiden bezwungen hatte und der verbliebene Teil der Besatzungen der Angreifer-Flotte einen Suizid beging, trafen wir überall in der Milchstraße auf Splitter-Einheiten der Echsen-Flotte. Diese Schiffe stürzten sich auf unsere Evakuierungs-Schiffe. Die übrig gebliebenen verbliebenen natradischen Kriegsschiffe kämpften tapfer, doch Admiral Tarins Flotte verlor immer mehr Geschwader. Die Rigo's hatten einfach zu viele Zerstörer in unsere Sterneninsel eingeschleust. Es war eine große Invasion der Milchstraße gewesen.

Wir flogen Etappe um Etappe weiter, doch in fast allen Raum-Quadranten stießen wir auf neue Divisionen der Rigo-Sauroiden. Sie schienen mit einer unendlich großen Armada in die Milchstraße eingedrungen zu sein, mit der

Absicht alles humanoide Leben zu vernichten. Wir säuberten die Sektoren der Milchstraße von den Angreifern. Unsere Kriegsschiffe vernichteten ihre Schiffe, da wo sie auf sie trafen. Doch der Preis hierfür war hoch. Wir büßten immer mehr Kriegsschiffe ein. Einen Nachschub gab es für uns nicht mehr. Das wussten wir nur zu gut. So wiederholte sich der Schrecken jeden Tag. Einige Flotten-Geschwader, in der Regel waren es Zivil-Schiffe, wurden von den Verbänden der Sauroiden aus unserer Evakuierungsflotte abgedrängt. Was mit ihnen passierte, kann ich leider nicht sagen. Vermutlich wurden sie vernichtet. Unsere Evakuierungs-Flotte schmolz zusammen. Es war eine schwere Zeit für unsere flüchtenden Vorfahren gewesen.«

Barenseigs blickte in die entsetzten Gesichter der Zuhörer. Dann fuhr er fort.

»Jeden Tag mussten sie mit neuem Unheil rechnen«, erklärte er. »Wir schickten Jets als Späher in die nächsten Flugkorridore. Viele kamen nicht zurück. Vermutlich sind sie direkt in ein Nest von Sauroiden-Schiffe gesprungen. Alle Aufklärer, die glücklich zurückkehrten, wiesen uns den Weg durch saubere Raum-Quadranten. So erreichten wir endlich das Ende der Milchstraße. Vor uns lag das Niemandsland.

Admiral Tarin wollte die Flotte in ein neues Sonnensystem bringen, eine neue Heimat für unsere Vorfahren finden. Als wir nach unzähligen Kämpfen kaum noch über Kriegsschiffe verfügten, trafen wir durch Zufall auf die

Ablonder. Der Admiral und seine Stabsoffiziere traten als Bittsteller auf. Sie erzählten den Ablondern die ganze Geschichte. Schließlich boten uns die Ablonder ihre Hilfe an. Wir verfügten seinerzeit nur über Hyperraum-Antriebe, die Ablonder hingegen nutzten bereits die Wurmloch-Technologie. Sie kannten in ihrer Datenbank ein kleines Sonnen-System, das nahe dem Sombrero-Nebel lag. Die Ablonder hatten dieses System zu Forschungs-Zwecken genutzt. Sie selbst betitelten sich als eine der ältesten Rassen im Universum. Wie sie uns mitteilten, bereiteten sie seit geraumer Zeit ihren Rückzug aus dieser Hemisphäre vor. Sie wollten in ein anderes Raum-Zeit-Kontinuum wechseln und schienen auch die Technologie hierfür zu haben.

Wir fragten sie, ob sie uns nicht mitnehmen wollten. Sie erwiderten abweisend, das könnten sie nicht, weil wir die notwendige Stufe der Entwicklung noch nicht erreicht hätten. Es wäre der Eingang zu einer anderen Lebenssphäre, in der Geist und Seele entfesselt würden. Sie sagten uns, dass es noch lange dauern würde, bis wir diesen Evolutions-Punkt erreicht hätten. Wir bemerkten, dass sie den Angriff der Rigo-Sauroiden, mit der Drohung alles humanoide Leben in der Milchstraße zu vernichten, sehr ernst nahmen.

Die Ablonder, selbst von humanoider Abstammung, wirkten entsetzt und zeigten kein Verständnis für das Wirken der Sauroiden. Wir teilten ihnen mit, dass wir den größten Teil der Arbeit bereits verrichtet hätten. Das beinhaltete auch die Vernichtung des Heimat-Planeten der Rigos, die Vernichtung der Nachschublinien und die Zerstörung der Haupt-Flotte, die sich aufgemacht hatte, den Planeten Natrid anzugreifen. Admiral Tarin kam nur wenige Stunden zu spät. Das Unheil war über Natrid und das ganze Sol-System hereingebrochen. Zwar konnte die angreifende Flotte komplett vernichtet werden, jedoch unsere Heimat war radioaktiv verstrahlt. Für die nächsten Jahrtausende war ein Leben auf diesen Planeten nicht mehr möglich. Später erfuhren wir, dass die Planeten unseres Heimat-Systems von Splittergruppen der Rigo-Sauroiden gesprengt wurden. Darum war ich anfangs so erstaunt, dass sie noch existieren.«

Barenseigs holte kurz Luft, dann erzählte er weiter.
»Die Ablonder bedauerten die Vorfälle und versprachen, sich um die abgesplitterten Rigo-Flotten zu kümmern«, erklärte er. »Sie öffneten uns ein Wurmloch in den Raum-Quadranten, der weit entfernt von unserer alten Heimat in der Milchstraße lag. Wir flogen durch das Wurmloch und konnten so eine Entfernung überbrücken, die wir ansonsten mit unseren Triebwerken nur über mehrere Generationen geschafft hätten. Die Ablonder begleiteten uns geduldig und warteten, bis alle Schiffe unserer Evakuierungs-Flotte durchgeflogen waren. Dann schlossen sie das Wurmloch wieder. Sie baten uns noch, nicht nach ihnen zu suchen. Hiernach richteten wir uns. Wir hatten jetzt Zeit unsere Zivilisation neu aufzubauen, um unserer Rasse den Fortbestand zu sichern. Die Ablonder behielten Recht. Keine Rasse fand uns in dieser abgelegenen Ecke des Alls. Die Evakuierten und deren

Nachkommen konnten eine neue Epoche ihrer Zivilisation einläuten.

Doch leider hinterließ die radioaktive Verseuchung unseres Heimatplaneten immense Spuren an der DNA unseres Volkes. Viele evakuierte Natrader waren zu lange der starken Strahlung ausgesetzt gewesen. Es stellte sich heraus, dass ein großer Teil der Evakuierten erhebliche Schäden erlitten haben. Sie waren steril geworden. Die wenigen, noch gesunden Personen unseres Volkes, konnten unsere ehemals so große Zivilisation nicht wieder neu erschaffen. Wir verzichteten also auf alles Bisherige und führten eine Zivilisation ein, die sich streng an einer geordneten und kontrollierten Geburten-Kontrolle orientierte. Es hat viele Jahrtausende gedauert, die DNA wieder zu reinigen und zu säubern.

In der heutigen Zeit sind wir wieder in der Lage für Nachwuchs zu sorgen. Unsere Bevölkerung hat sich zudem an eine Geburten-Kontrolle gewöhnt.

In unserem kleinen Sternensystem lieben wir es großflächig. Auf unseren 7 bewohnbaren Planeten schätzen wir riesige Ländereien. Nicht zu vergleichen mit der alten Heimat Natrid, auf dem zu Hochzeiten alles zu überlaufen war. Wir verfügen über eine Bevölkerung von sechs Millionen Einwohner. Sie alle haben in dem Planeten-Verbund ihre Aufgabe. Es fällt uns bereits schwer, unsere Raumschiffe vollständig zu bemannen. Viele Aufgaben werden bereits von Robotern verrichtet.

Trotzdem haben wir für unser Empfinden kein Verlangen mehr, hieran etwas zu ändern.«

Barenseigs blickte Sirin an.
»Sie sehen also, auch wenn wir wollten, könnten wir ein Imperium, wie es das alte kaiserliche von Natrid war, nicht mehr aufbauen, geschweige noch verwalten, oder führen«, schmunzelte er.

»Haben sie von den Ablondern jemals wieder etwas gehört?«, fragte Sirin.

»Nein«, antwortete Barenseigs. »In unseren Aufzeichnungen ist kein weiterer Kontakt mehr registriert. Sie sagten uns zu, das Rigo-Sauroiden-Problem zu lösen. Danach wollten sie sich wieder ihren eigenen Angelegenheiten widmen. Wie ich schon mitteilte, hatten wir danach genug mit uns selbst zu tun.«

Major Travis verharrte einen kurzen Augenblick und ließ die Worte Barenseigs auf sich wirken.

»Sie haben nichts dagegen, dass wir Menschen uns die Hinterlassenschaften von Natrid, im Rahmen der Nachfolge-Programmierung von Admiral Tarin zunutze machen und ein neues Imperium in der Milchstraße aufbauen?«, fragte er.

Barenseigs lachte.
»Nein, das habe ich nicht«, antwortete er. »Auch unsere Admiralität wird nichts dagegen haben. Unsere Heimat ist

nicht mehr die Milchstraße. Was Admiral Tarin hierüber denkt, kann ich natürlich nicht sagen. «

»Was meinen sie hiermit? «, erkundigte sich Sirin. » Lebt der Admiral noch? «

Barenseigs schaute sie ernst an.
»Wie haben sie überlebt? «, fragte er.

Bevor Sirin etwas sagen konnte, fuhr er jedoch fort.
»Admiral Tarin hatte noch einige Zeit die Neustrukturierung unserer Zivilisation vorgegeben und die weitere Entwicklung beobachtet. Dann ist er freiwillig in eine Stasis-Kammer gegangen, mit dem Befehl ihn nach 100.000 Jahren wieder aufzuwecken. Er wollte dann mit einer großen Flotte zur Milchstraße vorstoßen und das alte kaiserliche Imperium neu entstehen lassen. Er konnte nicht vorhersehen, dass wir nicht mehr hierzu in der Lage waren, für genügend Nachwuchs zu sorgen. Unser hohes Auditorium, eine Kontrollfunktion der Admiralität, hat die Auferweckung von Admiral Tarin untersagt. Jede 10.000 Jahre wurde der Admiral und seine Besatzungen von uns in neue Stasis-Kammer umgebettet, um so einen Ausfall der Technik zu verhindern. Die Programmierung seines Aufwachdatums wurde von uns in den letzten Jahrtausenden auf unendlich gestellt. Wir wissen sehr gut, dass wir seinen Wunsch nicht realisieren können. Für unser Volk ist er ein schlafender Held geworden, der für die überlebenden Evakuierten eine neue Zukunft sichern konnte. Das möchten wir nicht aufgeben. Zumal wir auch

nicht wissen, welche Entscheidungen der Admiral nach seiner Wiederbelebung befehlen würde.«

»Hätte er denn überhaupt noch eine Befehlsgewalt?«, fragte Commander Brenzby.«

Barenseigs nickte.
»Unsere ganze Zivilisation wurde auf den Vorgaben von Admiral Tarin aufgebaut«, erklärte er. »Deswegen ist ja auch unsere höchste Exekutive die Admiralität. Er würde sicherlich genug Anhänger finden, die ihn unterstützen würden. Hieraus resultierend würden dann neue Probleme entstehen.«

Sirin wusste nicht, was sie sagen sollte. Barenseigs bemerkte ihre Zerrissenheit.

»Sie scheinen schockiert zu sein?«, sprach er sie an.
Die restlichen Zuhörer schwiegen und verarbeiteten die Erläuterungen des Gildoren.

»Das haben sie richtig erkannt«, bemerkte Sirin. »Ich frage mich, ob das letzte große Genie unserer Rasse so etwas verdient hat. Er wird von ihnen bewusst im Kälteschlaf gehalten, weil sie Angst vor Veränderungen haben. Glauben sie nicht, dass der Admiral ein Anrecht darauf hat, sein restliches Leben in Würde zu beenden? Er wäre bestimmt stolz auf ihre Leistungen gewesen und auf das, was die Nachkommen der Evakuierten aufgebaut haben.«

»Da sind wir uns eben nicht sicher«, entgegnete Barenseigs. »Die von ihm verfassten und niedergeschriebenen Anordnungen würden uns wieder in neue Auseinandersetzungen führen. Das ginge über die erneute Inbesitznahme von Natrid, bis hin zur völligen Ausrottung aller exoiden Rassen des Universums. Wir würden nur noch für die Produktion von Kriegsgütern leben. Die Vergeltung wäre der neue Lebensinhalt für unsere Rasse. Das geht aus den letzten Dokumenten unserer Archive hervor. Vielleicht war der Admiral am Ende seine Reise auch nicht mehr Herr seiner Sinne. Dieses Risiko war uns einfach zu hoch. Unser Volk wollte keine zerstörenden Kriege mehr führen. Wir sind kein kaiserliches Imperium mehr und wollen es auch nicht mehr werden.«

Das Küchenpersonal servierte das Essen. Sirin erklärte Barenseigs die Speisen, die alle von der Erde kamen. Gerüche von köstlich gebratenem Fleisch, Gemüse in allen Varianten und Beilagen in Form von Kartoffeln, Reis, Nudeln und anderen Spezialitäten von Terra zogen in seine Nase. Barenseigs war überwältigt von dem Farbenspiel der vielen Lebensmitteln. Er war bereits auf vielen Planeten gewesen und musste die unterschiedlichsten Dinge probieren. Doch nirgendwo konnte er die Gerüche so intensiv wahrnehmen, wie bei den jetzt hier servierten Speisen.

Barenseigs wartete einen Augenblick und blickte den anderen Gästen zu. Er lernte sehr schnell. Der Gildor beobachtete, wie einige der Gäste die neben dem Teller liegenden Instrumente in die Hand nahmen. Sie hielten die Speisen mit einem Instrument fest und mit dem anderen zerteilten sie es. Barenseigs machte es ihnen nach und schnitt ein kleines Stück Fleisch ab. Dieses zog er mit dem Spieß durch eine Sauce und führte es in den Mund. Er kaute vorsichtig auf dem Fleisch und bemerkte die Explosion der Aromen, die seine Geschmackssinne durcheinanderwirbelten.

»Köstlich, einfach köstlich«, sagte er kurz.

Sirin lächelte. Das gleiche Ergebnis hatte sie auch erlebt, am Anfang ihrer Begegnung mit den Menschen. Barenseigs griff nach seinem Bier und lehrte das Glas in einem Zug. Sofort fragte ihn das Servicepersonal, ob nachgeschenkt werden dürfte. Barenseigs nickte.

Major Travis hatte ihn beobachtet.
»Kennen sie Bier? «, fragte er.

Barenseigs schüttelte den Kopf.
»Das ist das erste Mal, dass ich so ein Getränk genießen darf«, erwiderte er. »Hieran könnte ich mich gewöhnen. «
»Das ist das Problem«, antwortete Major Travis. »Gehen sie vorsichtig hiermit um, es ist alkoholhaltig und vernebelt die Sinne. Sie sind das nicht gewohnt. «

Barenseigs lachte laut.
 »Machen sie sich nicht zu viele Sorgen, wir Gildoren können einiges vertragen«, scherzte er.

»Das sagen alle am Anfang«, antwortete Commander Brenzby.«

Die Teller waren bereits geleert, das Servicepersonal entfernte sie von dem großen Tisch. Gleichzeitig wurden kleine Dessertteller mit einem entsprechenden Löffel gereicht. Ein Servierwagen mit einer großen Eistorte rollte heran, dekoriert mit brennenden Kerzen.
»Werden die brennenden Stäbchen auch gegessen?«, erkundigte sich Barenseigs.

Sirin schaute ihn an und schüttelte den Kopf.
»Die Kerzen werden entfernt, es ist nur Dekoration«, teilte sie ihm mit. »Bei dem Rest handelt es sich um eine Nachspeise. Ich würde es der Einfachheit halber, als gefrorenes Wasser mit Geschmack bezeichnen. Wenn ich jetzt die komplette Herstellungsweise erklären würde, dann wäre die Nachspeise bereits geschmolzen. Probieren sie es einfach und genießen sie es.«

Der Gildor schaute sich das kleine Stückchen auf seinem Teller an. Früchte lagen an der Seite daneben. Barenseigs nahm den Löffel und stach etwas ab und führte es zum Mund. Wieder entdeckte er einen neuen, süßen Geschmack, den er vorher noch nie kosten durfte. Er nickte freudig.

»Das wird ja immer besser«, sagte er.

Als er das letzte Stück in seinen Mund verschoben hatte, heulten schrille Alarmsirenen auf. Die Ruhe war vorbei. Barenseigs schaute auf Major Travis, der etwas in sein Head-Phone sprach.

»Wir müssen leider die gemütliche Runde abbrechen, es nähern sich fremde Raumschiffe«, sagte der Major. »Kommen sie bitte mit auf die Brücke. Vielleicht können sie uns bei dem Identifizieren der Schiffe helfen. «

»Jeder auf seinen Posten«, forderte Commander Brenzby die Offiziere.

Im Eilschritt verließen alle Offiziere den Konferenzraum und liefen auf den Lift zu.

Commander Brenzby stand bereits am CIC und versuchte die Situation zu klären.

»Panorama-Bildschirme an«, befahl Marc.
Schnell flammten die Schirme auf der Frontseite der Brücke auf. Ein Wurmloch in der Atmosphäre des Planeten war geöffnet worden.

»Es sind insgesamt 38 Schiffe ausgetreten«, meldete Sergeant Dantow.

»Das Bild bitte zoomen«, sagte Commander Brenzby.

»Es sind Schiffe mit einer Länge von 2.000 Metern«, teilte Sergeant Dantow mit. »Sie sehen aus wie eine Zigarre. In der Mitte verfügen sie jeweils über zwei Plattformen, in denen vermutlich die Antriebseinheit und die Waffensysteme integriert wurden. «

»Kennen sie diese Schiffe, sind sie ihnen schon einmal begegnet? «, fragte Major Travis. » Können das die Schiffe der Ablonder sein? «

Barenseigs schüttelte den Kopf.
»Ich denke nicht«, antwortete er. »Laut unseren alten Berichten sind uns die Ablonder immer mit Diskus-Schiffen begegnet. Ich glaube nicht, dass sie ihre Bauweise verworfen haben. Es können Schiffe der Aller-Ersten sein. Ich vermute, die Stadt hat die Vernichtung ihrer Roboter nicht verkraftet und um Hilfe gerufen. «

»Aber sie sagten doch, dass es bisher keinen Kontakt mit den Aller-Ersten" gab? «, fragte Major Travis.

»Das ist auch so«, antwortete Barenseigs. »Es werden Roboter-Schiffe sein. Die Aller-Ersten hat noch niemand zu Gesicht bekommen. «

»Haben wir die Schiffe gescannt«, erkundigte sich der Major.

»Die Analysen laufen noch«, entgegnete Sergeant Dantow. »Sie haben Laser-Werfer in den Plattformen integriert. Unsere Sensoren erfassen Thermo-Strahler und Blaster-Kanonen. Raketen-Abschussrampen können nicht ausgemacht werden. «

»Das sind eigentlich schon klassische Waffen«, ergänzte Major Travis.

»Die Waffenschotts werden geöffnet«, sagte Sergeant Dantow. »Die Schiffe fahren die Laser-Werfer aus. Die fremden Zerstörer machen sich kampfbereit. Es ist offensichtlich, dass die Hypertronic-KI keine weiteren Gespräche wünscht.«

» Sergeant Farmer«, sagte Major Travis. » Geben sie meinen Befehl an unsere Schiffe im Orbit weiter. Ich rufe die höchste Alarmstufe aus. Die Commander sollen sich kampfbereit machen und in die Atmosphäre vorstoßen. Wir warten den ersten Angriff des Gegners ab.«

»Der Befehl wird durchgegeben«, bestätigte Sergeant Farmer.«

»Senden sie auch noch einmal unsere ID-Codes«, ergänzte der Major. »Vielleicht nützt es etwas?«

»Die Codes wurden gesendet«, kam die Antwort prompt von der Funkstation.

Auf den Bildschirmen sah die Crew der Termar 1, wie die angreifende Flotte plötzlich verharrte.

»Vermutlich wird nochmals der Angriffsbefehl abgefragt«, bemerkte Commander Brenzby. »Die Schiffe werden sicherlich neue Koordinaten von der Stadt erhalten haben. Jetzt bewegen sie sich wieder.«

Drei Schiffe feuerten ihre breiten Laserstrahlen auf die letzte Position der Termar 1. Mehrere dicke Strahlen schlugen in den Boden ein und frästen tiefe Löcher in die Erdschichten. Erst jetzt schienen Angreifer zu bemerken, dass an dieser Position kein gegnerisches Schiff mehr versteckte. Die Roboter-Kommandanten hatten die ehemalige Position des fremden Schiffes von der KI ihrer Stadt mitgeteilt bekommen. Bewegungslos verharrten sie 500 Kilometer oberhalb des Einschlages.

»Wir verhalten uns weiterhin ruhig«, befahl Major Travis. »Vielleicht können sie uns nicht orten. Wir haben es hier mit einer Technik zu tun, die Jahrtausende nicht mehr benutzt wurde. Irgendwann wird auch die beste technische Entwicklung überholt sein.«

»Achtung, es werden zusätzliche Geschütztürme ausgefahren«, bemerkte Sergeant Dantow.

Erneut fauchten breite Energiestrahlen aus den beiden ringförmigen Plattformen der Zigarren-Schiffe. Die Einschläge richteten jedoch keinen weiteren Schaden an.

»Sie versuchen unseren Schirm zu finden«, bemerkte Major Travis. »Eine mögliche Belastung unseres Schirmes wird ihnen dann auch unseren Standort verraten. Es ist eine Frage der Zeit, bis sie uns finden.«

»Wir hätten es genauso gemacht«, bemerkte Sirin.

»Kann ihr Schirm die Treffer der ganzen feindlichen Schiffe absorbieren?«, fragte Barenseigs.

»Das sollte er«, entgegnete Major Travis. » Ich halte unseren Schirm für den derzeit Besten im Universum. Aber so weit wird es nicht kommen. Wir werden unsere Position ändern.«

»Bisher haben sich alle Angreifer ihre Zähne hieran ausgebissen«, bestätigte Sergeant Hausmann.

»Wir haben die alten natradischen Schirme, gegen neue Schirme ausgewechselt«, erklärte Major Travis. » Die Konstruktions-Zeichnungen haben wir von den Lantranern erhalten. Diese wurden durch unsere Wissenschaftler noch einmal verbessert. Auf diesem Gebiet haben wir einen gewaltigen Vorsprung. «

»Meinen Schirm konnte die Stadt-KI problemlos knacken«, bemerkte Barenseigs.

»Dann drücken sie einmal die Daumen, dass unserer hält«, erwiderte Major Travis.

Er blickte Commander Brenzby an

»Wo befinden sich unsere Begleitschiffe?«, erkundigte er sich.

»Sie sind gleich da«, warnte Commander Brenzby. »Die Zerstörer tauchen ich diesem Moment in die Atmosphäre des Planeten ein. haben den Sinkflug eingeleitet.«

Major Travis nickte.

»Sergeant Hausmann, schalten sie die Anti-Gravitations-Servos ein«, Befahl der Major. »Wir müssen an Höhe gewinnen.«

Die fremden Schiffe, die anscheinend eine Schutzflotte der Stadt darstellten, verschossen ihre Fächerstrahlen auf den Boden, rund um die letzten Koordinaten der Termar 1. Ein Strahl traf das ungeschützte Wrack, das ehemals das Schiff von Barenseigs gewesen war. Der Fächerstrahl brachte das Wrack zum Glühen und verdampfte die Überreste zu feinem Staub, der langsam zerfiel. Die Crew der Termar 1 hatte alles auf dem großen Panorama-Bildschirm der Brücke mitverfolgt.

»Die Überreste ihres Schiffes wollten sie ja nicht mehr mitnehmen«, flüsterte Major Travis.

Barenseigs schaute ihn entgeistert an und schüttelte den Kopf.

»Das war eine Art Witz«, bemerkte Sirin. »Das ist schwer zu unterscheiden, wenn man die Mentalität der Menschen nicht kennt. Ich habe auch lange gebraucht, um das zu verstehen.«

»Unsere restlichen Schiffe sind eingetroffen«, meldete Sergeant Dantow.

»Befehl an unsere Schiffe«, sagte Major Travis. »Die Kommandeure sollen zuerst die Hyper-Space-Kanonen ihre Schiffe einzusetzen. Hiermit hoffe ich die Schutzschirme der fremden Schiffe aufzureißen. Im Anschluss bitte ich die Laser-Geschütztürme und gleichzeitig die Energie-Spür-Raketen auf die feindlichen Schiffe abzufeuern. «

»Verstanden«, antwortete Sergeant Farmer. Ich habe ihren Befehl durchgegeben. »Die Bestätigungen kommen bereits herein. «

Der zentrale Bildschirm der Termar 1 vermittelte, wie die feindlichen Schiffe sich den Koordinaten der Zerstörer des Neuen-Imperiums näherten.

»Vorsicht«, warnte Major Travis. »Alle Schiffe sollen sich sofort enttarnen und das Feuer eröffnen. «

***

Die KI der Stadt erfasste, wie sich ein Wurmloch in der Atmosphäre ihres Planeten öffnete.

»Die Schutz-Flotte ist eingetroffen«, erkannte die Hypertronic-KI der Stadt.

Sie stellte einen Hyperfunk-Kontakt her und übermittelte ihre Befehle. Die führende Schiffs-KI antwortete, dass sie natradische IDs empfangen würde und hierin einen Widerspruch zu dem Angriffsbefehl sehe. Sie bat um eine Überprüfung des Befehls. Die KI der Stadt überspielte eine kurze Zusammenstellung der Ereignisse und wies auf die Vernichtung der Roboter-Schwadron hin.

»Ein Akt der Selbstverteidigung berechtigt nicht zum Angriff«, entgegnete die führende Schiffs-KI.

Die KI der Stadt wurde langsam ungeduldig.
»Ich mache von meinem Sonder-Recht, Status 413 Gebrauch«, antwortete sie. »Der Befehl besagt eindeutig, dass die in Stasis schlafende Herrschaft nicht in fremde Hände geraten darf. Sie muss um jeden Preis geschützt werden.«

Sie sandte den Sonderbefehl an die führende Flotten-KI. Diese antwortete nur kurz.

»Der Sonderstatus ist aktiv und hebt die programmierte Bewilligung zum Einlass natradischer Einheiten auf«, antwortete sie. »Der gewünschte Angriff wird durchgeführt«.

Die Verbindung wurde gekappt.

»Immer wieder Diskussionen mit allen unterschiedlichen Einheiten«, dachte die KI. »Meine Herren hätten für eine problemlose Programmierung sorgen können.«

Anderseits wusste sie auch, aus welchen Gründen diese Sicherheitsvorkehrungen programmiert worden waren. Der ganze Städteverbund wurde als autarke Einheit programmiert und sollte selbstständig auf unterschiedliche Ereignisse reagieren können. Die KI hatte bemerkt, wie das natradische Schiff von ihren Sensoren verschwand.

»Sie verfügen über eine Tarnvorrichtung«, dachte die KI.

Sie justierte ihre Sensoren auf die feinste Einstellung und suchte das Landegebiet großräumig ab.

»Nichts zu finden«, bemerkte sie und notierte die Raffinesse der Fremden.
Gleichzeitig stufte sie die technische Entwicklungsstufe der natradischen Besucher weiter nach oben.

»Nach dem Fortgang meiner Herren, haben sie sich weiterentwickelt«, erkannte die Stadt-KI erstaunt.

Sie übermittelte ihre Daten an die Schutz-Flotte und riet zur äußersten Vorsicht. Die KI registrierte erhöhte Energiewerte auf dem Landefeld, konnte aber immer noch keinen genauen Standort ermitteln.

»Eins ist sicher, die Besucher sind noch da«, dachte sie.

Sie aktivierte ihre Außen-Bildschirme und sah, wie sich ihre Schutz-Flotte den Koordinaten näherte. Die ersten drei Schiffe setzten ihre Laser-Geschütze ein. Die breiten Strahlen schlugen an der Position der übermittelten Koordinaten ein. Sie registrierte, wie ein tiefes Loch im Boden durch den gebündelten Beschuss entstand. Erde spritzte aus dem Loch, eine große Staubwolke verdunkelte das Ziel. Jedoch konnte sie kein Flackern, oder eine Verfärbung einer Energiefeldblase feststellen. Sie analysierte die Situation.

»Das wäre auch zu einfach gewesen«, überlegte sie. «

Die Fremden stiegen weiter in ihrem Respekt. Sie funkte die Flotte an und empfahl einen Fächerstrahl einzusetzen. Unwirsch erhielt sie die Antwort, sie solle sich nicht in einen laufenden Angriff einmischen. Dieses würde ihre Kompetenzen übersteigen. Abrupt wurde die Verbindung durch die führende Flotten-KI unterbrochen.

Die Stadt-KI wusste, ihr Einfluss endete hier.
Ich bin zum Zusehen verdammt«, registrierte sie. » Aber halt, eines liegt noch in meiner Gewalt. «

Sie richtete ihre bodengebundenen Abwehr-Geschütze auf das Landefeld und aktivierte sie.

»Sobald ich einen neuen Bezugspunkt ermitteln kann, werde ich feuern«, dachte sie. »Egal ob mir etwas in die Quere kommt, oder nicht. «

Die Arroganz der Flotten-KI hatte sie doch mehr verärgert, als sie sich eingestehen wollte. «

***

»Wir bilden einen Halbkreis um die Flotte und enttarnen uns«, entschied Major Travis. » Der Feuerbefehl ist erteilt. «

Die Flotte des neuen Imperiums musste schnell handeln. Der Gegner war 5-fach überlegen. Sofort nach dem Enttarnen war ein Grollen zu hören, als die Hyper-Space-Kanone der Termar 1 abgefeuert wurde. Wenige Sekunden später schwenkten sich die schweren Waffentürme auf ein Ziel ein. Die Schiffs-KI stand im ständigen Kontakt mit den weiteren Schiffen der kleinen natradischen Flotte und gab die Ziele vor. Die 15 Waffentürme einer Schiffsseite spuckten dem Gegner ihre tödlichen Strahlen entgegen. Die zerstörerischen Bomben aus den Hyper-Space-Kanonen rissen die Schutzschirme der gegnerischen Schiffe auf. Sie verfärbten sich in ein intensives Rot und fielen in sich zusammen. Die nachfolgenden Laserstrahlen brannten große Löcher in den ungeschützten Rumpf zahlreicher Schiffe.

Eine gewaltige Explosion zeigte von dem Untergang des ersten angreifenden Schiffes. Weitere Schiffe wurden getroffen. Alle ereilte das gleiche Schicksal. Wieder und wieder röhrte die Hyper-Space-Kanone auf und verschoss ihre unheilbringende Fracht. Die wenigen Lasertreffer, die sich von den gegnerischen Schiffen in den Schutzschirmen der natradischen Flotte verfingen, wurden problemlos absorbiert und abgeleitet. Lediglich im Maschinenraum wurde eine leichte Vibration der Generatoren festgestellt. Diese Schwingungen übertrugen sich auf den Schiffskörper und erzeugten ein feines Donner-Grollen. Wieder hielt der Schirm durch die Technik einer anderen dominierenden Rasse. Die Breitseiten der Königs-Klasse-Schiffe feuerten pausenlos auf die Gegner und hüllten sie mit Energie-Lanzen ein.

Bei einem Teil der gegnerischen Schiffe entstanden schwere Detonationen auf den Antriebs- und Waffen-Plattformen. Weitere Treffer ließen die halbe Plattform eines Schiffes abbrechen und auf dem Boden des Planeten zerbersten. Wieder wurden vier Schiffe fast gleichzeitig Opfer einer Explosion und lösten sich in ihre Bestandteile auf. Unzählige Trümmerstücke regneten auf den Boden des Planeten. Laut zischend verließen weitere Laser-Strahlen die Zwillings-Geschütztürme der Termar 1. Bereits einige gegnerische Schiffe trudelten und konnten ihren Kurs nicht mehr halten. Sie mussten erneut zahlreiche Treffer einstecken. Es zeigte sich, dass jeder weitere Treffer ein Schiff explodieren, oder ausfallen ließ. Von den letzten acht intakten Schiffen scherten plötzlich fünf Schiffe aus, die sich der Termar 1 näherten.

»Fünf Schiffe auf Kollisionskurs«, meldete Sergeant Dantow. Major Travis hatte es bereits gesehen. Er gab Sergeant Farmer ein Zeichen.

»Ausweichkurs 15 Grad«, wies er Sergeant Hausmann an. »Dauerfeuer auf die sich nähernden Schiffe.«

Röhrend verließ wieder ein Geschoss die Hyper-Space-Kanone ließ den Schirm des vordersten Schiffes kollabieren. Pausenlos hämmerten die Laser-Türme ihre Strahlen dem Gegner entgegen. Das erste Schiff verging in einer blendenden Explosion. Im Rücken der Schiffe tauchten zwei Schiffe der Königs-Klasse auf und schossen ebenfalls ihre Geschosse aus der Hyper-Space-Kanone ab. Sofort folgten die heißen Strahlen aus den Laser-Türmen. Die Schirme der fremden Schiffe flackerten und fielen in sich zusammen. Die nachfolgend einschlagenden Strahlen beendete die Existenz der Schiffe. Wieder erhellten grelle Explosionen den bereits dunklen Tag. Die letzten zwei Schiffe drehten ab, dabei wurde noch ein Schiff in dem eingeleiteten Wende-Manöver schwer getroffen. Es trudelte, geriet aus der Flugkurve und verlor an Geschwindigkeit. Der Antrieb war getroffen.

»Öffnen sie einen Kanal«, forderte Major Travis seinen Funkoffizier auf.

»Der Kanal ist geöffnet«, kam unverzüglich die Antwort von Sergeant Farmer.

»Ich rufe die angreifenden Schiffe«, sprach Marc in den Communicator. »Mein Name ist Major Travis. Uns ist nicht an einer Vernichtung gelegen. Stellen sie das Feuer ein. Sie können ihre Schiffe abziehen. Sie sind unterlegen. Ich wiederhole, ziehen sie ihre Schiffe ab. «

Die Antwort kam als Maschinensprache herein.

»Wir akzeptieren, unsere Schiffe werden zu Wartungs- und Reparaturzwecken abgezogen«, meldete die Schiffs-KI.

Sofort nach der Antwort prasselten erneut Laser-Strahlen in den Schirm der Termar 1.

»Schutzschirm wird zu 30 Prozent belastet«, sagte Sergeant Hausmann ruhig. »Die Stadt beschießt uns mit ihren Abwehr-Stellungen.

»Befehl an alle Schiffe«, entschied Major Travis. »Die Abwehrstellungen sind sofort auszuschalten. «

»Die Geschütze wurden lokalisiert«, antwortete Sergeant Dantow. »Die Daten werden auf das CIC überspielt. «

»Feuer«, kommandierte Commander Brenzby.

Wieder verließen die schweren Laser-Strahlen die Geschütze der Flotte und schlugen an den ausgemachten Koordinaten ein. Grelle Detonationen zeigten den Erfolg des Angriffes an. Rauchsäulen und Staubpartikel stiegen in den Himmel.

»Die Abwehr-Geschütze scheinen nicht über einen Schutzschirm zu verfügen«, bemerkte Sirin. »Das rächt sich jetzt. «

In nur wenigen Minuten hatten die sieben Schiffe, unter dem Kommando von Major Travis, sämtliche Geschütze ausgeschaltet. Danach verstummte das Inferno.

»Jetzt herrscht Ruhe«, sagte Major Travis. »Was versteckt die Stadt vor uns? «

Barenseigs schaute ihn an.
»Die Schutzschirme waren zeitweise 30 Prozent belastet«, staunte er. Das ist gar nichts. «.

Marc schaute ihn an.
»Das haben sie mitbekommen? «, erwiderte er. » Ich möchte sie zum Stillschweigen verpflichten. Was hier auf dem Schiff gesprochen wird, oder welche Daten sie sammeln, ist nicht für fremde Ohren bestimmt. Auch nicht für ihre Admiralität. Ich habe ihnen eine Mitreise-Möglichkeit angeboten, das ist besser, als auf diesen Planeten festzusitzen und sich über die Stadt-KI zu ärgern. Können sie mir ihr Schweigen garantieren? «

Barenseigs konnte sich alles Weitere denken.
»Hier auf dem Planeten zu verbleiben, hilft mir nicht weiter«, dachte er. »Sein Vorgesetzter musste nicht alles erfahren. «

Er schaute Major Travis in die Augen.
»Mein Wort hierauf, ich behalte es für mich«, antwortete er.

Marc schaute Heinze an.

»Er sagt die Wahrheit«, bestätigte er.

Barenseigs wirkte irritiert.
»Kann der Pelzige Gedanken lesen?«, fragte er.

»Das kann er«, bestätigte Marc. »Und das ist nur ein kleiner Teil seiner Fähigkeiten. Auf der Erde werden Vereinbarungen mit einem Handschlag besiegelt.«

Er hielt Barenseigs die Hand hin. Dieser ergriff sie zurückhaltend. Major Travis drückte sie und ließ sie wieder los.

»Ab jetzt gilt ihr Versprechen«, bestätigte Marc.
Er blickte sich um.

»Alarmbereitschaft beenden«, wandte er sich an Commander Brenzby.

»Ihr Befehl wird ausgeführt, Herr Major«, bestätigte der Commander.

Sirin und Heinze wollten sich zurückziehen und verabschiedeten sich. Major Travis schaute Commander Brenzby und Barenseigs an.

»Lasst uns auf den Sieg anstoßen«, lächelte er. »Gehen wir in die Lounge.«

»Leider muss ich absagen«, lächelte der Commander. »Ich möchte kurz unter die Dusche.«

Marc nickte.

»Dann gehen wir allein«, sagte er zu Gildor Barenseigs.

***

Die Stadt-KI stellte mit Wohlbefinden fest, dass die Flotten den Fächerstrahl eingesetzt hatten, um fremde Energiefelder zu orten. Dieser Prozess dauerte an. Sie konnte sich nicht erklären, warum nicht bereits ein voller Erfolg zu verzeichnen war.

»Die Fremden müssen raffinierter sein als ich bisher vermutet hatte«, dachte sie.

Sie schärfte ihre Sensoren. Die KI erwartete jeden Augenblick eine positive Vollzugsmeldung. Entgegen ihrer Erwartung versetzten andere Meldungen sie in eine gewisse Unruhe. Fühler meldeten ihr Umwälzungen und Verschiebungen von Luftschichten in der Atmosphäre.

»Dieses kommt in der Regel nur bei landenden Raumschiffen im Sinkflug vor«, dachte sie.

Sie zoomte die Koordinaten heran. Sieben Raumschiffe natradischer Bauart enttarnten sich. Sie kam nicht mehr dazu, eine Warnung durchzugeben. Sofort eröffneten die Raumschiffe das Feuer. Mit Entsetzen sah sie, wie schwere Geschosse die Geschütztürme der fremden Raumschiffe verließen und die Schutzschirme ihrer Schutz-Flotte versagen ließen. Sofort schwenkten sich die

Waffentürme der fremden Schiffe auf ein neues Ziel ein. Massive, breite Laserstrahlen verließen die Geschütz-Rohre und prallten auf die Schiffe ein.

Sie zerfetzen die Aufbauten und fraßen sich ins Schiffsinnere vor. Das Unmögliche passierte. Zwei Schiffe ihrer Hilfstruppe vergingen in lodernden Explosionen. Hilflos musste sie zusehen, wie ihre Flotte immer weiter ausgedünnt wurde. Sie erkannte, dass die Fremden überlegen waren. Es war ein aussichtsloses Unterfangen. Ihre Analysen rieten ihr zur Kapitulation. Die KI versuchte ihre Schiffe zu erreichen, jedoch ließen Turbolenzen und die Störungen in der umkämpften Atmosphäre keinen Empfang zu. Sie musste tatenlos zusehen, wie immer mehr Schiffe ihrer Schutzflotte vernichtet wurden.

»Das Unmögliche ist eingetreten«, registrierte sie.
»Niedere Rassen haben die hochstehende Technik meiner Herren besiegt. Meine Möglichkeiten sind erschöpft. Es gibt keine andere Lösung mehr. Ich werde meine Herrschaft erwecken.«

Ihr Entschluss war gefasst. Schnell schickte sie ihre Medi-Roboter in die geheime Schlafkammer unter ihrer Stadt. Sie wusste, dass dies noch keine KI vor ihr gewagt hatte. Aber die anderen geheimen Städte hatten bislang auch noch keinen Besuch von niederen Rassen erhalten. Sie leitete den Aufwach-Prozess ein. Vorsichtig musste sie ans Werk geben. Die lange Schlafphase ihrer Herrschaft benötigte eine langsame Degeneration. Sie beobachtete die Arbeiten ihres medizinischen Teams. Die Medi-

Roboter hatten den schlafenden Körper ihres Herren an ein künstliches Wiederbelebungs-System angeschlossen. Das war zwar nicht vorrangig nötig, aber nach dieser langen Schlafperiode in jedem Fall hilfreich.

Einer der Roboter injizierte eine chemische Flüssigkeit. Ein Muskelzucken zog sich durch den Körper, der in der Stasis-Kammer liegenden Herrschaft. Das über dem Körper aufgebaute Diagnose-Gerät scannte den Liegenden. Die ermittelten Daten wurden zeitnah der KI übermittelt. Sie konnte keine negativen Daten ablesen. Alles schien wie immer normal zu verlaufen. Der Aufweck-Prozess würde noch einige Stunden dauern. Sie entschied, an dem heutigen Tage, keine weiteren Aktionen gegen die fremden Besucher durchzuführen.

***

Major Travis hielt Barenseigs das Glas hin.
»Zum Wohl«, sagte er. »Es ist schön, dass wir sie kennenlernen durften. «

Barenseigs erhob ebenfalls sein Glas.
»Ganz meinerseits«, antwortete er.

Beide setzten das Glas Whisky an die Lippen und nahmen einen Schluck.

»Das ist ein teurer Whisky aus meiner Heimat«, hob Marc das Getränk hervor.

Er schaute Barenseigs intensiv ins Gesicht. Der war plötzlich wie versteinert. Schweiß trat auf seine Stirn und sein Gesicht nahm eine rote Farbe an. Barenseigs ließ sich jedoch nichts anmerken. Er holte tief Luft und stellte sein Glas ab.

»Was ist das für ein Getränk? «, fragte er.
»Das ist ein Schnaps«, antwortete Marc. »Ein solches Getränk wird auf der Erde nur an ausgewachsene Personen ausgeschenkt. Eine Abgabe an Jugendliche ist strengstens verboten. «

Barenseigs rang noch nach Luft.
»Das kann ich jetzt nachvollziehen«, murmelte er.

»Möchten sie lieber etwas anderes probieren? «, fragte Marc nach.

Barenseigs schüttelte den Kopf.
»Ich stell mich hierauf ein«, keuchte er. »Nach dem ersten Schluck ist das Schlimmste vorbei, stelle ich fest. Etwas Wasser zum Nachspülen wäre nicht schlecht. «

Major Travis winkte dem Barista zu.
»Bringen sie uns bitte eine Flasche Mineralwasser«, sagte er und schob dem Wirt seine Terun-Card zur Abrechnung hin.

»Erzählen sie einmal, welchen technischen Fortschritt gab es bei ihnen nach der Evakuierung bis heute«, erkundigte er sich.

»Wie meinen sie das? «, fragte Barenseigs.
»Sie können ihr Sonnensystem tarnen, gegebenenfalls es an einen anderen Ort versetzen. Über welche technischen Errungenschaften verfügen sie noch, von denen wir Menschen nur träumen können? «, fragte Major Travis.

Barenseigs lachte. »
»Was erwarten sie? «, antwortete er. » Ihnen wurde doch das vollständige natradische Wissen implantiert. Sie sollten über alle technischen Möglichkeiten Kenntnisse besitzen. Unser größter Fehler war die Archivierung unserer wissenschaftlichen Datenbanken auf dem Mond Nors. Von Seiten der kaiserlichen Führung war das nachzuvollziehen, da unsere fähigsten Köpfe dort forschten und neue Techniken entwickelten. Sie benötigten stündlich Zugriff auf diese Archive. Doch leider gingen sämtliche Datenbanken mit der Vernichtung des Mondes verloren.«

»Gab es denn keine separate Datensicherung auf Natrid? «, fragte Major Travis.

»Selbstverständlich«, antwortete Barenseigs. »Aber der Kaiser hatte so seine eigene Strategie mit dem Abspeichern von Daten. Erst wenn die Produkte in Serienreife gegangen waren, diese mehrere Jahre genutzt wurden und als positiv verwendbar eingestuft wurden, durften diese Daten in die zentralen Computer von Natrid eingespeist werden. Sie können sich vorstellen, dass zu der Hochzeit von Natrid jede Menge Experten an unterschiedlichen Projekten gearbeitet hatten. Allein wenn ich an die vielen Projekte denke, die von Marin und Gareck bearbeitet wurden. Das waren einige unserer fähigsten Wissenschaftler, die zum Schluss an einem Fluggerät zur Reise durch Zeitfelder experimentiert hatten. Es sträuben sich mir immer noch die Haare. Hiermit wäre eine Korrektur der Zeitlinie möglich gewesen.«

Major Travis hörte gespannt zu und ließ Barenseigs weitererzählen.

»Dann gab es Wissenschaftler, wie Bartin und Loffrin, die an der Entwicklung eines Wurmloch-Spürers arbeiteten«, erzählte Barenseigs. » Sie waren fest der Meinung, dass unser komplettes Universum von Wurmlöchern durchzogen ist, durch die eine schnelle Verbindung zu allen unterschiedlichen Galaxien möglich ist. Ferner vertraten sie die Meinung, dass diese Fernreise-Strecken bereits genutzt wurden.«

Marc unterbrach den Gildoren.
»Hatten sie Erfolg?«, fragte er.

Barenseigs blickte ihn an.
»Die wurden belächelt und von dem Kaiser zu anderen Aufgaben gezwungen«, erklärte er. »In seinen Augen waren es unfähige Wissenschaftler. Andere befassten sich mit der Entwicklung von Dimensions-Triebwerken. Laut der damaligen Auffassung sollten unendlich viele unterschiedliche Dimensionen existieren, genauso

aufgebaut, wie diese Dimension, in die wir jetzt geraten sind. Ich kann die ganzen Projekte gar nicht alle aufzählen, womit sich die Wissenschaftler im ehemaligen Kaiserreich beschäftigt haben. Unzählige Wissenschaftler und Techniker bevölkerten den Mond Nors. Der Kaiser hatte diesen hoheitlichen Bereich ausgelagert, weil es natürlich immer wieder Rückschläge gab.

Auch auf Natrid wurden ganze Landstriche in Mitleidenschaft gezogen. Sie können sich vorstellen, wenn ein Atomreaktor aufgrund von Überhitzung explodiert, hinterlässt das Spuren. Lebewesen sterben und bewohnbare Gebiete werden für lange Zeit verseucht. Aus diesem Grund wurden alle elementaren Versuchs-Labore auf den dritten Trabanten ausgelagert. Dieser Mond war auch noch Schiffs-Werft und vor allem zuständig für die Weiterentwicklung unserer Flotte und für Schiffs-Neubauten. Viele Jahre später geschah das Unvorhersehbare. Die Rigo-Sauroiden fielen in unser Heimat-System ein. Sie mussten über Insider-Kenntnisse verfügen. Der Mond Nors war eines ihrer vorrangigen Ziele. Mit Hass und Brutalität vernichteten sie unseren dritten Mond und damit alles was er beherbergte. Fluchtkapseln wurden noch in der Umlaufbahn vernichtet. Nichts entging ihrem Angriff.

Unsere viel zu kleine Heimat-Flotte, fast alle größeren Schiffe waren der Kampf-Flotte von Admiral Tarin angeschlossen worden und standen nicht zur Verfügung. Die Reste der überforderten Heimat-Flotte, versuchte erfolglos Natrid zu schützen. Es war ein geplantes durchdachtes Ablenkungsmanöver der Sauroiden. Sie griffen mit einem Großteil ihrer Flotte unsere Heimat-Verteidigung an. So verhinderten sie, dass die Flotte den Mond Nors schützen konnte. So gelang es einem Teil der angreifenden Flotte, problemlos ihren Angriff auf den Mond Nors durchzuführen.«

Barenseigs schluckte und verharrte eine Zeit lang. Er blickte mit starren Augen durch Major Travis hindurch. Der Major wusste, was in Barenseigs vorging. Es schien aufgrund seiner Wissens-Implantierung die Vergangenheit des natradischen Volkes neu zu durchleben.

»Die fähigsten Köpfe unserer Nation waren hier versammelt und arbeiteten an Lösungen zur schnellen Beendigung des Krieges«, teilte Barenseigs mit. »Sie alle starben mit der Vernichtung des Mondes. Alle Forschungen, Entwicklungen und Prototypen wurden in Stücke gerissen. Sämtlichen sensiblen Daten, die noch nicht in zentralen Datenbanken von Natrid gespeichert waren, sowie alle zusätzlichen wissenschaftlichen Datenarchive gingen verloren. Das war ein nicht gutzumachender Verlust. Von einem Moment zum anderen wurden wir um Jahrhunderte der Forschung zurückgeworfen. Hinzu kam noch, dass die kaiserliche Residenz, mit der kompletten versammelten kaiserlichen Kaste von den Schiffen der Rigo-Sauroiden vernichtet wurde. Wir können heute immer noch nicht ermitteln, welche sensiblen Daten der Kaiser persönlich unter Verschluss hielt. Was wir aber wissen ist, dass ab diesem

Zeitpunkt das kaiserliche Imperium aufhörte zu existieren. Das große Imperium war besiegt und existierte nicht mehr. «

Rendezvous mit der Vergangenheit

Major Travis hatte Barenseigs intensiv zugehört. Bislang hatte er darauf verzichtet, seine Meinung zu äußern. Jetzt aber, da sein Gesprächspartner eine Pause einlegte, wollte er gerne eine Zwischenfrage stellen.

»Ich habe bemerkt, dass sie bei der Erzählung ihrer Vergangenheit emotionell aufgewühlt wurden«, bemerkte er. »Wie stehen sie heute, nach so vielen vergangenen Jahrtausenden zu den Taten der Sauroiden?«

»Ich empfinde immer noch einen großen Hass auf diese Wesen«, antwortete Barenseigs. »Am liebsten würde ich alle Lebewesen exoiden Ursprungs vernichten.«

»Hierzu habe ich mir auch einige Gedanken gemacht«, bemerkte Major Travis. »Was wäre, wenn der Hass der Sauroiden auf gleicher Weise entstanden ist? Vielleicht hat ihnen in der Vergangenheit irgendeine humanoide Rasse übel mitgespielt.«

»Von dieser Sichtweise habe ich das bisher nicht betrachtet«, entgegnete Barenseigs.

»Wir werden eine Erklärung für die Vorfälle finden«, antwortete Major Travis und hob sein Glas. »Heute genießen wir erst einmal den Drink. Trinken wir auf Natrid und seine Hinterlassenschaften.«

»Zum Wohl«, antwortete Barenseigs. »Ich wünsche ihnen und ihren Terranern eine bessere Zukunft, als wir sie hatten«.

Beide leerten ihr Glas in einem Zug.

»Man kann sich an das Getränk gewöhnen«, ergänzte Barenseigs und winkte dem Wirt.

***

Die KI der Stadt bemerkte, wie der Körper ihrer Herrschaft aktiver wurde. Die Blutwerte und der Puls stiegen und zeigten positive Ausschläge an. Die eingeleiteten Energiestöße der künstlichen Aufwachhilfe stimulierten seinen Körper des Liegenden.

»Es dauert nicht mehr lange«, dachte die KI. »Dann wird der letzte Wächter meiner Herren das Kommando der Stadt übernehmen. «

Sie analysierte und vervollständigte ihre Daten.
»Dann werde ich ihm auch von meinem Misserfolg berichten, die Fremden ergebnislos abgewehrt zu haben«, dachte sie.

Als Sil'drock die Augen öffnete, fand er sich in einem weißen grellen Licht wieder. Es war so intensiv brennend, dass er in diesem Moment nichts anderes wahrnahm. Sein Körper schien hiervon durchflutet zu werden. Er spürte, wie sein Herz schneller zu schlagen begann.

Schmerzen breiteten sich aus. Sein Verstand registrierte die Situation und führte die Schmerzen auf eine lange Schlafphase zurück. Er hatte Angst und atmete tief ein. Nur langsam gewöhnten sich seine Augen an die Helligkeit. Er nahm schemenhafte Bewegungen um sich herum wahr.

Mit tonloser Stimme versuchte er nach den Gestalten zu rufen. Leider ohne Erfolg. Eine Antwort bekam er nicht. Unter schweren Anstrengungen hob er einen Arm und zeigte auf das Licht. Schlagartig wurde das Licht gedimmt. Ein wohltuender, abgedunkelter Schein beruhigte seine Sinne. Er öffnete seine Augen ganz. Seine Sehkraft hatte sich bereits merklich verbessert. Langsam drehte er den Kopf und schaute sich um. Jetzt erkannte er sein Umfeld. Er lag immer noch in dieser Stasis-Kammer. Gerade als er sich aufrichten wollte, blickte ein Medi-Robot über die Seitenwand des Sarkophags hinein. Er schaute irritiert. Mit einem spitzen Gegenstand pikste er Sil'drock grob in das nackte Fleisch. Schmerzhaft schrie der Wächter auf. Ruckartig entfernte sich der Robot wieder.

Sil'drock richtete sich langsam auf. Zwei weitere Roboter kamen herbeigeeilt und hoben ihn aus der Kammer. Sie setzten ihn auf einen Anti-Gravitationsstuhl. Sil'drock musste sich übergeben und spuckte eine geleeartige Kunstnahrung aus. Die Roboter fuhren ihn in die Hydro-Waschkammer. Gründlich wurde er gereinigt und desinfiziert. Die wärmenden Strahlen taten seinen Muskeln gut. Sil'drock ließ das Procedere über sich ergehen. Er merkte, dass seine Kräfte langsam in seinen

Körper zurückkehrten. Die Roboter kleideten ihn mit seinem Sicherheitsanzug und seiner herrschaftlichen Robe an. Langsam wurde das Licht wieder heller. Sil'drock vermisste jedoch etwas. Es waren keine Stimmen zu hören.

»Die anderen sind gegangen«, erinnerte er sich. »Ich bin der Letzte meines Volkes in der großen Stadt. «

Die anderen hatten ihn als Wächter vorgeschlagen und er hatte zugestimmt. Er musste die Zeiten überdauern, in denen andere Rassen geboren wurden und wieder untergingen.

Sil'drock hob den Arm.
»Genug«, sagte er. »Bringt mich zur KI. Ich möchte wissen, warum ich geweckt wurde?«

***

Major Travis stand bei Commander Brenzby auf dem Kommandodeck der Termar 1.

»Wie kommen wir in die Stadt? «, fragte der Commander. »Der Schutzschirm ist weiter aktiv. Hat unser neuer Freund vielleicht eine Idee? «

»Den können wir leider im Moment nicht fragen«, antwortete Marc. »Er hat plötzlich den schottischen Whisky nicht mehr vertragen und ist am Tresen vom Stuhl gerutscht und hart auf den Boden aufgeschlagen. Ich habe ihn in sein Quartier bringen lassen. Er wird wohl für die nächsten Stunden nicht ansprechbar sein. «

Der Commander lächelte.
»Es wird immer wieder der gleiche Aufnahme-Rhythmus durchgeführt «, sagte er.

»Du kennst das doch noch von der Akademie«, antwortete Marc. »Letztendlich muss da jeder durch. «

Beide lachten herzhaft auf.

»Um auf den Schutzschirm der Stadt zurückzukommen«, sagte Major Travis. »Ich vermute, dass die Stadt die gleichen Schirmfelder besitzt, mit dem auch ihre Schiffe ausgestattet sind. Sie dürften unseren Waffen unterlegen sein. Wir könnten den Schutzschirm kollabieren lassen. Bei genügend Energie-Druck würden die Feld-Generatoren überlastet werden. Eigentlich möchte ich aber, dass die KI der Stadt uns freiwillig Einlass gewährt. Wir sind auf ihre Unterstützung angewiesen. «

»Ich denke, das wird schwierig werden«, erwiderte der Commander. »So wie sie uns angegriffen hat, kann man sie nicht als uns freundlich gesonnen einstufen. «

»Wir werden Druck aufbauen, dass die KI nicht anders kann, als zu kooperieren«, antwortete Marc. »Sie wird sicherlich bereits alle ihre Möglichkeiten eingesetzt und erkannt haben, dass wir technisch überlegen sind. «

Commander Brenzby überlegte kurz.
»Das könnte funktionieren«, antwortete er. »Je früher wir hier weiterkommen, umso besser. «

Marc nickte.
»Befehle unsere Begleitschiffe in die Atmosphäre einzudringen«, sagte er. »Sie sollen eine ringförmige Position in etwa 1.500 Metern Höhe über der Stadt einnehmen und ihre Waffen-Türme aktivieren.«

»Ich gebe den Befehl sofort durch«, bestätigte der Commander.

Unterdessen hatte Major Travis roten Alarm für das ganze Termar-Schiff befohlen.

»Heinze möchte in die Zentrale kommen«, wandte er sich an Sergeant Farmer. »Bitte informieren sie ihn. «

Dieser nickte und erledigte die Aufgabe.
»Er ist gleich zur Stelle«, entgegnete er.

Sirin kam auf die Brücke.
»Was ist jetzt wieder los? «, fragte sie.

Sie hatte Gildor Barenseigs mitgebracht, der sich seinen Kopf hielt.

»Ich habe ein unangenehmes Stechen in meinem Kopf«, sagte er irritiert.

Major Travis schaute ihn an.

»Das kommt davon, wenn man nicht genug bekommt«, sagte er. »Wenn man Whisky nicht gewohnt ist, dann kann es einen Brummschädel geben. Sie scheinen jetzt einen zu haben. Zu dumm, dass wir zu wenig von ihrem Metabolismus wissen, ansonsten könnte Sirin ihnen eine Tablette für die Kopfschmerzen geben. Dann wären die Schmerzen schnell fort. Aber sie geben ja keine wichtigen Daten preis. Jetzt müssen sie erst einmal leiden.«

Barenseigs schaute Major Travis richtig mitleidig an.

»Tut mir leid«, ergänzte der Major. »Ohne dass ich mehr von ihrer Spezies weiß, kann ich ihnen keine Medikamente geben.«

Sirin lächelte. Sie wusste natürlich, dass Marc seinen Gast bewusst im Regen stehen ließ. Er wollte einfach mehr Informationen von ihm haben. Sirin vermutete, dass Barenseigs Daten seiner Schiffs-KI verheimlichte.

»Was denken sie?«, fragte Major Travis den Gildor. »Wie sollten wir vorgehen.«

»Ihre Planung ist die einzige logische Vorgehensweise«, antwortete Barenseigs. »Ich habe ja gesehen, was ihr Schutzschirm zu leisten vermag. Wenn ihre Waffen ebenfalls so weit entwickelt sind, dann kann sich die Stadt-KI warm anziehen. Ich würde nochmals versuchen Kontakt aufzunehmen. Vielleicht haben die Misserfolge die KI bereits zum Umdenken gezwungen.«

Major Travis nickte.
»Ich gehe synchron mit ihrer Denkweise«, bestätigte er.
»Wir werden nochmals nachfragen.«

***

Sil'drock hatte sich gerade in die Überzeugung geflüchtet, alles nur geträumt zu haben. Nach längerem Überlegen wurde ihm bewusst, dass seine Sichtweise auf die Realität, nur fiktiv war. Er bemühte sich, klar zu denken. Es gab keinen Grund seinen Schlaf zu unterbrechen. Die verspätete Reaktion auf die Ereignisse, traf ihn deshalb wie ein Messerstich. Und dass, obwohl er den ersten Schock der unfreiwilligen Erweckung noch nicht verarbeitet hatte. Zweifel machten sich in ihm breit.

»Sollte das Sicherheits-Programm der alten Stadt gestört sein«, dachte er. »Vielleicht handelte es sich auch nur um einen einzelnen Zwischenfall.«

Sil'drock, der die Fülle seiner Macht kannte, begriff sehr schnell, dass eine Komponente in dem Gefüge nicht rund lief.

»Er werde noch ermitteln«, dachte er.«
Noch stärker vibrierend, noch heftiger atmend als zuvor, richtete er seine Augen auf die Gänge und Korridore, die er in Begleitung der Roboter durchschreiten musste. Er wollte endlich in die Zentrale und die KI befragen.

»Sie scheint nach der langen Zeit meines Schlafes ein Eigenleben entwickelt zu haben«, dachte er entsetzt.

Sil'drock überlegte kurz.
»Falls dies tatsächlich zutreffen sollte, dann muss ich den Stecker ziehen, bevor noch mehr Unheil angerichtet wurde«, erkannte er.

Er schaute sich um. Dort stand der Duplikator, umgeben von einem Energiefeld mit eigener Eigenversorgung. Die Mechanik recycelte Energie-Module und konnte diese jederzeit wieder mit ausreichender Spannung anreichern. Der Zugang war geheim und nur ihm gestattet.

»Helft mir auf die Beine«, sagte er zu den Robotern.
»Bringt mich zu meinem persönlichen Energiefeld. «

Die Medi-Roboter stützten ihn auf dem Weg zu dem gesicherten Duplikator. Sil'drock legte seinen Daumen auf die Scanner-Taste. Es summte kurz auf und ein Iris-Scanner wurde ausgefahren. Sil'drock beugte sich nach vorne und ließ seine beiden Augen scannen.

»Code-Eingabe erforderlich«, tönte es aus dem Kontrollmodul.

Er tippte seinen persönlichen Zifferncode ein.
»Eingabe abgeschlossen, die Berechtigung wurde geprüft und bestätigt«, tönte die Antwort aus der Steuerungs-Einheit. »Der Duplikator wird freigeschaltet. «

Das leuchtende Energiefeld erlosch. Sil'drock trat näher an die mittelgroße Anlage heran. Er klappte einen Monitor auf und schaltete ihn an. Hierauf wurden alle Möglichkeiten abgebildet, die der Duplikator realisieren konnte. Sil'drock tippte auf den speziell für ihn ausgemessenen Kampfanzug. Er drehte sich um und konnte eben noch sehen, wie sich in der Mitte des Raumes sich eine diffuse Wolke bildete, aus der sein Kampfanzug fiel. Er drückte die Taste für seinen Waffengurt und für weitere Utensilien, die auf gleiche Weise materialisierten. Es folgte noch ein Helm mit Visier, der Para-Angriffe neutralisierte.

Sil'drock dachte kurz nach.
»Ich habe alles«, erkannte er. »Ein Laser-Gewehr vielleicht noch und ein neuer Programmierungs-Chip für die künstliche Intelligenz. Hiermit bringe ich ihre System-Steuerung wieder in Ordnung.«
Er drückte auf einen Knopf an seinem Gürtel und blickte zum Schott. Dieses öffnete sich und vier waffenstarrende Roboter stürmten herein. Unberührt schaute sich Sil'drock das Schauspiel an. Zwei Meter vor ihm blieben sie abrupt stehen.

»Ihre Befehle Herr«, fragten sie monoton. «

Er nickte ihnen zu.
»Personenschutz für den Wächter«, befahl er.

»Die Befehlsroutine wird gestartet«, antwortete einer der Roboter.

»Aufbruch zur Kommando-Zentrale«, sagte Sil'drock.

In der Mitte seiner Roboter verließ Sil'drock den Schläfer-Raum und ging hinaus auf den langen Flur. Hierüber konnten alle wichtigen Schaltstellen der Stadt erreicht werden. Die Gruppe war nur wenige Schritte gegangen, als ein Anti-Grav.-Schlitten heran rauschte. Sil'drock stieg mit seinen Schutz-Robotern auf die Plattform. -An der Steuerung programmierte er den Weg in die Kommando-Zentrale.

»Alles ist regelkonform, alles ist regelkonform, alles ist regelkonform«, dachte die künstliche Intelligenz der Stadt.

Mit der Wiederholung dieser Worte wollte die KI die legale Vorgehensweise ihrer Entschlüsse rechtfertigen. Sie wusste, dass ihr Herr bereits auf dem Weg zu ihr war.

»Was kann ich noch tun?«, fragte sie sich. »Wie kann ein Wächter, der 136.000 Jahre geschlafen hat, die aktuelle Realität überhaupt beurteilen?«

Sie fasste einen neuen Entschluss.
»Ich werde den Wächter daran hindern die Befehlsgewalt zu übernehmen«, überlegte sie.

Sie unterbrach die Energie-Versorgung zu dem Sektor, in der der Wächter mit dem Anti-Grav.-Schlitten unterwegs war. Sie sandte Störsignale aus und hoffte hiermit die

Schutz-Roboter irritieren zu können. Unter dem Vorwand, dass Eindringlinge in die Stadt eingedrungen waren, aktivierte sie 30 Kampfroboter. Sie gab ihnen den Befehl, alle fremden Eindringlinge zu eliminieren. Sie überlegte erneut.

»Die Zeit ist mein Problem«, erkannte sie.
Die KI aktivierte ihre Roboter, die sich in den Weg ihres Herrn stellen sollten. Sie erhoffte für sich, ausreichend Zeit für weitere Vorbereitungen zu erhalten.

Sil'drock registrierte, wie der Strom ausfiel. Der Beförderungs-Schlitten verlor an Fahrt und kam zum Stillstand.

»Hier stimmt etwas nicht«, sagte Sil'drock zu seinen Begleitern. »Die KI scheint gewaltig gestört zu sein. Deaktiviert den Funkempfang und schaltet auf eure interne Energieversorgung um. Entsichert die Waffen und lasst äußerste Wachsamkeit walten. Die KI will nicht, dass wir in ihre Schaltzentrale kommen.«

Unzählige kleine Wartungs-Roboter und Reinigungseinheiten erschwerten das schnelle Weiterkommen der Gruppe. Ein Schutzroboter drückte ihn zur Seite.

»Achtung Kampfeinheiten kommen auf uns zu«, sagte er blechern. »Ich zähle 30 Roboter mit entsicherten Waffen.«

»Wir gehen hier hinter der Abzweigung in Deckung«, befahl Sil'drock. » Wir brauchen einen anderen Weg. «

Zischend und knisternd schlugen sich die ersten Laserstrahlen in die Verkleidung des langen Ganges ein. Zwei der Roboter erwiderten das Feuer und hielten die Angreifer auf Distanz. Viel zu spät hatte Sil'drock die Manipulation der Stadt-KI bemerkt. Eine donnernde Explosion deutete auf die Vernichtung eines der angreifenden Roboter hin.

»Wir müssen uns Zugang zu der zweiten Steuerzentrale verschaffen «, sagte Sil'drock. » Schießt auf die Decke und bringt den Gang zum Einsturz. Vielleicht können wir die Roboter etwas aufhalten. «

Die Roboter konzentrierten das Feuer auf den oberen Gangbereich der Decke. Verkleidungs-Material verflüssigte sich und tropfte hinunter. Die Decke fing Feuer. Der nackte Felsen wurde sichtbar. Die massiven Laserstrahlen fraßen sich in den Felsen und lösten einen Steinrutsch aus. Staub und Rauch vernebelte die Sicht.

»Weg hier«, sagte Sil'drock. »Bringt mich zu der zweiten Kommando-Zentrale in den unterirdischen Gängen. «

Im Laufschritt eilten sie davon. Es kam zu keinen weiteren Schwierigkeiten beim Durchqueren der Höhlengänge. Die Reparatur-Roboter waren zu sehr mit sich selbst beschäftigt. Auch in den diversen Maschinenhallen hatten sie Wichtigeres zu tun, als sich ihm und seinen Schutzrobotern in den Weg zu stellen.

Sil'drock ließ seinen Blick nach links und rechts schweifen. Er stellte fest, dass überall in den Höhlen Maschinen anliefen.

»Ich bewundere deine Aktivitäten«, dachte er an die KI. »Aber das wird nicht ausreichen, um deinen Herrn zu überlisten. «

Sie hatten das Ende des Ganges erreicht. Sil'drock erkannte seinen Irrtum. Etliche Roboter der nächsten Höhle versuchten ihn an der Flucht zu hindern. Selbst mit teilweise defekten Robotern versuchte die KI, die Flüchtenden aufzuhalten. Die Schutz-Roboter nahmen alle vor ihnen im Weg stehenden Roboter ins Visier und entfachten ein Flammenmeer. Die Reparatur-Einheiten besaßen kein eigenes Energiefeld. Zahllose Explosionen verursachten einen Wärme- und Hitzestau. Trümmer flogen durch die Luft. Immer wieder fauchten ihre schweren Laserstrahlen auf die Gruppe der Weg-Blockierer. Endlich hatten die Roboter es geschafft. Eine Schneise zog sich durch das Schrottfeld der Roboter, die sich nur noch geringfügig bewegen konnten.

Sil'drock gab das Zeichen. Sie liefen weiter. Wartungsroboter mit Schneidwerkzeugen stürmten in die Höhle. Sil'drock und seinen Begleitern blieb nur die Flucht weiter geradeaus. Flink wie eine Horde Rehe, verschwand Sil'drock mit seinen Begleitern in dem nächsten Tunnel.

»Es ist nicht mehr weit«, sagte er. »Wir haben es bald geschafft. «

Die künstliche Intelligenz schickte weitere Truppen hinter ihnen her. Allmählich schien sie in Panik zu geraten. Die Gänge, die sich in Richtung der zweiten Kommando-Zentrale befanden, waren durchgehend beleuchtet. Immer wieder gab es mehrere Abzweigungen und Sackgassen, die als Lagerstätten fungierten. In der Regel wurden hier Waffen und Sprengstoffe eingelagert.

»Es hat sich viel verändert, seit meiner letzten Wachperiode«, dachte Sil'drock. »Wofür braucht die KI so viele Waffen und Sprengstoffe? Zur Verteidigung meiner Station? Hatte sie vielleicht Angst vor einer geplanten Invasion, die vor mehr als 1.000 Jahren stattfinden sollte? Was geht in einer hochintelligenten Maschine vor, die stupide Arbeits-Maschinen ihre Drecksarbeit erledigen lässt. «

Sil'drock hörte weitere Verfolger kommen und setzte mit seinen Begleitern die Flucht fort.

»Alle Kampfroboter der KI können wir unmöglich bezwingen«, dachte er. » Wir ziehen uns tiefer in das Erdinnere zurück. Die zweite Kommando-Zentrale ist nur für Notfälle eingerichtet worden. Hier hatte die künstliche KI keinen Einfluss. Irgendwann wird hier auch die Luftversorgung enden. «

Sie kamen an eine Schleuse. Sil'drock ging an den Sicherheits-Schrank, öffnete ihn und entnahm alle Sauerstoff-Patronen. Eine steckte er in die Vorrichtung seines Anzuges. Automatisch klappte sein Visier herunter und erzeugte eine sichere Sauerstoffzone. Weitere zwei Kartons verstaute er in seinem Anzug, die restlichen übergab er einem Schutz-Roboter zur Aufbewahrung.

»Eine Umkehr kommt nicht mehr infrage«, sagte er.

Er öffnete den Schleusenzugang. Sil'drock und seine Begleiter glitten hindurch. Sofort verschloss er die Schleuse wieder und sicherte den Zugang mit einem Energiefeld und einem 36-stelligen Zifferncode.

»Das wird sie eine Weile aufhalten«, dachte er.

Der Tunnel war nur grob bearbeitet, in den nackten Felsen geschlagen und unbeleuchtet. Sil'drock und seine Begleiter schalteten ihre Helmstrahler ein. Leider wirkte die Funkstörung auch in dieser Höhle. Er bekam keine Verbindung nach außerhalb. Sil'drock erinnerte sich. Die Tunnel waren tatsächlich nicht von seinem Volk gegraben worden. Man hatte sie bei dem Bau der Stadt vorgefunden, konnte sich aber nicht erklären, wofür sie ursprünglich gedacht waren. Sein Volk hatte sie kurzerhand übernommen und zu ihren Zwecken weiter ausgebaut. Er wusste, dass sich das komplette Tunnelsystem weit unter die Erde zog. Es war kein System zu erkennen. Chaotisch zogen sich Gänge in alle Richtungen des Erdreiches, ohne das sich ein Ziel erkennen ließ. Als ob die Röhren von tausenden von Würmern gebohrt worden waren. Sil'drock gab ein Zeichen zum Anhalten. Er lauschte auf nachfolgende Geräusche.

»Ich höre keine Kampfroboter mehr«, sagte er. »Sie folgen uns nicht.«

Sie waren in der Stadt zurückgeblieben. Hier kannten sie sich nicht aus. Sie hatten keine Zugangs-Berechtigung von den Herren für diese Gänge erhalten. Vermutlich lauerten sie auf die Rückkehr der Gruppe, um ihren Vernichtungsauftrag zu vollenden.

Sil'drock rief sich den Plan der Gänge zurück in sein Gedächtnis. Irgendwo musste die zweite Kommando-Zentrale sein. Doch mit jedem Kilometer, den die Gruppe zurücklegte, schwand seine Hoffnung die geheime Zentrale schnell zu finden. Mit steigendem Tempo durchquerte die Gruppe einen Tunnel nach dem anderen. Hohe Tunnel, breite Tunnel, schmale Tunnel.

»Wer hatte sie angelegt?«, dachte er. »Das wurde von seiner Rasse nie weiterverfolgt. Man hätte sie lediglich alle registrieren müssen.«

Dann endlich stiegen die Gänge wieder an und die Gruppe verließ den Erdinneren Bereich. An der nächsten Tunnel-Kreuzung war es so weit. Rechts in einem breiten Gang sah Sil'drock ein rotes Notlicht aufflammen. Die Gruppe lief hierauf zu. Ein großer staubiger Schott wurde sichtbar.

Sil'drock gab seinen persönlichen Code ein und bestätigte ihn mit dem Scannen der Iris seiner Augen. Knirschend öffnete sich der Eingang. Licht flammte auf und beleuchtete die relativ kleine Kommandozentrale.

Sil'drock ging mit seinen Begleitern hinein und verschloss den Schott wieder. Schnell schritt er auf das zentrale Steuerungsmodul zu. Sofort entledigte er sich seines Helmes.

»Den brauche ich hier im Moment nicht«, dachte er.
Mit wenigen Handgriffen aktivierte er das Kontroll-Display und bemerkte, wie gesicherte Zusatz-Reaktoren anliefen und die autarke Einheit zum Leben erweckten.

»Sicherheitsalarm Sil'drock, Code 110«, befahl er. »Ich übernehme sämtliche Funktionen der Stadt. Intervention durch Unbekannte. Persönliche Befehlsübernahme erfolgt nur noch durch mich. Ausführung sofort.«

Unzählige Daten-Lichter flammten zusätzlich auf, die auf die Durchführung des Befehls deuteten. Dutzende von Monitoren in den Wänden erhellten sich und zeigten alle Bereiche der Stadt an.

Sil'drock stutzte.
»Der Energie-Schirm um die Stadt ist aktiviert«, dachte er. »Außen-Bildschirme an.«

Sofort aktivierten sich weitere Monitore. Sein Blick fiel auf das Raumschiff, das in entsprechender Entfernung gelandet war und ebenfalls seinen Schutzschirm eingeschaltet hatte. Sil'drock musterte es eindringlich.

»Es ist natradischen Ursprungs«, stellte er fest. »Wie kommen natradische Besucher zu uns? Sollte der Besuch die künstliche Intelligenz durcheinandergebracht haben?«

Die KI der Stadt stellte mit Erschrecken fest, dass sie den Zugriff auf sämtliche Funktionen ihrer Stadt verlor.

»Irgendwelche übergeordneten Routinen legten sie lahm und blockierten ihren Zugriff. Sie konnte es sich nicht erklären, woran es lag. Ihre Roboter hatten den Herrscher aus den Augen verloren. Trotz einer intensiven Suche, war er ihrem gesponnenen Netz entkommen. Sie bemerkte erschreckend, dass sie immer mehr die Kontrolle über ihre Systeme verlor. «

***

Sil'drock erinnerte sich an die Anweisung seines Volkes, natradische Techniker und Wissenschaftler nicht als Bedrohung zu sehen, sondern als hilfreiche Weiterentwicklung der humanoiden Gattung. Ihnen durfte er laut dem Referendum seines Volkes Einlass gewähren. Er drückte einige Knöpfe an der zentralen Konsole und zog einen grünen Hebel zurück. Sil'drock schaute auf die Außenmonitore. Er sah, wie das Energiefeld in sich zusammenfiel. Dann schaltete er die Hyperfunk-Konsole ein.

»Hier spricht Sil'drock«, sprach er in die Komm-Muschel. »Ich rufe das natradische Schiff. Bitte antworten sie. «

Er lehnte sich zurück, wusste aber genau, dass die Antwort nicht lange auf sich warten lassen würde. «

***

»Der Schutzschirm schaltet sich aus«, teilte Sergeant Dantow mit.

Major Travis, Commander Brenzby und Barenseigs hoben ihren Kopf und schauten auf den großen Monitor. Das Energiefeld, das die Stadt abdeckte, fiel in sich zusammen.

»Ist das wieder eine neue List der KI? «, fragte Barenseigs. Bevor Major Travis etwas sagen konnte, meldete sich Funkoffizier Farmer aufgeregt zu Wort.

»Eingehender Funkspruch von der Stadt, Herr Major«, teilte er mit.

»Legen sie ihn bitte auf die Lautsprecher«, antwortete Marc.

»Hier spricht Sil'drock«, tönte es aus den Lautsprechern. »Ich rufe das natradische Schiff. Bitte antworten sie. «

»Sergeant Farmer, öffnen sie den Kanal«, bat Major Travis.

»Sie können sprechen, Herr Major«, kam die Antwort zurück.

»Hier spricht Major Marc Travis, erbfolgeberechtigter Oberbefehlshaber der vereinigten Natrid & Tarid Streitkräfte. Erhobener im Gefüge der Kaiserkaste mit Rang 1. Bestätigt und eingesetzt von Noel von Natrid im Rahmen der Nachfolge-Programmierung von Admiral Tarin. Mit wem spreche ich?«, fragte er.

»Ich bin Sil'drock, Wächter der alten Stadt«, antwortete der Ablonder. »Leider konnte ich nicht früher Kontakt zu ihnen aufnehmen, weil ich 136.000 Jahre in der Stasis-Kammer schlief. Wie sie sicherlich bereits selbst festgestellt haben, geht die künstliche Intelligenz meiner Stadt derzeit seltsame Wege. Anders ausgedrückt, sie ist massiv gestört und duldet keine Fremden in der Stadt. Selbst mich bekämpft sie bis auf das Äußerste. Ich habe die Stadt halbwegs wieder unter meine Kontrolle gebracht und den Einfluss der künstlichen Intelligenz eingeschränkt. Wie sie gesehen haben, ist es mir auch gelungen den Energieschirm abzuschalten, der diese Stadt sichert. Leider wurden aktivierte Roboter der KI zwischenzeitlich in den Kampfmodus geschaltet und sind hierdurch von mir nicht mehr steuerbar. Sie führen die letzten Befehle der KI aus. Ich befinde mich mit meinen vier persönlichen Personen-Schutz-Robotern in einer zweiten Kommando-Zentrale, die nur den Wächtern zugänglich ist.«

»Wie können wir helfen? «, erkundigte sich Major Travis.

»Ich habe in den Aufzeichnungen gesehen, dass sie bereits 200 Kampfroboter der KI problemlos vernichten konnten. Haben sie genügend Kampfroboter an Bord? «

»Ich denke schon«, antwortete Major Travis. » Bitte haben sie Verständnis, dass ich unsere genaue Zahl nicht offenlegen möchte. Hierfür kennen wir uns zu wenig. Wie viele Einheiten wären denn nach ihrer Meinung notwendig, um die KI der Stadt abzuschalten? «

Sil'drock antwortete nicht sofort.
»Ich weiß es nicht genau«, antwortete er. »Ich habe zwar jetzt ihren Zugang zu allen Duplikations-Produktions-Zentren abschalten können, es kann aber sein, dass die KI vorher noch genügend Einheiten hergestellt hat. Ich sehe überall in den Gängen der Stadt Robot-Divisionen patrouillieren, die anscheinend auf der Suche nach mir sind. Die Analyse, aufgrund meiner Bildinformationen zeigen mir mehr als 500 Kampf-Roboter an. «

»Wo finden wir sie? «, fragte Major Travis. » Sind sie bis zu unserem Eintreffen in Sicherheit? «

»Ich befinde mich in einem geheimen Höhlensystem unter der Stadt«, antwortete Sil'drock. »Dieses Gewölbe ist nur uns Wächtern bekannt. Die künstliche Intelligenz hat hierüber keine Informationen. «

»Übermitteln sie uns einen Lageplan«, antwortete der Major. »Wir holen sie ab. «

»Ich bin in ihrer Schuld«, antwortete Sil'drock. »Der Lageplan kommt gleich per Datentransfer. «

Major Travis blickte Commander Brenzby an.
»Bitte informiere sofort Sergeant Hardin«, sagte er. Er möchte 1.000 Kampf-Roboter zusammenziehen und eine Garnison Marines unterstützend bereitstellen. Er soll die Marines mit Nahkampf-Kleidung ausstatten, einschließlich der Taja und der kompletten Waffenbestückung. Wir werden den Wächter aus seiner Lage befreien. «
»Der Befehl ist weitergegeben«, antwortete Commander Brenzby.

Marc schaute zu Barenseigs.

»Wollen sie auch mit? «, fragte er.

Dieser nickte und lächelte.
»Warum glauben sie denn, dass ich hier bin«, antwortete er.

»Sie unterwerfen sich meinem Kommando? «, ergänzte Major Travis.

»Bedingungslos«, antwortete der Gildor. «Ich möchte mir auch die Möglichkeit meines Rückfluges nicht zerstören. «

»Unser Vertrauen müssen sie sich erst noch verdienen«, erwiderte Marc. »Falls ich feststellen sollte, dass sie gegen uns arbeiten, lasse ich sie sofort festnehmen und in eine nicht so gemütliche Kabine stecken, als die sie jetzt bezogen haben. Wir sagen hierzu Arrestzelle. «

»Machen sie sich keine Gedanken«, erwiderte Barenseigs. »Wir Gildoren stehen zu unserem Wort. «
»Ziehen sie ihren Kampfanzug an«, entgegnete Major Travis.

Marc blickte Commander Brenzby an.

Bitte sorgen sie dafür, dass unser Gast eine Taja erhält und geben sie ihm eine TM-520 und ein durchschlagendes Laser-Gewehr«, befahl Marc. » Wir treffen uns vor dem Schiff. «

Commander Brenzby sprang von seinem Sessel auf und winkte Barenseigs zu.

»Folgen sie mir bitte«, forderte er ihn auf.

Im Laufschritt verließen sie die Brücke in Richtung des Liftes. Auf halbem Weg kam ihnen Heinze in voller Kampf-Kleidung entgegen.

»Ist der Major auf der Brücke«, erkundigte er sich bei Commander Brenzby, der an ihm vorbeieilte.

»Ist auf der Brücke«, antwortete der Commander.

Heinze setzte seinen Weg fort. Er wollte unbedingt an dem Einsatz teilnehmen.

»Der Lageplan ist angekommen«, sagte Sergeant Farmer.

»Auf das CIC legen«, sagte Major Travis.

Er musterte diesen eindringlich. Heinze war zwischenzeitlich eingetroffen und ebenfalls an das Informations-Display getreten.

»Ich bin bereit«, sagte er knapp.
Marc schaute ihn kurz an.
»Wir haben den Plan der Stadt erhalten«, sagte er. »Die Konturen der Stadt sind alle fein säuberlich hierauf zu sehen. Das Höhlensystem scheint nachträglich eingezeichnet worden zu sein und ist schattiert dargestellt. Sil'drock hatte die zweite Kommando-Zentrale mit einem X gekennzeichnet. Am schnellsten kommen wir aus westlicher Richtung an das Tunnel-System heran. «

Marc zeigte mit dem Finger hierauf. Eine kleine Kennzeichnung wies den Weg in das Höhlensystem.

»Vorausgesetzt wir räumen die Gegenwehr aus dem Weg«, bemerkte Heinze.

Major Travis nickte.

»Das sollten wir schaffen«, sagte er. »Die ersten 200 Roboter haben wir bereits verschrottet. Ich glaube nicht, dass die Hypertronic-KI Zeit hatte neue Modifikationen vorzunehmen. Viel mehr Gedanken mache ich mir um das Höhlensystem. Die Erbauer der Stadt hatten peinlich genau hierauf geachtet, dass dieses Höhlensystem nicht bekannt wurde. Welches Geheimnis verbirgt es. Halte in jedem Fall deine Sinne offen. Ich möchte sofort über alle Unstimmigkeiten informiert werden.«

Heinze blickte den Major an.
»Falls ich etwas feststelle, melde ich mich sofort«, erwiderte Heinze.

»Wir nehmen fünf Kettenpanzer mit«, ergänzte Marc. »Diese verfügen über Laser-Kanonen auf ihrem Dach. Das wird uns bei den angreifenden Roboter-Horden sehr hilfreich sein.«

Er blickte den Funk-Offizier an.
»Sergeant Farmer, senden sie bitte einen Funkspruch an Sil'drock«, sagte er. »Wir schleusen jetzt aus und holen sie. Halten sie so lange noch die Stellung. Wir beeilen uns.«

Sergeant Hardin hatte bereits mit der Ausschleusung der Roboter begonnen. Commander Brenzby kümmerte sich persönlich um die Kettenpanzer, die langsam von der Laderampe der Termar 1 rollten.
»Was haben sie noch alles in den Laderäumen ihres Schiffes?«, wunderte sich Barenseigs.

Commander Brenzby lächelte.
»Alle Dinge, die wir möglicherweise bei einer Expedition brauchen können«, antwortete er.

Major Travis stand bei Sergeant Hardin und gab ihm letzte Anweisungen.

»Ich möchte Gruppen aus je 50 Kampfroboter gebildet haben«, sagte Major Travis. »Diese können dann die einzelnen Straßenzüge der Stadt säubern.«

Major Travis hoffte auf die bessere Durchschlagskraft der natradischen Waffen, wenn es zu einer Begegnung mit den fremden Robotern der KI kommen sollte. Nicht zuletzt der Individual-Schutzschirm hatte sich bei dem letzten Aufeinandertreffen bestens bewährt. Die Laser-Strahlen der fremden Kampf-Einheiten wurden problemlos absorbiert. Zwei Begleitschiffe der Königs-Klasse waren gelandet und hatten weitere Kettenpanzer ausgeschleust, mit denen die Kampfroboter zur Stadt befördert werden sollten.

»Kannst du einen Kettenpanzer kommandieren?«, fragte Marc seinen pelzigen Freund.
Der nickte kurz.
»Sicher«, bestätigte der Ro.

»Wir bleiben zusammen und treffen uns an dem zentralen Zugang der Stadt«, sagte Major Travis.

»Geht in Ordnung, Herr Major«, antwortete Heinze.

Der Tross setzte sich in Bewegung. Die schweren Ketten aus Natridstahl rissen den Boden auf. Aufmerksam wurden von den Fahrern alle Monitore, Sensoren und Anzeigen beobachtet. Die Stadt schien keine weiteren Verteidigungsmaßnahmen eingeleitet zu haben.

Die wenigen Kilometer waren schnell überwunden. Major Travis gab das Zeichen zum Aussteigen. Sergeant Harmson, der Stellvertreter von Sergeant Hardin, Heinze, Commander Brenzby, Barenseigs und der Major führten je einen Trupp von 12 Marines und 50 Kampfrobotern in unterschiedliche Richtungen der Stadt. Weitere Offiziere des Sicherheitsdienstes der Termar 1, kommandierten die restlichen Einheiten Marines und Kampfroboter.

»Wir treffen uns auf dem großen Platz, in der Mitte der Stadt«, befahl Major Travis. »Ihr wisst, worauf es ankommt. Viel Erfolg.«

Jeden nur erdenklichen Schutz ausnutzend, arbeiteten sich die Trupps vorwärts. Obwohl Major Travis mit seiner Gruppe erst wenige Minuten unterwegs war, hörte er bereits das typische Fauchen und Zischen von Laserstrahlen. Das Feuer aus den terranischen Spezial-Gewehren folgte prompt. Es schien die Gruppe von Commander Brenzby betroffen zu sein, die in ein Feuergefecht geraten war.

Major Travis aktivierte sein Funkgerät.

»Kommen sie klar, Commander?«, erkundigte er sich.

»Ja, Herr Major«, tönte die Stimme von Commander Brenzby aus dem Communicator. »Es scheint nur eine kleine Division von 60 Robotern zu sein, die den Hintereingang des Verwaltungs-Gebäudes verteidigen. Hiermit werden wir schnell fertig. Ihre Schutzschirme sind nicht leistungsstark.«

»Falls größere Probleme auftauchen sollten, melden sie sich bitte sofort«, erwiderte der Major.

Marc beendete das Gespräch und schaute an den Gebäuden entlang. Die fremde Architektur beeindruckte ihn. Alles schien nahtlos ineinander zu verlaufen. Die Gebäude wiesen weitgehend runde Formen auf. Auf den Dächern konnte er keine Heckenschützen ausmachen. Die drei Kettenpanzer folgten im geringen Abstand. Die massiven Laser-Kanonen waren einsatzbereit. Als sie um die nächste Abbiegung schritten, schlug der Eingreif-Truppe schweres Laserfeuer entgegen. Die Schutz-Schirme der drei Ketten-Panzer absorbierten die Treffer ohne weitere Probleme.

»Schutzschirme im niedrigen Bereich«, meldete der Fahrer. »Wir registrieren eine Auslastung von 14 Prozent «
»Lassen sie unsere Panzer quer zur Straße stellen«, befahl Major Travis. »Unsere Fahrzeuge bauen eine Schutz-Blockade auf. Wir teilen uns in drei Gruppen auf und

suchen nach den Geschützen. Achtet auf ausreichende Deckung.«

Die Kettenpanzer vibrierten, als massive Laserstrahlen die Geschützrohre verließen. Im Innenraum war wieder das furchteinflößende Fauchen nach jedem Schuss zu hören. Die Panzer waren in Stellung gefahren und ein Marine öffnete den Schott. Die Kampfroboter sprangen aus dem Innenraum Die Deckung der Ketten-Panzer ausnutzend, erwiderten sie sofort das Feuer auf die feindliche Gruppe. Zischende Strahlen schossen über die Köpfe hinweg. Erste Explosionen zeugten bereits von der Ausdünnung der gegnerischen Einheiten. Die Marines und die Kampfroboter hatten mehrere Spezialausbildungen durchlaufen. Sie wussten, was zu tun war. Die Geschütze auf dem Dach der drei Kettenpanzer wurden auf Dauerfeuer umgeschaltet. Jeder Schuss wirbelte einige der fremden Roboter in ihrer Stellung durcheinander. Explosionen, Feuer und Qualm stiegen auf. Major Travis und seine Gruppe nahmen gezielt eine wild schießende fremde Roboter-Gruppe ins Visier. Immer mehr feindliche Maschinen vergingen in lauten Explosionen. In feurigen Detonationen rissen sie andere, neben ihnen agierende Roboter, mit ins Verderben.

Ein neuer Trupp Roboter eilte der bereits sehr dezimierten Einheit zu Hilfe.

»Achtung, sie haben Verstärkung erhalten«, sagte ein Marine. »Sie bauen mobile Abschussrampen auf.«

»Konzentriert unser Abwehrfeuer sofort auf diese Geschützstellungen«, antwortete der Major.

Leider kam der Befehl zu spät. Schon wurden tellerartige Geschosse in die Richtung der terranischen Gruppe abgeschossen.

»Vorsicht, Tellerminen im Anflug«, warnte der Marine.

Die erste tellerartige Mine schlug in der rechts neben der Gruppe Marines und den Kampf-Robotern ein. Eine gewaltige Detonation fegte die Gruppe auseinander. Wie von Geisterhand flogen Menschen und Maschinen zwei Meter durch die Luft. Die Individual-Schirme der getroffenen Gruppen strahlten leicht rötlich. Sie verhinderten Verletzungen der Gruppe.

»Vernichtet die Minen bereits in der Luft «, befahl Sergeant Hardin. »Dauerfeuer auf die Abschussrampen legen«.

Die Marines und die Roboter konzentrierten ihr Feuer auf die fliegenden Minen. Die drei Kettenpanzer richteten ihre Kanonen auf die Abschuss-Rampen aus. Die Laserstrahlen aus den neuen Gewehren der Marines reichten aus, um die fliegenden Minen zu zerstören. Die Dauersalven aus den drei Laser-Kanonen der Kettenpanzer waren auf die Stellungen der mobilen Abschussrampen gerichtet. Die aufblühenden Explosionen zeigten den Erfolg des Beschusses. Hiernach konzentrierten sich die Teams wieder auf die

Ausschaltung der feindlichen Kampfroboter. Nach exakt 15 Minuten waren die letzten feindlichen Einheiten in ihre Einzelteile zerlegt. Unzählige Einschüsse in den Gebäudewänden sprachen eine deutliche Sprache.

Major Travis Major Travis stellte eine Funkverbindung zu den anderen Teams her und informierte sie über die neue Waffe der KI-Roboter. Er teilte ihnen mit, dass mit den tellerartigen Minen nicht zu spaßen war. Alle sollten äußerste Vorsicht walten lassen. Viele Teams waren noch in Kampfhandlungen verstrickt und versuchten die ihnen entgegentretenden Roboter auszuschalten. Major Travis hörte das typische Zischen und Grollen der Laserwaffen über seinen Communicator und schaltete ab. Die Teams hatten genug mit sich selbst zu tun.

Er gab das Zeichen weiter vorzurücken. Langsam setzte sich der Tross in Bewegung. Jede Bewegung wurde registriert. Nach zwei weiteren Abzweigungen hatte sie den von Sil'drock markierten Eingang in das Höhlensystem gefunden. Marc gab das Zeichen zum Halt. Eine riesige Schleuse war zu sehen. Zwei Roboter eilten vor. Das große Rad, vermutlich der Öffnungs-Mechanismus war nicht verriegelt. Nach einigen Drehungen schwang das drei Meter große Schleusentor auf. Marc drehte sich um. Von Osten rückte Heinze bereits mit seinem Trupp auf die Eingangszone vor. Das traf sich gut. Major Travis wartete auf ihn, bis er eingetroffen war.

»Irgendwelche Verluste?«, fragte er.«

Heinze schüttelte mit dem Kopf.
»Wir hatten es nur mit wenigen Angreifern zu tun«, antwortete er. »Zwei Patrouillen Roboter hatten sich uns in den Weg verstellt. Wir konnten sie schnell ausschalten. Es ist nur Schrott übriggeblieben. Unsere neuen Schutz-Schirme sind erstklassig.«

»Geht in Stellung, haltet uns den Rücken frei«, befahl der Major. »Wir dringen jetzt in das Höhlensystem vor und suchen nach Sil'drock. Er muss in der zweiten Kommando-Zentrale sein. «

»Machen wir«, antwortete Heinze. »Wir halten die Stellung und warten auf die restlichen Trupps. «

Major Travis gab ein Zeichen und rückte mit seinem Trupp durch die große Schleuse in das unterirdische Höhlensystem vor. Nach wenigen Metern endete die glatte Verkleidung an den Wänden und machte kalten bearbeitetem Felsen Platz. Der Weg verlief steil bergab in die Tiefe.

»Scheinwerfer einschalten«, ordnete Marc an.
Die diffuse Beleuchtung war kaum in der Lage den Gang richtig auszuleuchten. Major Travis schaute auf sein mobiles Info-Display. Hier konnte er die Karte von Sil'drock ablesen.
»An der nächsten Abzweigung müssen wir rechts«, sagte er zu Sergeant Hardin.

Dieser gab ein Zeichen des Verstehens. Die Scheinwerfer strahlten in den dunklen Gang.

»Da vorne muss es sein«, bemerkte Sergeant Hardin.
Er schickte zwei Roboter voraus, die in den nächsten Gang spähen sollten. Befehlsgemäß stellten sie sich nebeneinander in den neuen Gang und leuchteten diesen aus. Aus dem Blickwinkel sah Marc, wie sie ihre Waffenarme hochrissen und Dauerfeuer in den Gang schossen. Ihr Individual-Schutzschirm flammte auf, was auf den Einschlag mehrerer Treffer hinwies.

»Auf den Angriff vorbereiten«, sagte Major Travis.

Weitere Roboter liefen am ihm vorbei. Sie kannten ihre Aufgabe. Sie unterstützten ihre bereits in der Abzweigung kämpfenden Kollegen. Sergeant Hardin rückte mit seinem Trupp Marines vor.

»Die Abwehrschilder aufbauen«, befahl er.
Die großen Schilde aus hochwertigem Natarith-Stahl waren zusätzlich von einem Energiefeld umgeben. Hinter dieser Deckung war es für die Marines sicher. So war es möglich, die Lage zu sondieren und eine sinnvolle Gegenwehr einzuleiten.

»Wir haben es mit 80 feindlichen Robotern zu tun, die den Durchgang versperren«, informierte er Major Travis. »Es wird etwas dauern, bis wir den Weg freigemacht haben.«

»Damit habe ich gerechnet«, antwortete Major Travis. »Seien sie vorsichtig. Das Leben ihrer Untergebenen hat Vorrang. «

»Verstanden, Herr Major«, antwortete er. »Ich informiere sie, wenn wir durchgebrochen sind. «

Die Tunnelröhre war nicht groß genug, um das ganze mitgeführte Kontingent Marines in Stellung zu bringen. Major Travis blieb mit einigen Soldaten und Robotern zurück, um Sergeant Hardin nicht zu behindern. Grelle Laser-Blitze, das Zischen der Laser-Strahlen und das dumpfe Grollen des Gefechtes, dröhnten ihnen entgegen. Zwischendurch wurden immer wieder Explosionen von schweren Granaten, die einer der Marine geworfen hatte, vernommen. Die Sprengwirkung erhöhte sich in dem engen Tunnel um ein Vielfaches. Langsam verebbte die Gegenwehr der feindlichen Kampfmaschinen. Ihre Durchschlagskraft und ihre Schutzschirme waren den modernen Ausführungen des Neuen-Imperiums einfach unterlegen.

Plötzlich war ein ohrenbetäubender Knall zu hören. Major Travis bemerkte, wie ein Vibrieren durch den Boden lief. Er musste sich mit einer Hand an der Höhlenwand festhalten. So schnell wie die Vibrationen gekommen waren, entspannte sich die Lage auch wieder. Rauschwaden strömten aus dem Seitengang.

»Was ist passiert? «, fragte Major Travis den Einsatzleiter.

»Der letzte noch intakte Robot der Stadt-KI hat seine Selbstzerstörung eingeschaltet, aber vorher noch eine Bombe aktiviert«, meldete er. »Der Tunnel ist eingestürzt. Geröll und Schutt versperren uns das Weiterkommen.«

»Können wir den Gang säubern, oder uns durchbrennen?«, erkundigte sich der Major.

»Wir versuchen es«, antwortete Sergeant Hardin. »Es wird eine Weile dauern.«

Major Travis wurde langsam ungeduldig. Alle wartenden Roboter hatte er bereits zur Unterstützung an Sergeant Hardin geschickt. Endlich nach 30 Minuten kam der erlösende Funkspruch.

»Wir haben es geschafft, Herr Major«, teilte Sergeant Hardin mit. »Es war ein schweres Stück Arbeit. Sie können jetzt nachrücken.«

Major Travis gab den Marines den Befehl vorzurücken. Er selbst setzte sich an die Spitze und ging voraus. Schnell hatten sie Sergeant Hardin und sein Team erreicht.

»Haben sie Verluste erlitten?«, fragte er.

Dieser schüttelte den Kopf.
»Wir haben Glück gehabt«, antwortete er. »Glücklicherweise gibt es keine Verletzten.«

»Es ist nicht mehr weit«, sagte Major Travis. »An der nächsten Abzweigung sollte sich die Schleuse der geheimen Ausweich-Zentrale befinden.«

Sergeant Hardin gab das Zeichen zum Vorrücken. Gegenwehr war nicht mehr anzutreffen.

»Der Stadt-KI sind vermutlich die Roboter ausgegangen«, bemerkte Sergeant Hardin.

»Sil'drock teilte uns mit, dass er die Kontrolle über die Duplikatoren übernommen hat«, bemerkte Major Travis. »Die Stadt-KI hat keinen Zugriff mehr hierauf.«
Die Kampfgruppe erreichte eine große Schleuse. Der abgesicherte Bereich wirkte ganz anders als die bisherigen Höhlen-Verkleidungen. Sergeant Hardin schaute auf seinen Scanner.

»Es handelt sich um eine unbekannte Material-Struktur«, sagte er. »Das Material kommt auf Tarid und Natrid nicht vor. Sollen wir Laser einsetzen?«

Marc schüttelte den Kopf. Er stellte an seinem Funkgerät die Frequenz ein, die ihm Sil'drock genannt hatte.

»Hallo Sil'drock, hier spricht Major Travis«, sprach er hinein. » Hören sie mich?«

Ein kurzes Knacken zeigte die Aktivierung der Gegenstelle an.

»Hier ist Sil'drock«, kam die Antwort. » Das ging ja recht schnell. Sind sie auf keine Gegenwehr gestoßen? «

»Reichlich«, antwortete Major Travis. »Doch das können wir ihnen persönlich mitteilen. Öffnen sie bitte jetzt die Schleuse und seien sie unbewaffnet. Unsere Roboter sichern die Türe. Ziehen sie keine falschen Rückschlüsse.«

»Ich bin unbewaffnet«, antwortete Sil'drock. »Die Türe öffnet sich jetzt. «

Knirschend schob sich die Schleuse beiseite und gab den Blick auf eine humanoide Lebensform frei. Helles Licht umgab ihn, angestrahlt von der hellen Beleuchtung der zweiten Kommando-Zentrale. Das Lebewesen war 1,90 Meter groß, von hagerer Statur, mit einem übergroßen Kopf. Die Augen schimmerten leicht rötlich.

Marc stellte fest, dass seine Hände jeweils nur über vier Glieder verfügten

»Sie müssen Sil'drock sein«, sagte er. »Ich bin der kommandierende Offizier. Mein Name ist Major Travis. « Sil'drock musterte ihn.

»Sie sind kein Natrader, eher ein Atlanter«, sagte er in reiner natradischer Sprache. »Sie entstammen dem Zuchtvolk der Natrader. Ihr Heimat-Planet ist Tarid. «

»Seien sie vorsichtig mi ihren Äußerungen«, bemerkte Major Travis leise. »Die Atlanter gibt es bei uns schon

lange nicht mehr. Sie sind in dem großen Krieg zwischen den Natradern und den Rigo-Sauroiden untergegangen. Wir nennen uns Terraner und sind ein stolzes Volk. Wir haben uns selbstständig entwickelt.«
Sil'drock lachte.
»Das sagen alle jungen Rassen«, antwortete er. »Letztendlich zeigt mir das aber, wie wenig sie über das Entstehen der Rassen im Universum wissen. Kommen sie herein, dann können wir uns unterhalten.«

Major Travis stutzte.
»Sie scheinen es nicht eilig zu haben«, sagte er. »Wir sind hier, weil sie uns um Hilfe gebeten haben. Ich schlage vor, wir bereinigen erst einmal die Situation, danach können wir uns gerne unterhalten.«

»Entschuldigen sie bitte«, antwortete Sil'drock.» Ich vergaß, wie ungestüm junge Rassen sind. Ich hole kurz noch einige Dinge, dann können wir los.«

Sil'drock drehte sich um und verschwand im Inneren seiner Kommando-Zentrale. Major Travis schaute Sergeant Hardin an, vermied es aber etwas zu sagen. Der verzog das Gesicht zu einer Grimasse und drehte sich wieder zu seinen Marines um.

»Zum Abmarsch bereit machen«, befahl er. »Abwehrformation TM 84. Die Kampf-Roboter sichern den Weg nach vorne.«

Sil'drock tauchte wieder auf.

»Wir können los«, sagte er. »Die zentrale Kommandostelle mit der KI befindet sich in dem höchsten Gebäude der Stadt. Am schnellsten kommen wir ins Freie, wenn wir nach rechts gehen. «

Major Travis nickte.
»Sie kennen sich hier aus«, sagte er. »Führen sie uns bitte.«

Der Trupp bewegte sich in die angegebene Richtung. Nach einer kurzen Wegstrecke hatten sie ein Schleusentor erreicht. «

Sil'drock gab einen Code ein und betätigte die rote Drucktaste. Knirschend öffnete sich das Schott unter starken mechanischen Geräuschen.

»Es ist lange nicht mehr benutzt worden«, entschuldigte sich Sil'drock. »Ich bin verwundert, dass es sich überhaupt bewegen lässt. Das Tor hat lange Zeit keine Wartung mehr erfahren. «

Ein halbes Dutzend Roboter liefen ins Freie und sicherten die Umgebung. Sergeant Hardin und die Marines folgten. Hiernach traten Sil'drock und Major Travis an das Tageslicht. Ihm fiel sofort der große Platz auf, der am Ende mit dem riesigen Verwaltungs-Turm gekrönt wurde. »War das früher ein Marktplatz? «, fragte er Sil'drock.

»So ungefähr«, antwortete dieser. » Es war der Platz des Volkes. Hier wurden Entscheidungen und

Verlautbarungen dem Volke mitgeteilt. Aber auch den Gründern gehuldigt.«

»Von welchen Gründern sprechen sie?«, fragte Major Travis nach.

»Die jungen Rassen sprechen von den Aller-Ersten, andere nennen sie die Gründer, wieder andere sprechen von ihnen als die Konstrukteure des Universums«, teilte Sil'drock mit. »Diese Wesen tragen das gesamte Wissen des Universums in sich, das sich viele andere Rassen noch aneignen müssen. Allwissend und mächtig waren sie zu ihrer Zeit. Die Aller-Ersten im Weltall und durften den Samen ihrer Blüte im All verstreuen. Dies schien ihnen aber dauerhaft zu langweilig gewesen zu sein. Sie experimentierten und veränderten die DNS. Ihr Ziel war die bunte Artenvielfalt. Das geschah viele Jahrtausende später. Sie beobachteten uns zu allen Zeiten und Epochen. Auch wir sind ein Ergebnis ihrer vielfältigen Züchtung. Am Anfang empfanden wir ihre Einmischung in unsere Entwicklung noch als Gottesfügung. Viele Jahrhunderte später als radikale Bevormundung. Ihre Unterstützung verloren wir, durch die Unwissenheit und durch die Undankbarkeit eines jungen Volkes. Erst durchschnitten wir das Band zu ihnen, dann rebellierten wir und wollten nicht länger ein Hilfsvolk von ihnen sein.«

Major Travis unterbrach Sil'drock. Geräusche wurden aus den anderen Straßen hörbar, die alle in den großen Platz mündeten. Vorsichtshalber hatte Sergeant Hardin seine Roboter kampfbereit gestellt. Es waren lediglich die restlichen Trupps der Termar 1, die auf den großen Versammlungs-Platz zuschritten, um sich mit den Einheiten vom Major Travis und Heinze zu vereinigen.

Major Travis winkte die Truppführer zu sich.
»Wie ich sehe, sind sie alle gut durchgekommen. Haben sie Verluste erlitten? «

»Keine«, antworteten alle angesprochenen Personen.

»Die feindlichen Roboter waren technisch unterlegen«, sagte Barenseigs.

Sil'drock schluckte mehrmals, jedoch bemerkte es niemand.

Major Travis ging zu Barenseigs und gab ihm die Hand. »Danke, dass sie als Gast eingesprungen sind und ihre Aufgabe so souverän gelöst haben«, lächelte er. «

Marc drehte sich um.
»Darf ich ihnen den Grund unseres Hierseins vorstellen«, sagte er. »Das ist Sil'drock. Er gehört zu der Rasse der Ablonder, einem ehemaligen Hilfsvolk der Aller-Ersten. «

Dieser schaute erstaunt Major Travis an.
»Das habe ich ihnen bislang noch nicht mitgeteilt«, sagte er. »Wieso kennen sie den richtigen Namen meines Volkes? «

»Ich habe es bereits vermutet«, antwortete Major Travis. »Überall wurden Hinweise auf sie gefunden. «

»Wir waren auf vielen Planeten und haben die Aufzucht des Samens der Aller-Ersten überwacht«, antwortete Sil'drock. »Auch auf Tarid hatten wir eine geheime Kontrollstation eingerichtet. «

»Diese Beobachtungsstation haben wir gefunden«, antwortete Major Travis. »Ihr Kollege lag tot in seiner Stasis-Kammer. «

Sil'drock schüttelte den Kopf.
»Die Stasis-Technik stammt von den Aller-Ersten «, antwortete er. »Sie haben uns diese Kammern als unzerstörbar übergeben. War die Kammer äußerlich unbeschädigt? «
»Ich denke schon«, antwortete Major Travis. »Es wurden keine äußeren Beschädigungen festgestellt. «

»Eine Schlaf-Phase endet automatisch nach Ablauf von 100.000 Jahren«, bemerkte Sil'drock. »Was hat nicht funktioniert? «

»Wie viele Jahre lagen sie in der Kammer? «, fragte Barenseigs.

Sil'drock sah ihn an.
»Interessant, sie sind aber ein echter natradischer Nachkomme«, sagte er. »Das fühle ich. Seit wann

arbeiten die Natrader so eng mit ihren Zuchtaffen zusammen? «

Barenseigs biss sich auf die Lippe, vermied es aber eine Stellungnahme hierzu abzugeben.

»Mäßigen sie ihre Worte«, sagte Major Travis. »Das ist bereits das zweite Mal, dass ich sie hierum bitte. Ich hoffe nicht, dass die älteren Rassen ihre guten Umgangsformen eingebüßt haben. Einige von uns bevorzugen noch ein rückständiges Gedankengut. Das bedeutet, alles Fremdartige wird erst einmal getötet und hiernach seziert. Erst dann wird entschieden, ob es sich um eine intelligente Lebensform handelt, oder nicht. «

Sil'drock schaute Major Travis ungläubig an.

»Wenn das stimmt, dann sind sie noch rückständiger als ich dachte«, sagte er. »Sie haben mich überzeugt. Ich werde meine Worte zukünftig feinfühliger ausdrücken. «

Marc blickte auf Barenseigs, der noch immer einen geschockten Eindruck machte und etwas abseitsstand.

»Haben sie sich wieder gefangen, unsere Aufgabe ist noch nicht beendet?«, erkundigte sich Marc. »Es geht gleich weiter. «

Er drehte sich um und blickte die Befehlshaber die Marines und die Kampf-Roboter an.

»Sergeant Harmson und Commander Brenzby machen sie sich bereit«, befahl Major Travis. »Sie sichern den Außenbereich ab. Barenseigs, Heinze und mein Kommando dringen in das Gebäude vor.«

Er ging zu Heinze.
»Empfängst du etwas Ungewöhnliches?«, fragte er den Ro.

»Ich erhalte unzählige Gedankenmuster, die aber ausschließlich von unseren Leuten stammen«, antwortete der Ro. »Ich versuche diese Wellen bereits eine ganze Zeit auszugrenzen, um nach feindlichen Mustern zu suchen, jedoch leider ohne Erfolg. Die KI der Stadt scheint aufgegeben zu haben.«

»Melde dich sofort, wenn sich das ändert«, sagte Marc.

Er hob die Hand und gab das Zeichen zum Vorrücken. »Vorwärts, wir dringen in das Gebäude ein«, befahl er.

Die Einsatztrupps liefen im Laufschritt auf das von Sil'drock benannte Gebäude vor. Die große Eingangs-Pforte klappte automatisch auf, als erste Personen unwissentlich die Lichtschranke passierten.

***

Die KI war hilflos. Die übergeordneten Routinen hatten sie lahmgelegt. Sie erhielt keinen Zugriff mehr auf die

Ressourcen der Stadt. Ein letztes Mal sondierte sie ihre verbliebenen Möglichkeiten.

»Ein Angriff von außen mit einer Infizierung aller Kontroll-Einheiten«, dachte sie. »Die einzige Möglichkeit, die mir jetzt noch zur Verfügung steht, ist die Aktivierung der Selbstzerstörung. Hiermit wird auch mein Schicksal besiegelt.«

Sie konnte nicht anders. Ein letzter Blick auf die Außenmonitore zeigte ihr, dass ihre Herrschaft eingetroffen war.

»Er hat eine ganze Armee von Außenweltlern um sich geschart«, dachte sie.

Sie aktivierte die Selbstzerstörung und schaltete den Zugriff hierauf aus.

»Mir bleiben noch 30 Minuten«, dachte sie. »Das ist Zeit genug, um alle laufenden Programme abzuschalten.«

***

Heinze blieb stehen und esperte nach den eben noch registrierten positronischen Gedanken.

»Die KI ist wieder aktiv«, stellte er fest. »Was hatte sie vor?«

Die Trupps waren bereits tief in das große Gebäude eingedrungen. Er hob die Hand und hielt seinen Trupp an. Ein Sergeant seiner Marines-Einheit trat zu ihm.
»Ist irgendetwas?«, fragte er.
Der Marine war über die besonderen Fähigkeiten von Heinze informiert.

Heinze nickte.
»Die KI führt etwas im Schilde«, antwortete er. Große Gefahr droht. Ich bin auf ihrer Spur. Ich habe Zugang zu ihrem digitalen Gedanken-Netzwerk. Bald kann ich sagen, was sie plant. Rufen sie das Team von Major Travis und Barenseigs. Sie sollen zurückkommen und sofort das Gebäude verlassen.«

»Nur auf einen Verdacht hin?«, fragte der Marine nach.
» Es ist nicht nur ein Verdacht«, antwortete Heinze. » Ich habe stichhaltige Hinweise. Uns allen droht Gefahr.«

Endlich bewegte sich der Marine und tat wie ihm befohlen. Er informierte die von Barenseigs und Major Travis geführten Teams über die Hinweise von Heinze.

Major Travis hatte die Info erhalten. Er hob die Hand und hielt seinen Trupp an. Sergeant Hardin eilte zu ihm und Sil'drock.

»Wir kehren um, zurück auf den Marktplatz«, sagte er. »Die KI lockt uns in einen Hinterhalt. Wir müssen schnell aus dem Gebäude.«

»Das kann sie nicht«, wunderte sich Sil'drock. »Dafür ist sie nicht programmiert. «

»Was glauben sie, was ich bei vergleichbaren Hypertronic- KI's nicht schon alles erlebt habe«, lachte Major Travis. »Vor allem nach einer langen Deaktivierungs-Phase. Diskutieren wir draußen weiter, die Zeit wird knapp. «

Sergeant Hardin instruierte seine Leute.

»Rückzug, gleicher Weg im Laufschritt aus dem Gebäude«, befahl er »Wir müssen uns beeilen.«

Major Travis wählte Barenseigs per Flottenfunk an.
»Haben sie die Nachricht erhalten, befinden sie sich auf dem Rückweg? «

»Noch nicht«, antwortete dieser. »Wir sind kurz vor dem Ziel. «

Major Travis war außer sich.
»Ich ordne den sofortigen Rückzug an«, sprach er in seinen Communicator. »Die KI hat eine Falle für uns aufgebaut. Bringen sie meine Leute aus dem Gebäude. «

Der Major unterbrach die Leitung zu Barenseigs.
»Vielleicht war es doch falsch, ihm eine Truppe zu übereignen«, dachte er.

Die Truppe unter Major Travis strömte aus der großen Pforte des Kommando-Gebäudes der Stadt. Die restlichen Trupps hatten sich bereits, aufgrund der Anweisungen von Heinze, auf die gegenüberliegende Seite des Versammlungs-Platzes zurückgezogen.

»Was hat die KI vor?«, fragte Marc.

Heinze blickte ihn und Sil'drock an.
»Sie hat die Selbstzerstörung aktiviert«, antwortete er.

»Das kann sie nicht«, antworte Sil'drock erneut.

Major Travis blickte ihn nur kurz an.

»Was ist mit Barenseigs?«, erkundigte er sich.

»Er ist auf dem Rückweg«, erwiderte Heinze.

Er zeigte zur Pforte.
»Da ist er schon«, lächelte er. »Er hat es geschafft.«

Die Gruppe von Barenseigs war keine 50 Schritte von dem Gebäude entfernt, als plötzlich 4 starke Explosionen, den Boden unter den Füßen des Trupps zum Vibrieren brachten. Barenseigs drehte erschreckt den Kopf nach hinten. Das große Gebäude geriet in Schwingungen, es bekam an der Außenseite Risse, Mauerteile lösten sich und stürzten in die Tiefe. Die Schwingungen wurden intensiver. Wie erwartet stürzte das Gebäude tosend in sich zusammen. Ein dumpfer Donner zog über die Köpfe der wartenden Teams hinweg. Unzählige Trümmer, Kunststoff-Splitter und andere Utensilien des Bauwerkes wurden aufgewirbelt und flogen durch die Luft. Eine massive Qualm- und Rauchwolke legte sich über Barenseigs und sein Team. Für kurze Zeit waren die Personen aus dem Blickfeld der restlichen Eingreifkräfte entschwunden. Hustend und prustend tauchten sie wenig später aus der Staubwolke vor Major Travis auf.

»Einsatztruppe Barenseigs meldet sich zurück«, sagte er. Alles ist gutgegangen.«

»Hierüber reden wir noch«, erwiderte Major Travis kalt. »Sie können sich auf das Schiff zurückziehen. Sie hatten für heute genug Aufregung.«
Barenseigs wollte protestieren. Major Travis winkte vier Roboter heran.

»Begleiten sie unseren Gast auf das Schiff zu seiner Kabine«, befahl er.

Die Roboter bestätigten sofort.

Major Travis drehte sich zu einem Soldaten um.
»Sie haben das Kommando?«, fragte er.

Der Soldat salutierte.
»Ja«, antwortete er. »Ich bin der Truppenführer.«

»Führen sie ihren Trupp zum Schiff zurück«, erklärte Major Travis. »Ihr Einsatz ist beendet. Säubern sie sich und übergeben sie ihre Roboter einem Reinigungs- und Wartungsteam. Der Staub setzt sich in alle Ritzen.«

»Wird gemacht«, antwortete der Marine und salutierte. Dann drehte er sich um und ging zu seiner Einheit Soldaten. Kurze Zeit später verließ die erste Gruppe den Versammlungsplatz in Richtung der wartenden Kettenpanzer.

Sil'drock blickte immer noch auf die Trümmer seines Verwaltungs- und Kontrollgebäudes. Nur langsam löste sich die gewaltige Staubwolke auf. Major Travis ging auf ihn zu.

»Wie kommen sie jetzt ohne KI zurecht?«, fragte er Sil'drock.

»Alle Eingaben kann ich von der zweiten Kommando-Zentrale steuern«, erklärte der Ablonder. »Ich weiß nur nicht, ob ich das auch will.«

»Was meinen sie genau?«, fragte Major Travis nach.

» Ich denke, dass meine Schlafperiode absichtlich von der KI ausgedehnt wurde«, teilte Sil'drock mit. »Nach meiner Rechnung war ich exakt 136.000 in der Stasis-Kammer. Mein Volk wollte nach den absolvierten Aufgaben zurückkehren und unsere Stadt wieder bevölkern. Wie man sieht, ist dies aber nicht geschehen. Etwas Schlimmes wird sich ereignet haben. Ich werde mich auf die Suche nach meinen Leuten begeben.«

»Ich erfahre immer nur Bruchstücke von ihnen«, antwortete Major Travis. »Ziehen wir uns auf unser Schiff zurück. Darf ich sie zu einem Essen und zu kühlen Getränken einladen. Bei dieser Gelegenheit können sie uns die Geschickte ihres Volkes erzählen.«

Sil'drock dachte nach.

»Ich habe eine lange Zeit keine frisch zubereiteten Speisen mehr zu mir genommen«, lächelte er. »Es klingt für mich sehr verlockend. Ich nehme ihr Angebot an.«

»Das freut mich«, antwortete Major Travis.
Er informierte die restlichen Teams über den Flotten-Funk, dass der Einsatz erfolgreich beendet wurde. Der Major befahl einen geordneten Rückzug.

***

Drei Stunden später trafen die Offiziere der Termar 1 in dem geschmückten Konferenz-Saal ein. Das Service-Personal hatte die Tische bereits eingedeckt. Major Travis zeigte sich erst wenig später mit Barenseigs und seinem neuen Gast. Sirin, Heinze, Commander Brenzby folgten ihm. Sil'drock hatte noch um eine Besichtigung des Schiffes gebeten. Nachdem die Getränke gereicht wurden und die ersten Speisen gekostet waren, blickte Major Travis Sil'drock an.

»Wie geht es jetzt für sie weiter?«, fragte er

»Etwas ist nicht nach Plan gelaufen«, antwortete Sil'drock. »Ich werde mich aufmachen und nach meinem Volk suchen. Sie wollten längst wieder zurück sein.«
»Fangen sie doch am Anfang an und erzählen sie uns ihre Geschichte«, bat Major Travis seinen Gast. »Auch wir sind Wissenschaftler und suchen nach den Anfängen es Universums.«

Sil'drock dachte einen Augenblick nach.
»Der Ursprung kann allgegenwärtig und überall sein«, antwortete er. »Es ist eine Frage der Perspektive. In unserem Fall war es so. Die Aller-Ersten nannten sich die Baumeister des Universums. Sie brachten das Leben und die Evolution zu den Sternen. Vermutlich verstreuten sie ihre DNA überall auf den jungen Planeten. Das genügte ihnen jedoch nicht. Experimente und Veränderungen wurden durchgeführt. Überall sollte sich das Leben in anderen und neuen Formen entwickeln. Die trostlose Einfältigkeit liebten sie nicht. Zu der Zeit explodierte das Leben auf den habitablen Planeten im All. Mit Wohlwollen betrachteten sie ihr Werk und beobachten das Heranwachsen ihrer Aussaat. Mehr und mehr Planeten wurden von ihrem fast krankhaften Zwang nach Evolution heimgesucht. So vergingen Jahrhunderte und die Aussaat der Aller-Ersten reifte heran.«

Sil'drock legte eine Pause ein und schaute in die Runde der Zuhörer.

»Wir haben bisher alles verstanden«, lächelte Major Travis.

Er füllte das vor Sil'drock stehende Glas mit Wasser. »Erzählen sie weiter«, sagte er. »Wir sind gespannt. «

»Die Aller-Ersten waren von sich eingenommen und fühlten sich als Schöpfer allen Lebens im Universum«, fuhr Sil'drock fort. » Sie hatten klare Vorstellungen, wie sich ihre Kinder zu entwickeln hatten. Wichen neue Rassen auch nur geringfügig von diesem Schema ab, wurde der Planet gereinigt und die heranwachsenden Rassen wieder ausgelöscht. Nach meiner Meinung ein sehr sträfliches Unterfangen. Es waren ganze Flotten von Planeten-Bestäubern unterwegs. Vermutlich passierte ihnen aus diesem Grunde zu gegebener Zeit ein verheerender Fehler.

Ein bereits aktivierter Planet wurde ein zweites Mal mit geänderter DNA beschossen. Hierdurch wurde die bereits heranwachsende Lebensform verändert. Da die Aller-Ersten die behandelten Planeten sich selbst überließen und erst nach Jahrhunderten oder Jahrtausenden eine Kontrolle ihrer Arbeit vornahmen, bekamen sie nicht mit, wie sich diese quallenartige Lebensform rasant entwickelte. Sie erkannten zu spät, dass diese Lebensform mutierte und Eigenschaften aufwies, die von den Aller-Ersten nicht vorausberechnet worden waren. Obwohl diese Welt ein Wasser-Planet war und nur einen einzigen Kontinent als Festland aufwies, war bei ihrer Rückkehr die Landmasse bereits restlos übervölkert. Die dort lebenden Quallen-Wesen griffen sich selbst an und dezimierten die Schwächeren ihrer Rasse.

Es fand eine sogenannte Säuberung statt, in der nur der Stärkste überlebte. Als eine Kontroll-Einheit der Aller-Ersten landete, wurden sie kurz hierauf von den Quallen-Wesen angegriffen. Sie spürten Hass und eine immense Wut ihnen entgegenschlagen. Nur mit Mühe gelang es der Kontroll-Einheit den Angriff der unbewaffneten Quallen-Wesen niederzuschlagen. Die Überraschung kam aber erst am nächsten Tag. Sie sahen sich einem erneuten Angriff ausgesetzt, jetzt aber in einer nicht zählbaren Menge von ihres Gleichen. Zwar unbewaffnet, aber dennoch von gleicher humanoider Gestalt und Form. Die quallenartigen Lebewesen hatten die Gestalt ihrer Schöpfer angenommen.

Der Kontroll-Trupp der Aller-Ersten erkannte erst jetzt, dass die Wesen Wechselformer waren. Die Spezies konnte ohne große Mühe jede beliebige Lebensform annehmen. Eine Kommunikation kam nicht zustande. Die Kontroll-Einheit startete ihr Schiff und berichtete über die Vorfälle. Eine sofort losgeschickte Säuberungs-Flotte vernichtete sämtliches Leben auf dem Planeten und zerstörte diesen abschließend noch.

Sil'drock blickte die Zuhörer an, die einen entsetzten Eindruck machten.

»Die Aller-Ersten dachten das Problem gelöst zu haben, doch weit gefehlt«, fuhr er fort. »Viele der quallenartigen Lebewesen hatten sich bereits mit anderen Besuchern ihres Planeten in alle Windrichtungen verstreut. Es vergingen weitere Jahrhunderte, dann holte die mutierte Aussaat ihre Schöpfer ein. In Windeseile hatten sich die quallenartigen Lebewesen ausgebreitet und weiterentwickelt. Sie hatte Wissen und Technik adaptiert und bereits ihre eigene Raumfahrt entwickelt. Ihre Kriegsschiffe griffen alle Planeten mit humanoiden Lebensformen an, die von den Aller-Ersten als wertvolle Lebensform angesehen wurden. Schlimmer noch, sie konnten die Technik der unterlegen Rassen für sich selbst zu Eigen machen und diese weiterentwickeln. Die Aller-Ersten konnten diese Vernichtung von Leben nicht länger ertragen und rüsteten zum Kampf gegen die Quallen-Wesen, die später als Worgass bezeichnet wurden.«

Ein Raunen ging durch die Menge der Zuhörer.
Sil'drock unterbrach seine Ausführungen und blickte Major Travis an.
»Kennen sie die Pest des Universums?«, fragte Sil'drock.

»Ja«, antwortete der Major. »Wir konnten sie in der kleinen Magellanschen Wolke vernichtend schlagen. Derzeit sitzen sie in Andromeda und planen einen Angriff auf unsere Milchstraße. Wir konnten ihr Wurmloch samt Steuerung vernichten und haben so etwas Aufschub erhalten.«

»Interessant«, erwiderte Sil'drock. »Nach meinen Informationen sollten die Worgass von den Aller-Ersten vernichtet worden sein. Das sind die Informationen, die wir von ihnen erhielten.«

Der Ablonder dachte kurz nach und verarbeitete die Information des Majors. Dann blickte er die Zuhörer wieder an.

»Ich möchte mit meiner Erzählung fortfahren«, sagte er. »Die Aller-Ersten waren nicht viele, aber sie kämpften erfolgreich an vielen Fronten gegen die Worgass-Seuche. Irgendwann brauchten sie Unterstützung. Sie erschufen uns, als Folge eines Experimentes. Wir entwickelten uns zu einem Hilfsvolk, später als Wächter für ihren gesamten Bestand an bewohnten Planeten. Auch auf Tarid und auf Natrid unterhielten wir eine Beobachtungs-Station.«

»Die auf Tarid haben wir gefunden«, unterbrach Major Travis Sil'drock.

Der schaute kurz in seine Richtung.
»Leider hat die Stasis-Kammer versagt«, ergänzte der Major. »Wir haben ihren Kollegen nur noch tot bergen können.«

»Das sagten sie bereits«, erwiderte Sil'drock. »Eigentlich ist das ausgeschlossen. Die Kammern generieren sich selbstständig. Ich vermute, sie wurden manipuliert. Die Sklaven der Worgass werden ihre Finger im Spiel gehabt haben.«

»Warum glauben sie das?«, fragte Major Travis nach.

» Weil es auf vielen Wächter-Stationen so ausgegangen ist. Irgendwie haben es die Worgass oder ihre Lakaien immer wieder geschafft, an geheime Informationen zu gelangen, auf denen unsere Stationen verzeichnet waren.«

Sil'drock wartete einen Augenblick. Dann fuhr er fort.
»Tarid war vor 400.000 Jahren auch ein Brutplanet der Worgass«, erklärte er. »Erst vor 320.000 Jahren wurde er gründlich gereinigt. Dann kam es vor 182.000 Jahren zu einer großen Endschlacht. Die Worgass, in immer mehr unterschiedlicheren Hüllen, wurden zu einem gnadenlosen Feind. Sie bemächtigten sich einer großen Anzahl von Kriegsschiffen. Die Aller-Ersten und ihre Hilfsvölker zogen alle ihre verfügbaren Schiffe zusammen. Die Worgass sollten endgültig ausgerottet werden.

 Zwischenzeitlich wurde uns aber bekannt, dass die Worgass im Auftrag für eine noch größere fremde Macht kämpften. Diese Informationen sind von entfernten Sterneninseln zu uns herüber geschwappt. Wir haben nie erfahren, wo die Wurzel dieser Rasse zu finden war. Sie konnte sich des Hasses und der immensen Wut der Worgass bemächtigen und diesen noch intensivieren. Ab diesem Zeitpunkt vernichteten die Worgass nur noch Planeten mit humanoiden Lebensformen. «

»Wollen sie hiermit sagen, dass noch eine unbekannte Lebensform im Hintergrund die Fäden zieht?«, fragte der Major.

Diese Information ließ alle Zuhörer aufschrecken.

»In der Tat«, erwiderte Sil'drock. »Das Universum ist groß und unüberschaubar. Es muss irgendwo noch eine alte Rasse existieren, die humanoides Leben bis auf den Tod hasst. Dieser Hass wurde den Worgass eingepflanzt.«
»Wie heißt diese Rasse, wo ist sie beheimatet?«, fragte Commander Brenzby.

Sil'drock schüttelte den Kopf.
»Das wissen wir nicht«, antwortete Sil'drock. »Kein Ablonder hat es je erfahren. Die minderwertigen Schöpfungen unserer Herren wurden nur mit geringfügigen Daten ausgestattet. Geoffwan, Sprecher des Ältestenrates der Aller-Ersten teilte mir einmal in einem Gespräch mit, dass seine Recherchen auf eine alte Rasse hinwiesen, die sich Adramelech nannte. Diese Wesen würden sich in Raum und Zeit verstecken. Was er hiermit andeuten wollte, das entzieht sich meiner Wahrnehmung.«

Er blickte die Zuhörer an.
»Wir wurden als Wächter erschaffen«, erklärte er. »Jetzt mussten wir unsere Herren in einem Krieg unterstützen. Ihre Flottenverbände waren auf einen starken Widerstand gestoßen. Die letzten Informationen sagten aus, dass die Aller-Ersten mit ihren Hilfsvölkern den Krieg damals gewonnen hatten. Zumindest gelang es ihnen, viele Worgass-Kolonien zu vernichten und sie in großen Teilen des Universums für Jahrtausende entscheidend zu schwächen. Zuvor zwangen die Worgass aber die Aller-Ersten an den Abgrund der Vernichtung. Obwohl sie als unsterblich galten, entwickelten die Worgass Kampfgase,

die das Gehirn der Aller-Ersten zersetzten. Diese Gase setzten sie überall frei. Zu spät erkannten unsere Herren die neue Strategie. Hierdurch wurden sie geschwächt und enorm dezimiert. Der letzte Trumpf der Worgass hatte funktioniert. Die niedrigen Geschöpfe hatten ihre Herren besiegt. «

»Sie sagten aber, dass die Aller-Ersten den Krieg gewonnen hatten? «, erkundigte sich Marc.

Sil'drock wirkte genervt.
»Alle jungen Rassen warten mit so viel Ungeduld auf, die selbst uns alten Rassen Angst machen«, erklärte er.

Sil'drock griff nach dem Glas Wasser und nahm einen tiefen Schluck.

»Köstlich«, bemerkte er. »Kristallines Bergwasser von Tarid. Ihr Planet hat sich wieder gereinigt. Ich schmecke keinen atomaren Beigeschmack mehr. «

Der Ablonder stellte das Glas ab.
»Ich fahre mit meiner Geschichte fort«, lächelte er. »Die Aller-Ersten schafften es, fast schon zu spät, einen Gegenwirkstoff gegen den geruchlosen Tod zu entwickeln. Sie neutralisierten den Kampfstoff der Worgass im ganzen Universum. Danach legten sie jede Art von Skrupel und Mitgefühl ab, der sie bis dahin noch gehemmt hatte. Die große Endscheidungsschlacht läutete den geplanten, vollständigen Untergang der Worgass-Pest ein. Viele ihrer geheimen Brutstätten-Planeten

wurden gesprengt, andere wurden mit atomaren Bomben-Teppichen beschossen.

Wir waren dabei und haben die Aller-Ersten unterstützt, wie ihre anderen Hilfsvölker auch. Nach ihrer Zeitrechnung dauerte die Reinigung ganze 130 Jahre. Trotzdem konnten wenige Worgass, durch ein Dimensions-Feld in den Hyperraum gelangen und von dort in eine übergeordnete Ebene entkommen. Erschaffen von ihren damaligen Verbündeten, einem gnadenlosen Feind, den wir bis heute nicht kennen. Obwohl die Aller-Ersten sofort versuchten ihrer Spur zu folgen, waren die Reste der Worgass unauffindbar. Die Aller-Ersten erkannten dies und fingen an mit Dimensions-Toren zu experimentieren. Dabei entdeckten sie ein neues Universum.

Hier vermuteten sie den Fluchtort der Worgass und ihrer Protegés. Lange Zeit experimentierten sie und entwickelten schließlich ihren Dreiecks-Transmitter. Der für sie das Tor in dieses neue Universum öffnete. Erst jetzt erkannten sie die Unendlichkeit dieses Kontinuums. Es gab unzählige Galaxien, Sternen-Systeme und Planeten, die alle nur durch den Transmitter-Durchgang erreichbar waren. «

»Die Aller-Ersten wussten, dass sich irgendwo die Worgass und ihre Protegés befinden mussten. Sie verlagerten den Krieg aus dem normalen Universum in die neue Dimensions-Zone. Wir hatten die Aufgabe Planeten in den habitablen Zonen zu bevölkern und als Stützpunkt auszubauen. Überall sollten Wächter-Stationen eingerichtet werden. Wir bauten Städte und richteten eigene KIs ein, die für den reibungslosen Ablauf des Lebens sorgen sollten. Dann endlich schienen die Aller-Ersten die Worgass und ihre Förderer gefunden zu haben.

Vor 169.000 Jahren riefen die Aller-Ersten alle ihre Hilfsvölker zusammen. Sie duplizierten Kampf-Schiffe und bemannten sie. Eine nie dagewesene Kriegsflotte, dessen Größe das Universum verdunkelte, machte sich auf den Weg, um dem Bösen ein Ende zu bereiten. Doch irgendetwas muss passiert sein. Ausgesandte Späh-Schiffe informierten uns, dass seitdem viele Planeten entvölkert und verwüstet wurden. Die große Flotte der Aller-Ersten ist nicht mehr zurückgekehrt.«

»Irgendwie wiederholt sich alles«, sagte Barenseigs. »Wir haben das gleiche Dilemma erlebt.«

»Ich weiß«, antwortete Sil'drock. »Wie schon erwähnt, unterhielten wir auch eine Wächter-Station auf Natrid.«

»Wir hätten ihnen gerne im Kampf gegen die Rigo-Sauroiden geholfen, jedoch waren wir mit unseren Ressourcen in der neuen Dimension gebunden. Die Rigo-Sauroiden waren eine Species, die gentechnisch durch die Worgass manipuliert wurden. Wir wissen nicht, wer den Befehl zum Angriff auf Natrid gegeben hat. Ob es die Worgass waren, oder eine hinter ihnen stehende mächtige Rasse, die wir noch nicht kennen, das entzieht sich unseren Kenntnissen.«

Sirin sprang auf.
»Sind sie sicher, dass die Rigo-Sauroiden von den Worgass manipuliert wurden?«, fragte sie.

Sil'drock blickte in ihre Richtung.
»Sie sind eine echte Natraderin«, bemerkte er. »Vermutlich auch durch eine Stasis-Kammer ins neue Zeitalter gebracht.«

Er blickte sie durchdringend an.
»Ihre Frage beantworte ich gerne«, ergänzte Sil'drock. »Ich bin mir nicht ganz sicher. In jedem Fall waren die Worgass maßgeblich hieran beteiligt. So wie es in ihrem Fall die Rigo-Sauroiden waren, waren es in anderen Galaxien die Belfangoren, wieder andere hießen Sotarie oder Uylaner. Das alles sind Kunstgeschöpfe der Worgass und ihrer Herren, die mit einem immensen Hass aufwarteten. Sie stürzten sich auf alle jungen Planeten, auf denen sich humanoides Leben entwickelte. Sie wurden die Geißel für den Untergang aller jungen Rassen im nahen und fernen Universum. Nur wenige konnten sich erfolgreich wehren. Dazu gehörten auch die Natrader.«

»Mit welchem Ergebnis?«, fragte Barenseigs.
»Mit dem Ergebnis, dass sie heute hier sitzen«, erwiderte Sil'drock. »Ob sie sich jetzt Gildoren nennen, Natrader, oder Terraner, welchen Unterschied macht das? Sie alle sind aus der Asche neu auferstanden und haben es bis zur Raumfahrt geschafft.«

Sil'drock griff wieder nach dem Glas Wasser und trank einen Schluck.

»Aus dieser Sicht ist der Keim der Aller-Ersten aufgegangen «, fuhr er fort. »Es gibt immer noch humanoide Völkergruppen in der Galaxis. Das Vorhaben der Worgass und ihrer Verbündeten ist nicht aufgegangen. «

Major Travis hatte schweigend zugehört.
»Die Probleme scheinen aber nicht weniger geworden zu sein«, bemerkte er. »Die Worgass sind wieder aktiv und stärker als zuvor. «

Sil'drock nickte traurig.
»Probleme gab es zu allen Dekaden«, antwortete er. »Sie sollten das Übel an der Wurzel bekämpfen. Ich werde mich jetzt auf den Weg machen und nach den Aller-Ersten und meinem Volk suchen. Vielleicht brauchen sie meine Hilfe. Sie sind bereits lange überfällig. «

»Was können sie allein schon ausrichten? «, fragte Commander Brenzby.

»Ich bin nicht allein«, erwiderte Sil'drock. »Das Netzwerk beinhaltet über 800.000 Wächter-Planeten, nur in dieser Dimension. Ich werde alle Schläfer erwecken. Allein mir sind 500 versteckte Schiffe unterstellt, die auf meinen Befehl warten. Genauso verhält es sich mit den anderen Planeten des Netzwerkes. Ich werde mich mit einer riesigen Armada auf die Suche begeben. Sie haben ja bemerkt, dass die Schiffe auch durch Roboter gesteuert werden können.«

»Sie sprechen immer von einem Netzwerk?«, fragte Major Travis.» Was ist das Dimensions-Netzwerk.«

Sil'drock zog ein dreieckiges Amulett aus der Innentasche seiner Jacke.

»So etwas besitzen sie doch auch, ansonsten wären sie gar nicht hier«, erklärte er. »Es ist der Aktivator. Dieses Amulett ist der Code-Schlüssel, der alle Tore des Dreiecks-Transmitters öffnet. An jede Koordinate ist ein Wächter-Planet angeschlossen. Es ist ein freier Lebensraum ohne die Worgass-Pest. Ein Verbund von 800.000 Planeten, nur in dieser Dimension. Was sie vermutlich nicht wissen werden, es gibt viele Dimensionen.«

»Warum haben sie die Schlüssel in der Galaxis verteilt?«, fragte Sirin. » Wenn sich jetzt auch einige Worgass des Schlüssels bemächtigt haben, dann sind die Dimensionen auch nicht mehr sicher.«

»Das sollte nicht möglich sein«, antwortete Sil'drock. »Das Amulett erkennt die DNA der Worgass sofort und vernichtet sich selbstständig. Alles das, was sich im Umkreis von 100 Metern aufhält, wird mit in den Tod gerissen. Sie können sich ja vorstellen, dass dieses kleine leistungsfähige Gerät einen Mini-Reaktor beinhaltet.

Ansonsten wäre die Leistung gar nicht möglich, die Tore zu den einzelnen Dimensionen zu öffnen. «

»Das ist aber keine Technik von ihnen? «, fragte Major Travis.

»Nein«, antwortete Sil'drock. »Das ist eine Technik von den Aller-Ersten. Sie haben uns die Schlüssel zur Verwaltung und Verteilung überlassen. «

»Langsam verstehe ich«, erwiderte Major Travis. »Die Hinweise in den Wächter-Stationen sind Hinweise auf Amulett-Verstecke. «

»Ganz richtig«, antwortete Sil'drock. »Diese Sternenkarten weisen auf versteckte Amulette hin, die für reife humanoide Völker gedacht sind. Wir wünschen Kontakt zu anderen Völkern, die uns bei der Beseitigung der Worgass-Pest helfen können. Alle die uns eindrucksvoll zur Seite stehen, werden von den Aller-Ersten ausgezeichnet und gefördert werden. Wollen sie dabei sein? «

»Major Travis lachte.
»Im Prinzip gerne«, antwortete er. »Doch derzeit haben wir vorrangigere Aufgaben zu erledigen.«

»Wenn es so weit ist, informieren sie uns über unseren Schläfer auf Natrid«, erwiderte Sil'drock.
»Wir werden bestimmt nicht tatenlos zusehen, wie die Worgass in unser Universum eindringen«, antwortete

Major Travis. »Unabhängig hierzu gibt es keine Schläfer-Station auf Natrid.«

Sil'drock lachte ihn an.
»Es gibt sie«, antwortete er. »Glauben sie mir das.«

»Wir werden uns selbst um das Worgass-Problem kümmern«, antwortete der Major.

»Das denke ich mir«, lächelte Sil'drock.
Er nahm einige Schaltungen an seinem dreieckigen Amulett vor. Ein kleines Hologramm baute sich über dem Gerät auf.

»Ich hatte Recht, Natrid überträgt immer noch Daten«, erklärte er. »Mit der Station scheint alles in Ordnung sein. Sie informiert mich, dass Natrid zu alter Größe erwacht. Hierfür verdienen sie unseren Respekt.«

Marc blickte Commander Brenzby und Sirin an.
»Mit diesen Worten darf ich mich verabschieden«, sagte Sil'drock. »Ich habe mich gefreut, sie kennengelernt zu haben.«

»Etwas noch«, fragte Major Travis. »Wie kommen wir wieder zurück in unser Universum?«

»Ganz einfach«, antwortete Sil'drock. »Sie geben die Koordinaten rückwärts ein. Grundsätzlich sollten sie sich alle Koordinaten notieren. Wenn sie dann zurück möchten, geben sie die Koordinaten von hinten nach vorne ein. Ich schreibe sie ihnen auf. Mein Planet steht am Anfang des Netzwerkes. Es gibt für sie noch viel zu entdecken. Interessante Planeten, neue Technik, außergewöhnliche Rassen, bis zu den geheimen Planeten der Aller-Ersten und der Kon-Ra-Tak.

Sil'drock gab Major Travis einen Zettel mit fünf Symbolen hierauf.

»Das ist ihr Weg zurück«, sagte er. »Ich bedanke mich bei ihnen für alles und mache mich auf den Weg. Sobald ich mehr weiß, möglicherweise auch Unterstützung benötige, melde ich mich. «

»Danke für alles«, antwortete Major Travis. »Wir bleiben in Kontakt. Ich würde mich freuen, sie wiederzusehen. «

»Das werden wir«, antwortete Sil'drock.

Major Travis drehte sich zu Sergeant Hardin um.
»Begleiten sie bitte unseren Gast aus dem Schiff. «

Der Angesprochene salutierte und bestätigte den Befehl. Das Bankett löste sich langsam auf.

»Commander«, lächelte Major Travis. »Gehen wir auf Heimatkurs. Der General wird sicherlich bereits nach uns suchen lassen. «

Die restlichen Offiziere lachten. Sie alle kannten die Eigenarten von General Poison.

Sabotage auf
Produktionswerft 5

Geduckt huschten die drei vermummten Gestalten durch das Halbdunkel des Maschinenraums der Werftanlage 5. Noch hatten sie ihr Ziel nicht erreicht. Sie mussten vorsichtig sein, überall lauerten Sensoren und Alarmregler.

»Wo geht es jetzt her«, fragte eine der Gestalten.
»Wir müssen uns rechts halten«, antwortete sein Gegenüber. »Es kann nicht mehr weit sein. «

Die drei Gestalten bogen in die neue Richtung ab. Der Vorderste der Personen hob die Hand.

»Achtung, hier müssen gleich die Laser-Barrieren kommen«, flüsterte er. »Da vorne an der Wand ist die Verteiler-Stelle. «

Ein Vermummter lief vor und riss die Abdeckung ab. Er steckte ein kleines Gerät auf die sichtbare Platine und schaltete es an. Ein pulsierendes gelbes Licht bestätigte den Kontakt. Eine Gestalt hielt einen Scanner in den Gang. Laser-Sensoren aktivierten sich und strahlen ein gelbes Licht aus.

»Macht schon, wir haben nicht ewig Zeit«, forderte er seine Begleiter auf.

»Das Gerät ist gleich so weit«, antwortete der Angesprochene. »Einen Augenblick noch, es blockiert bereits die Wellen. «

Das gelbe Licht des Gerätes stabilisierte sich.
»Es ist so weit«, sagte die Gestalt mit dem Scanner. Die Strahlen sind unterbrochen, wir können nicht weiter. «

Ohne weitere Verzögerung setzte die Gruppe ihren Weg fort. Nach der nächsten Abzweigung kamen sie endlich in die riesige Montagehalle. Vorsichtig spähten sie die Halle aus.

»Die Informationen waren richtig«, sagte der Anführer der Gruppe. »In der Nachtzeit wird nicht gearbeitet. Der Schlaf ist den Terranern heilig. Wir haben Glück. «

In der Mitte der riesigen Montagehalle thronte eine große Maschine auf einem Metallsockel.

»Das wird der Groß-Duplikator sein«, sagte der Anführer Rantero. »Wir brauchen mehr Sprengstoff als geplant. Die Maschine ist mindestens 450 Meter lang. «

Die Vorderseite wies eine riesige überdimensionierte, kreisrunde Mulde auf, in der ein großer Transmitter-Bogen seinen Dienst verrichtete. Er war aktiv. Der künstliche Horizont leuchtete in einem energetischen Blau. Völlig ruhig schien die aktivierte Energiewand zu verlaufen.

»Das ist eine dieser Duplikations-Maschinen«, flüsterte eine der Gestalten. »Die Terraner sind so naiv. Warum sichern sie so eine Anlage nicht besser ab. Ein schwerer Fehler.«

Alle drei Gestalten lachten leise auf.
»Wir sind noch nicht am Ziel«, flüsterte einer von ihnen.

»Wir haben Glück, das keine Nachtschicht ihren Dienst verrichtet. Ansonsten hätten wir uns nicht so unbemerkt hier anschleichen können.«

»Freuen wir uns nicht zu früh«, erwiderte Rantero. »Mit dem Sicherheits-Dienst müssen wir auch noch rechnen. Stellt euren Strahler auf die stärkste Paralyse-Stellung ein. Wir dürfen keinen Fehler begehen.«

Die Gruppe setzte sich wieder in Bewegung. Jede mögliche Deckung ausnutzend, schlichen sich die Gestalten im Halbdunkel der Montage-Halle weiter vor. Dann hatten sie den Schatten der großen Maschine erreicht.
»Gib mir endlich die Daten der koordinierten Parallelschaltung«, sagte der Dritte. »Keine der Bomben darf zu früh hochgehen. Wir brauchen genügend Zeit für den Rückzug.«

Der Anführer der Gruppe wurde langsam ungeduldig. Er hatte eine Schalteinheit geöffnet und blickte über die Ansammlung von unzähligen Drähten, Ableitungen und Energiemodulen. Er hob seinen Kopf und blickte zu seinen Kollegen, die sich wie Parasiten an der Verkleidung des integrierten Energiewandlers zu schaffen machten.
»Verteilt die Haftbomben nur an den effizienten Stellen«,

raunte er ihnen zu. »Keine Spur darf später auf uns deuten. Es muss wie ein Unfall aussehen.«

»Wie viel Zeit wollen wir noch vertrödeln«, maulte Mantero.

Der Anführer zuckte herum und wischte sich ärgerlich mit einer rechten flachen Hand über das kurz geschnittene Haar.

»Behaupte nicht, dass du die Haftbomben bereits in das energetische Netz adaptiert hast?«, fragte er.

Ein Seufzen erklang vom Ende der großen Maschine. »Genau das versuche ich dir seit geraumer Zeit mitzuteilen«, erwiderte Mantero. »Du reagierst äußerst schwerfällig. Was ist los mit dir?«

Der Anführer zuckte mit den Schultern und wandte sich wieder der kaum wahrnehmbaren Gitterstruktur zu, indem er die Haftbombe zu adaptieren versuchte.

»Ich brauche jetzt die Abschlussdaten für Abnehmer zwei, sechs und acht«, flüsterte er. »Die Daten bauen sich bereits auf.«

»Die Auswertung läuft«, antwortete sein Gehilfe schnell. »System eins bis fünfzehn Beta, arbeitet synchron. Es sind keine Fehler ersichtlich. Ich aktiviere jetzt das System.«

Er drückte einige rote Knöpfe und sah, wie das Zählwerk anfing zu laufen.

»Wir sind hier fertig«, sagte er.

Die anderen nickten. Schnell wurden die Wartungs-Klappen der Maschine wieder verschlossen, als ob nichts geschehen war. »

Zeitstatus«, fragte der Anführer.

»Wir haben noch 45 Minuten nach irdischer Zeitrechnung«, teilte der Dritte der Gestalten leise mit. »Das sollte für unseren Rückweg reichen. Die Hüllen der Najekesio sind auch nicht zu unterschätzen. Wir sollten des Öfteren hierauf zurückgreifen. Sie sind sehr widerstandsfähig, fast besser als die der Terraner. «

Der Anführer nickte.
Ihr redet, als ob ihr gerade erst frisch geschlüpft seid«, flüsterte Rantero. » Darf ich euch daran erinnern, dass unsere Bastion hier auf der Erde, auf Natrid und auf dem Saturn-Mond von den Terranern vernichtet wurde. Fühlt euch nicht zu sicher. Wir wirbeln hier jetzt eine Menge Staub auf. Ich bin davon überzeugt, dass sich erst hiernach das große Zahnrad des terranischen Sicherheits-Netzes anfängt zu drehen. Die Menschen werden nach uns suchen. «

»Unsinn«, erwiderte Mantero. »Wir haben noch alles geschafft. Wer sind die Menschen? Emporkömmlinge, die sich fremde Technik zu Eigen machen konnten. Allein wären sie noch gar nicht so weit gekommen und wären von uns vermutlich in naher Zukunft vernichtet worden.«

Die drei Gestalten liefen den gleichen Weg zurück, den sie gekommen waren. Vor ihnen lag der große Luftschacht. Kurzentschlossen krochen sie hinein und verschlossen ihn wieder.

»Ich hoffe, dass unsere Freunde aufmerksam sind«, sagte Rantero. »Ich aktiviere das Signal.«

Er drückte auf einen Knopf an seinem Gürtel. Das Hyperfunk-Signal verließ rasend schnell die Produktions- und Wertanlage 5 und verschwand im dunklen All. »Stellung beibehalten, ruhig sitzen bleiben«, befahl der Anführer.

Plötzlich lösten sich die drei Gestalten in einem fluoreszierenden Licht auf und entmaterialisierten Sekunden später auf einem seltsam wirkenden Gleiter. Die Form erinnerte mehr an einen kleinen Asteroiden, der versteckt nahe der Venus-Umlaufbahn auf sie wartete. Die restlichen sechs Besatzungs-Mitglieder wirkten erleichtert, als sie ihre Kollegen materialisiert vor sich sahen.

»Ist alles ohne Zwischenfälle abgelaufen?«, fragte der Techniker, der den Transporter bedient hatte.

»Alles lief nach Plan«, bestätigte Rantero. »Jetzt heißt es abwarten. Zoomen sie die Anlage heran. Das wird ein nettes Feuerwerk geben. Der Duplikator produziert zwar nicht, aber der Transmitter-Ausgang ist aber trotzdem aktiviert. Das Energienetz wird die Sprengkraft noch um ein Vielfaches verstärken. «

Er ließ sich in einen Stuhl fallen, von dem aus er den Bord-Monitor perfekt einsehen konnte.

***

Die Brücke war zu dieser späten Zeit nur mit einem notdürftigen Wachdienst besetzt. Rekrut Gorny schaute auf die Monitore und die vielen bunten Anzeigen. Alles schien ruhig, bis auf die kurze Energiespitze, die er in einem Luftversorgungs-System nahe der zentralen Duplikations-Halle angemessen hatte.

»Soll ich jetzt Commander Anderson wecken? «, überlegte er.

Er war sich unschlüssig.
»Es konnte auch eine Überspannung sein«, überlegte er. »Dies kommt bei den ganzen Reaktoren hier auf der Werft schon einmal vor. «

Rekrut Gorny schaute wieder auf die Monitore.
»Nichts mehr«, dachte er. »Es wiederholt sich nicht. Alle Anzeigen sind im Normalbereich. «

Er lehnte sich wieder zurück und entschied sich, dem Vorfall keine weitere Bedeutung beizumessen. Er schaute über seine Schulter zu den weiteren Rekruten des Wachdienstes.

»Habt ihr auch die seltsame Energiespitze bemerkt?«, fragte er.

»Nein«, kam die Antwort zurück. »Auf unseren Bildschirmen ist nichts ersichtlich.«

»Danke«, antwortete Gorny. »Dann hat die Anzeige mir vermutlich etwas vorgegaukelt.«

»Was hast du denn registriert?«, fragte der rechts neben ihm sitzende Rekrut nach.

»Eine Energieballung, wie bei einem Transmitter-Sprung«, erklärte der Rekrut.

»Druck den Bericht aus«, empfahl sein Gegenüber. »Nur für alle Fälle.«

Rekrut Gorny nickte und drückte einige Knöpfe. Die Anlage vor ihm spuckte den wichtigen Kontrollzettel aus. Alle sechs wachhabenden Rekruten kamen näher und schauten auf den Situations-Bericht.

»Warum ist der Schutzschirm unten?«, fragte einer der Rekruten.

»Weil nicht produziert wird«, kam die Antwort zurück. »Das Sicherheits-Protokoll sagt aus, das nur in Zeiten der Duplikation und der Produktion der Schutz-Schirm hochgefahren werden darf. Das dient zur Sicherheit, weil wir nicht wissen, was alles aus dem Zwischenraum kommen kann. «

»Eine unsinnige Bestimmung«, antwortete ein anderer Rekrut. »Er ist so moduliert, dass der Energiestrahl des Duplikators durch eine Strukturlücke des Schirms den Zwischenraum erreichen kann, um die benötigten Teile zu materialisieren. «

»Wir alle wissen, dass dies keine Technik von der Erde ist«, antwortete Gorny. »Wir waren uns anfangs nicht sicher, ob der Duplikator noch andere Teile einschleusen konnte, die uns vielleicht nicht auffielen. «

»Das könnte eine Lücke im Sicherheits-System sein«, sagte ein anderer Rekrut. «

»Nachher ist man immer schlauer«, antwortete Rekrut Gorny.

Die Energiespitze auf dem Kontrollzettel deutet eindeutig auf eine Transmitter-Partikel-Anbahnung hin«, bemerkte ein anderer Rekrut.
Gorny nickte erschreckt und dachte nicht mehr lange nach. Eiligst aktivierte er den Sicherheits-Alarm. Das schrille Heulen der Sirenen durchflutet die Flure, Korridore und alle Stationen der Werft- und Produktions-

Station 5. Es dauerte nicht lange, bis alle Offiziere und Commander Kimi Anderson die Brücke betraten. Ihr langes blondes Haar fiel locker über ihre Schultern.

»Sie scheint noch nicht gekämmt zu sein«, dachte Rekrut Gorny bei ihrem Anblick. »Vermutlich ist sie sofort zur Brücke gelaufen.«

»Status«, sagte sie und rückte sich das Offiziershemd zurecht.

Sie blickte über die angehenden Offiziere des Wachdienstes.

»Wer hat den Sicherheits-Alarm ausgelöst«, fragte der Commander ärgerlich und schaute sich um.

»Ich war das«, antwortete Rekrut Gorny etwas schüchtern. »Wir haben ein Sicherheitsleck. Es gab einen Zwischenfall. Wir haben eine massive, nicht genehmigte Partikel-Strahl-Anbahnung, ähnlich einem Transmitter-Transport, in dem Luftschacht 3.07 in der Nähe der zentralen Duplikations- und Montagehalle registriert.«
Commander Kimi Anderson schaute auf den Kontrollzettel, den Gorny ihr hinhielt.

»Das könnte sein, genau kann man das im Moment aber noch nicht sagen«, antwortete sie. »Aber es sieht fast danach aus. Ein bewaffnetes Sicherheits-Team soll sich sofort zu dem Montage-Luftschacht 3.07 aufmachen und in den Bereich der Duplikations-Anlage eindringen. Sie sollen nach Spuren suchen. Hoffentlich sind keine Eindringlinge in der Station.«

Die Bestätigung kam unverzüglich.
»Das Sicherheits-Team macht sich auf den Weg«, teilte Gorny mit. »Ich habe vorsichtshalber Trupp 5 aktiviert. Das ist das erfahrenste Team.«

Die Einheit bestand aus 12 schwer bewaffneten Marines, 12 Kampf-Robotern und 3 Spür-Wartungsrobotern. Commander Kimi Anderson ging zu der Hauptkontrolle und betrachtete die Monitore mit dem vorrückenden Sicherheits-Team. Der Commander blickte ihren Sicherheits-Offizier an.

»Sergeant Martens, informieren sie alle Sicherheits-Gruppen, die in der Werft patrouillieren. Ich befehle höchste Wachsamkeit. Falls wir es mit Eindringlingen zu tun haben, dann müssen sie irgendwo sein. Lassen sie nach Spuren suchen.«

Der Sicherheits-Offizier nickte. »Ich kümmere mich hierum Commander«, antwortete er. »Alle Rekruten können sich jetzt zurückziehen«, befahl Commander Anderson. »Ihr Dienst endet hier. Wir übernehmen jetzt.« Sie blickte Rekrut Gorny an.

»Gut gemacht Rekrut«, sagte sie.
Sie lächelte ihn an.

Rekrut Gorny rutschte unruhig auf seinem Stuhl hin und her, stand auf und folgte den restlichen Rekruten zum Ausgang.

Commander Anderson richtete ihren Blick wieder auf die Anzeigen des zentralen CIC.

»Sicherheits-Team, wie sieht es aus«, sprach sie in den Kommunikator des Flottenfunks.

»Hier spricht ST 001«, knackste es aus der Leitung. »Wir sind bereits an der besagten Stelle angekommen. Mein Name ist Leutnant Larin. Jemand hat die Laser-Barrieren unterbrochen. Wir haben ein fremdartiges Modul gefunden, das die Laser-Sensoren umlenkt. Gleich sind wir in der Montagehalle des Duplikators angekommen. Unsere Scanner zeigen seltsame Werte an. Das Energie-Netzwerk des Duplikators scheint verändert worden zu sein. Wir müssen die Schalttafeln abbauen und jedes einzelne Kabel überprüfen. Das kann dauern. Schalten sie bitte den Duplikator aus. Wir teilen ihnen mit, wann er wieder betriebsbereit sein wird. «

»Ich veranlasse es sofort Leutnant«, erwiderte Commander Anderson. »Warten sie einen Moment, bis sie weiterarbeiten. «

Commander Anderson winkte ihrem Maschinisten zu.
»Sie haben es mitbekommen«, sagte sie. »Fahren sie den Duplikator herunter. «

Sergeant Mahlström bestätigte.
»Die Maschine wird heruntergefahren«, antwortete er.
Der Energiestrom der Maschine auf den Anzeigen erlosch.

»Der Duplikator ist abgeschaltet«, gab Commander Anderson durch. »Legen sie los Leutnant.«

»Danke«, antwortete der Leutnant und gab seinem Team den Befehl mit der Überprüfung fortzufahren. Einer seiner Marine öffnete die erste Klappe an einem Schaltkasten. In diesem Moment zischte ein greller Blitz unter der leicht geöffneten Klappe hervor und hüllte den Soldaten vollständig ein. Der Blitz warf den Mann zu Boden. Weitere Blitze erfassten alle Schaltkästen und entwickelten sich zu einem Höllenfeuer. Die ganze Anlage glühte.

»Sofort zurückziehen«, brüllte Leutnant Larin entsetzt. Doch es war zu spät. Der Blitz hüllte die ganze Anlage ein. Eine gewaltige Explosion breitete sich aus und erfasste die komplette Anlage und zerstörte den Duplikator in Sekundenschnelle. Das heiße Inferno fraß Löcher in fünf Etagen der Station und sprengte sich durch die Außenhaut ins kalte All. Alles im Umkreis von 400 Metern wurde zerstört und beschädigt. Das Sicherheits-Team, unter dem Kommando von Leutnant Larin, hatte keine Chance. Es überlebte dieses Inferno nicht. Gase, Wasser und Luft, wurden mit den Überresten des Sicherheits-Teams durch die große Öffnung ins All geschleudert. Überall im Umkreis schlossen sich die automatischen Sicherheits-Schleusen und riegelten den kritischen

Bereich ab. Das Vibrieren der immensen Detonation setzte sich durch alle Ebenen der Station fort.

Selbst auf der Brücke konnte Commander Anderson noch das Vibrieren im Boden bemerken. Das CIC spielte verrückt. Die Anzeigen schlugen bis zum Anschlag aus, um danach sofort nach unten zu sacken und um anschließend wieder nach oben zu schnellen.

»Leutnant Larin«, sprach Commander Anderson in das Mikro des Flottenfunks. »Leutnant Larin, melden sie sich bitte. «

Die anderen Offiziere waren ebenfalls an das CIC geeilt. Unfähig sich von dem Bildschirm abzuwenden, das Geschehene zu verarbeiten, schlug sie mit eiserner Faust auf den roten Knopf neben dem CIC.

»Sicherheits-Alarm für die komplette Station«, befahl sie. »Alles absichern, alles abriegeln. Keiner dockt an und keiner reist ab. Alpha-Order, Alarmstufe Rot für die ganze Station. Die komplette Station wird zur Sicherheits-Zone erklärt, bis die Vorfälle vollständig geklärt wurden, Commander Anderson Ende. «

Immer noch stand sie, gestützt auf beiden Händen, die sie zu Fäusten geballt hatte vor dem CIC und konnte das Gesehene nur schwer verarbeiten. Die anderen Offiziere der Brücke blickten entsetzt zu ihr herüber.

»Hier ist nichts mehr zu retten«, bemerkte ihr 1. Offizier. »Die Explosion hat ein Loch in die Bordwand gerissen. Das Sicherheits-Team ist tot. Wir müssen Leutnant Larin und seinen Leuten die entsprechende Ehre erweisen. «

»Das werden wir«, antwortete der Commander grimmig. »Das werden wir ganz bestimmt. Schicken sie trotzdem ein Rettungs-Team los. «

Sie suchte den Augenkontakt zu der Funkleitstelle. »Leutnant Sparer«, sagte sie. »Stellen sie mir eine abhörsichere Leitung zu General Poison her und bündeln sie alle Aufzeichnungs-Daten, die wir bisher haben. Wir müssen sofort die EWK informieren. Dieser Vorfall wird nicht nur unser Problem sein. Stellen sie sofort die Verbindung her, äußerste Dringlichkeit, beeilen sie sich. «

Der Funk-Offizier hantierte an seiner Konsole und stellte Sekunden später die Bereitschaft der Leitung her.
»Sie können sprechen, Commander. «

»Hier ist das Vorzimmer von General Poison, sie sprechen mit Frau Eisenhut«, tönte es aus der Leitung.
»Was kann ich für sie tun? «

»Hier spricht Commander Kimi Anderson von der Flotten- und Produktions-Werft 5«, sprach der Commander in das Mikrofon. »Es gab einen außerordentlichen Zwischenfall. Ich möchte sofort mit General Poison sprechen, Alpha-Order. «

»Sie haben Glück«, antwortete Frau Eisenhut. »Der General ist in seinem Büro. Ich stelle sie durch.«

General Poison saß an seinem Schreibtisch und studierte die täglichen Berichte über die Weiterentwicklung des Flotten-Bestandes und den allgemeinen Aktivitäten der EWK.

»Es scheint wieder einer der friedlichen und ruhigen Tage zu werden«, dachte er.

Er schätzte diese wenigen Augenblicke, an denen er in aller Ruhe seiner Arbeit nachgehen konnte. Schrill riss ihn das Telefon aus der Lethargie. Er ließ es noch einmal klingeln, dann nahm er den Hörer ab.

»General Poison, wer spricht?«, raunte er in gewohnter Manier ins Telefon.

Seine Sekretärin war in der Leitung.
»Ich habe hier einen dringenden Anruf von der Werftanlage 5 erhalten«, teilte sie mit. »Der leitende Commander Kimi Anderson wünscht sie, unter der Vorgabe der Alpha-Order, zu sprechen.«

»Was ist denn da los, wird jetzt die Alpha-Order bereits für Telefonanrufe missbraucht?«, fragte der General. »Stellen sie bitte durch.«

»Ich verbinde«, antwortete seine Sekretärin freundlich.

Ein kurzes Knacken war in der Leitung zu hören, dann stabilisierte sich die Leitung der Station.

»Hier ist General Poison«, raunte der General mürrisch ins Telefon. »Wie kommen sie dazu.....«

»Entschuldigen sie, wenn ich sie unterbreche, Herr General, sagte Commander Anderson. »Die Alpha-Order ist aktiv. Ich muss einen Akt der Sabotage auf meiner Werft melden. Fremde Eindringlinge haben den Duplikator gesprengt.«

Eisige Stille durchflutete für einen Moment die Leitung. »Wie ist das möglich gewesen?«, murrte General Poison. » Haben ihre Sicherheitskontrollen versagt? Wir haben alles Menschenmögliche getan, um jeden Reisenden oder Besucher, vor dem Eintritt in unsere Stationen zu kontrollieren.«

»Es waren keine Touristen oder Reisende«, antwortete Commander Anderson. »Wir haben einen starken Partikel-Strahl angemessen. Die Saboteure müssen sich per Transmitter-Strahl Zutritt zu unserer Anlage verschafft haben.«

»Hatten sie denn den Schutzschirm nicht aktiviert?«, fluchte General Poison.

»Wir arbeiten konform mit dem Sicherheits-Protokoll der EWK«, erwiderte Commander Anderson. »Der Schutzschirm ist grundsätzlich nur in der Zeit der

Duplikation und Produktion unserer Anlage aktiviert. Wenn keine Aktivität, oder keine Produktion ansteht, ist der Schutzschirm unten. Das können sie in ihren aktuellen Sicherheits-Bestimmungen nachlesen.«

General Poison murmelte etwas Unverständliches vor sich hin, er wusste aber, dass Commander Anderson Recht hatte. Diese Anweisung hatte er selbst mit Noel ausgearbeitet.

»Gut«, sagte er. »Halten sie die Station isoliert. Der Sicherheits-Alarm bleibt bestehen. Ich schicke ihnen ein Spezialisten-Team, das sich auf die Suche nach den Ursachen macht. Erwarten sie unser Team morgen früh, geben sie ihnen alle mögliche Unterstützung. Ich erwarte von ihnen eine lückenlose Aufklärung des Vorganges.«

»Jawohl General«, sagte Kimi Anderson. » Wir werden unser Bestes tun. Uns ist genauso an einer schnellen Aufklärung gelegen.«

»Ihr Bestes ist nicht genug«, fauchte der General ins Telefon. »Ich erwarte von meinen Führungs-Offizieren einen überdurchschnittlichen Einsatz. Das ist hoffentlich klar. General Poison Ende.«

Ohne die Antwort von Commander Anderson abzuwarten, beendete er das Gespräch und bat seine Sekretärin in sein Büro.

»Frau Eisenhut, rufen sie bitte Noel an«, befahl er. »Bitten sie ihn sofort zu kommen. Wir haben einen Notfall. Treiben sie ebenfalls auch John Hunter auf. Lassen sie ihn sofort herbringen. Dringend, Alpha-Order, lassen sie keine Ausreden zu. «

»Zu Befehl, Herr General«, antwortete sie. »Ich kümmere mich sofort hierum. «

Frau Eisenhut kannte ihren General. Sie spürte es, wenn wirklich eine wichtige Angelegenheit anstand. Das Gesicht des Generals sagte alles. Sie schloss die Türe und machte sich an die Arbeit. General Poison wusste, dass sich jetzt die gewaltige Maschinerie der EWK in Bewegung setzte und erst wieder zum Stillstand kam, wenn die Schuldigen zur Rechenschaft gezogen werden konnten.

Captain Hunter lag in Ibiza am Strand und genoss die Sonne. Es war sein zweiter Urlaubstag, an dem er versuchte, dem hektischen Alltag der EWK zu entrinnen. Er schaute in den Himmel, die Sonne blendete ihn. Entspannt schloss er die Augen. Durch diese bemerkte er plötzlich, wie der brennende Strahl der Sonne schwächer wurde. Hatte sich eine Wolke vor die Sonne geschoben? Langsam öffnete er die Augen. Die Konturen eines Turbo-Strahl Helikopters wurden größer. Er sah das Logo der EWK auf einer Seite prangern. Schnell sprang er auf. Nur mit einer Badehose bekleidet schaute er dem sich langsam senkenden Fluggerät zu. Die anderen Badegäste schimpften und flüchteten eiligst, um dem aufgewirbelten Sand zu entgehen. Sanft setzte das

Fluggerät auf dem Boden auf. Die Turbo-Strahl-Turbinen erstarben. Das Passagierschott wurde aufgerissen und Sergeant Miller sprang heraus. Mit schnellen Schritten lief er auf Captain Hunter zu. Vor dem Captain blieb er stehen und salutierte. Der Captain erwiderte der Gruß zackig.

»Ihr Urlaub wird leider unterbrochen«, sagte Sergeant Miller. »Ich habe eine Alpha-Order für sie. Es gab einen Zwischenfall. Ich soll sie sofort zu General Poison bringen. «

Sergeant Miller gab Captain Hunter einen Chip. John nahm ihn an sich und steckte ihn in den Schlitz seines EWK-Chronographen. Das Zifferblatt verschwand und veränderte sich zu einem Display, welches sofort das Logo der EWK anzeigte. Der Schriftzug Alpha-Order erschien in grellem Rot. Hierunter erschien ein blinkender Zusatz. Sofortige Einsatz-Aktivierung erfolgt, unverzüglich in der Einsatz-Zentrale der EWK melden.

»Ich muss noch meine Sachen aus dem Hotel holen«, erklärte Hunter. «

Sergeant Miller schüttelte den Kopf.
»Darum kümmert sich der KSD«, antwortete er. »Eine Ersatz-Uniform habe ich für sie mitgebracht. Sie können sich im Helikopter anziehen. Wir müssen sofort los. Captain Hunter schüttelte den Kopf. «

»Geht die Welt unter, oder warum verbreitet der Alte wieder so eine Hektik? «, fragte er.

Sergeant Miller lächelte.

»Sie müssten ihn eigentlich auch bereits etwas kennen«, antwortete er.

Schnell sprangen beide in das Fluggerät. Die Turbo-Strahl-Turbinen fuhren in Sekundenschnelle zur maximalen Leistung hoch. Der Helikopter gewann zügig an Höhe und entschwand aus den Augen der zurückbleibenden, beobachtenden und staunenden Badegäste.

»Noel ist da«, kündigte die Sekretärin von General Poison das Eintreffen des natradischen Kunst-Klons an. Die riesige Hypertronic-KI von Natrid, im kaiserlichen Imperium das machtvollste Instrument, um alle täglichen Verwaltungsarbeiten und die Kommunikation im Planeten-Verbund zu steuern, hatte Noel seinerzeit als Ansprechpartner für Major Travis erschaffen. Durch die Anweisung von Admiral Tarin wurde Major Travis als erbfolgebedingter Nachfolger der technischen Natrid-Hinterlassenschaften auserkoren. Noel war das Sprachrohr der KI, der ausführende Arm und der personifizierte Ansprechpartner.

»Soll hereinkommen«, antwortete General Poison.

Frau Eisenhut begleitete Noel in das Büro des Generals und schloss hinter ihm vorsichtig die Türe.

»Was gibt es Dringendes?«, fragte Noel und sah dem General direkt in die Augen, des mittlerweile rot angelaufenen Kopfes.

»Setzen sie sich«, forderte ihn General Poison auf. »Mit ihrer hochgelobten Technik ist es auch nicht weit her«, polterte der General los. «

Noel verdrehte die Augen. Er wusste, dass der General den technischen Vorsprung der Natrid-Hinterlassenschaften argwöhnisch beobachtete. »Bleiben sie sachlich General, ansonsten bin ich direkt wieder weg«, antwortete er.

»Haben sie nichts mitbekommen?«, fragte der General. Noel schüttelte den Kopf.

»Nein ich habe nichts Auffälliges registriert«, antwortete er. »Ich habe für den erdnahen Raum Alarmstufe Rot ausrufen lassen«, erwiderte der General. »Irgendwelche Verbrecher haben den Duplikator in unserer Werftstation 5 zerstört. Einfach gesprengt, ohne Rücksicht auf Verluste. Die ganze Bordwand der Raumstation wurde aufgerissen. Es ist großer, materieller Schaden angerichtet worden, ganz zu schweigen von unseren personellen Verlusten. «

»Wie konnte das passieren?«, fragte Noel. » Wird dieser Bereich nicht von ihnen speziell abgesichert? «

»Aber natürlich, was denken sie wohl«, teilte der General mit. »Er wird gesichert. Wir sind davon ausgegangen, dass kein Fremder durch ihr geniales Sicherheits-Netz schlüpfen konnte. Selbst wenn jemand die äußeren Kontrollen des Tarid-Natrid Systems ausheben kann, werden weitere Kontrollen fällig. Erst recht, wenn er um eine Andock-Genehmigung an eine unserer Stationen bittet. Jeder Besucher muss hier erst einmal durch viele sensible Sicherheits-Kontrollen. Jede Person wird geprüft und mit einem Ausweis ausgestattet, der ihn als Besucher deklariert. «

Der General holte tief Luft.
»Was ist, wenn die Saboteure nicht von außen kommen? «, fragte Noel. » Greifen dann ihre Sicherheits-Systeme auch? «

Der General schluckte, entschied sich aber sachlich weiter zu reden.

»Es ist seltsam«, sagte er. »Wir haben eine Partikel-Strahl-Anhäufung registriert. Die Eindringlinge sind vermutlich per Transmitter-Strahl eingedrungen. Die Saboteure müssen unsere Laser-Schranken ausgeschaltet haben. Der ganze Bereich, um unsere Groß-Duplikatoren wird ja bekanntlich mit Laser-Barrieren gesichert. Diese lösen bei der geringsten Unterbrechung einen Alarm aus. Ich habe hier den Kontrollzettel des Wachdienstes. Schauen sie sich diesen einmal an. «

Noel nahm ihn entgegen und stutzte.

»Die Energie-Spitze sieht aus wie eine Transmitter-Partikel-Ballung, wie es bei einem Transport oder einer Ankunft üblich ist. Ich kann mir aber nicht erklären, wie der Transmitter-Strahl durch die Schutzschirme gekommen sein soll.«

»Stechen sie ruhig in die Wunde«, konterte General Poison. »Vor ihnen kann man nichts verheimlichen. Die Schutzschirme waren unten.«

Noel blickte den General an.
»Wie leichtfertig«, sagte er. »Warum waren die Schutzschirme unten? Wofür haben sie die Schutzschirme eigentlich?«

»Laut unserem Sicherheits-Protokoll sind die Schutzschirme nur bei einer Produktion oder einer Duplikation aktiviert«, erklärte General Poison.

»Sie sehen General, man lernt nie aus«, antwortete Noel. »Diese Lücke haben die Saboteure genutzt. Sie werden genau diese Schwachstelle gekannt haben.«

Noel wurde sichtlich angespannt.
»Ihnen ist klar, was das bedeutet?«, fragte er.

General Poison biss sich auf die Lippe. Er wusste bereits, was Noel jetzt aussprechen wollte.

»Die Eindringlinge sind an Insider-Informationen gelangt«, erklärte Noel. »Sie haben eine undichte Stelle,

Herr General. Ansonsten wäre diese Lücke nicht genutzt geworden. Sie sollten das Sicherheits-Protokoll komplett und schnell ändern, nicht dass sie auf ihren anderen Werft-Stationen das gleiche Dilemma erleben. Fahren sie die Sicherheitssysteme und die Schutzschirme hoch, bis wir die Saboteure gefunden haben. Sie sollten sogar überlegen, ob sie nicht generell die Schutz-Schirme oben lassen, für weitere mögliche Eventualitäten. Ich empfehle ihnen, den Saboteuren eine Falle zu stellen«.

Der General sah ihn an.
»Eine Falle, wie soll die aussehen? «, fragte er.
Noel ließ einige Sekunden verstreichen.

»Sie verbreiten das Gerücht, das der Duplikator nur leicht beschädigt wurde«, antwortete der Klon. »Nur einige abgelegte Gegenstände und kleinere Maschinen wären beschädigt worden. Die Produktion ginge im uneingeschränkten Umfang weiter. Vielleicht gelingt es uns, die Saboteure zu einer zweiten Aktion einzuladen. Wenn sie kommen sollten, schlagen wir zu«.

General Poison dachte einen Augenblick nach.
»Ihr Vorschlag könnte funktionieren«, lächelte er. »Meinen Respekt, Noel«.

»Welchen Agenten wollen sie mit diesem Auftrag betrauen? «, erkundigte sich Noel.

»Ich denke an John Hunter«, antwortete der General. »Er leistet wirklich gute Arbeit. «

»Ein außerordentlicher Mann«, erwiderte Noel. »Ich durfte ihn bei einem der letzten Treffen kennenlernen. Wer leitet die Station?«

»Es ist Commander Kimi Anderson«, antwortete General Poison.

»Schon wieder weibliches Personal«, sagte Noel. »Gibt es auf der Erde keine gestandenen Männer mehr?«

»Die Erde hat gute Erfahrungen mit weiblichem Personal gemacht«, antwortete General Poison. »Wir haben unsere Stationen und Werften gleichermaßen mit Männern und Frauen besetzt. Machen sie sich hierüber keine Gedanken, das System funktioniert. Vielleicht sollten sie auch ihre KI einmal mit neuen Ideen programmieren und ihr mitteilen, dass sich die Zeiten geändert haben.«

»Wie kann ich an ihrer Recherche beteiligt werden?«, fragte Noel.«
»Sie halten uns den Rücken frei«, erwiderte General Poison. »Justieren sie ihre Instrumente auf kleine Raumschiffe oder die Transmitter-Abstrahlungen, die wir mit unseren Instrumenten nicht finden können. Haben sie die Möglichkeit an ihren natradischen Instrumenten eine Feineinstellung vorzunehmen und diese Spuren zu orten?«
»Das ist möglich«, antwortete Noel.» Ich werde direkt alles in die Wege leiten.«

Die Bürotür klappte auf und General Poison und Noel hörten, wie die Sekretärin des Generals aufgeregt argumentierte.

»Sie können nicht immer einfach hineingehen, ich muss sie anmelden«, erklärte sie. »Gewönnen sie sich endlich einmal an das Protokoll.«

In der Tür stand Captain Hunter mit einem starren Gesicht.

»Ganze zwei Tage Urlaub konnte ich genießen, bis mich die EWK wieder hierhin schleppen musste«, erwiderte er. »Geht die Welt unter oder was soll die ganze Hektik?«

»Captain Hunter«, sagte der General. »Die Entscheidungen, die hier getroffen werden, überlassen sie bitte mir. Ich kann sie schnell wieder zur Infanterie versetzen lassen. Halten sie sich endlich einmal an die offizielle Vorgehensweise in diesem Hause.«

Der General holte kurz Luft. In einem dezenteren Tonfall redete er weiter.

»Mir ist schon bewusst, dass sie ihren wohlverdienten Urlaub brauchen, jedoch nicht in einer Zeit, in der wir vor der Klärung wichtiger Fragen stehen.«

Captain Hunter öffnete den Mund zu einer Antwort. Der General ließ ihn jedoch erst gar nicht zu Wort kommen.

»Halten sie den Mund und hören sie zu «, knurrte er. General Poison zeigte auf einen Stuhl.

»Setzen sie sich«, fuhr er fort. »Noel kennen sie ja bereits.«

Captain Hunter reichte Noel die Hand.
»Hallo, wie geht's auf Natrid?«, fragte er.

»Danke«, antwortete Noel. »Wir haben alles im Griff. Die Frage ist, ob sie die Probleme auf der Erde lösen können? «
»Gibt es neue Probleme? «, erkundigte sich Hunter.

Der General nickte.
»Ja, sogar erhebliche«, antwortete der General. »Die Presse weiß noch nichts hiervon. Ich habe eine vollständige Nachrichtensperre angeordnet. Jemand hat in unserer orbitalen Produktions- und Duplikations-Werft 5 den Groß-Duplikator in die Luft gesprengt. Wir haben hiermit 15 Prozent unserer Produktions-Kapazitäten verloren. Die Herstellung eines Ersatz-Duplikators dauert uns ganze drei Monate. Durch diesen immensen Schaden müssen wir die derzeitige Flottenplanung, im Hinblick auf den möglichen Angriff der Worgass sofort überarbeiten. Die Geschehnisse sind für uns ein Dilemma. Ich möchte, dass sie ihr Team zusammentrommeln und sich auf die Suche nach den Saboteuren machen. Sammeln sie alle Fakten und suchen sie nach den Spuren. «

Captain Hunter hörte gespannt zu und vermied Zwischenfragen zu stellen.

»Ich habe gerade mit Noel besprochen, dass wir in der Presse verbreiten, dass der Groß-Duplikator nur leicht beschädigt wurde und weiter seinen Dienst verrichten kann«, erklärte der General. »Vielleicht lockt das die Saboteure zu einem zweiten Anschlag an. Sie sind vor Ort und koordinieren alles. Bringen sie mir den Kopf dieser Saboteure.«

»Reicht der Kopf, oder möchten sie die Saboteure lieber lebend übergeben haben?«, fragte John Hunter trocken nach. »Der Kopf wäre einfacher, macht aber eine riesige Schweinerei.«

Noel dachte gerade über diese Aussage nach. Der General blickte ihn an.

»Versuchen sie erst gar nicht hierüber nachzudenken«, sagte der General. »Captain Hunter und seine Leute haben immer einige lockere Sprüche drauf. Wenn er und sein Team weiterhin die erforderlichen Leistungen bringen, dann ist mir das egal.«

Der General drehte den Kopf und blickte wieder John Hunter an.

»Nehmen sie Kontakt zu dem Commander der Station 5 auf«, sagte er eisig. »Es ist eine Frau, sie heißt Kimi

Anderson. Sie ist zuverlässig und loyal. Der Commander wird ihnen die volle Unterstützung geben.«

»So mag ich das«, antwortete Captain Hunter.
»Ihre Leute sind schon informiert«, ergänzte der General. »Ich habe sie holen lassen. Sie warten unten am Flugport auf sie. Fliegen sie direkt zur Werft 5. Halten sie Kontakt zu mir und informieren sie mich alle 12 Stunden über einen sicheren Flotten-Funkkanal. Teilen sie mir bitte alle neuen Erkenntnisse mit.«

»In Ordnung«, bestätigte Captain Hunter. »Ich nehme den Auftrag an.«

General Poison und Noel verzogen das Gesicht.

»Sie können jetzt gehen«, sagte der General.

John Hunter stand auf, salutierte und verließ den Raum.

»Sind sie sicher, dass er der richtige Mann für die Aufgabe ist?«, fragte Noel unsicher.

Der General lächelte.

»Ich bin mir sehr sicher«, antwortete er. »Captain Hunter ist ein Haudegen der alten Schule. Was ich von ihm bisher sehen durfte, begeistert mich. Sie schicken mir Major Travis immer auf irgendwelche Reisen, so dass er für solche Aufgaben nicht mehr zur Verfügung steht.«

»Vergessen sie Major Travis«, erwiderte Noel. »Er steht auch zukünftig überwiegend in den Diensten von Natrid. Ich habe noch genug Aufgaben, die er erledigen muss.
»Er ist aber auch noch ein Angestellter von mir und ich brauche ihn dringend, gerade für solche sensiblen Aufgaben«, erwiderte General Poison ärgerlich.

»Das verstehe ich«, beruhigte ihn Noel. »Ich mache mich auf den Weg und nehme die vereinbarten Feinjustierungen vor. Wenn ich irgendwas entdecke, informiere ich sie, General. «

»Machen sie das«, antwortete General Poison und widmete sich wieder seinem Stapel Papier, der auf dem Schreibtisch vor ihm lag.

John Hunter verließ den Sicherheits-Bereich der EWK und schritt auf das Landefeld zu. Sein wendiges Raumschiff, ein fabrikneuer Angriffs-Kreuzer der Cuuda-Klasse, ein 300 Meter Schiff aus den Entwicklungshallen von Noel, übertraf nach ersten Testflügen alle bisherigen Erwartungen. Der Prototyp, eine abgespeckte Variante der Termar 1, glänzte in einem dunklen Schwarz vor ihm. Auf der Mitte der Bordwand prangerte in der Farbe Silber das Logo der EWK und die Schiffsbezeichnung CU-001. Der Prototyp war wendig und schnell. Selbst in der Waffen-Ausstattung stand es seinem großen Vorbild in keiner Weise nach.

Die Offiziere, Maschinist Bred Simpson, Ortungs-Offizier Walter Groß, Funker Sebastian Tanreich, Leutnant Jim

Spader zuständig für die Waffentechnik, Steuermann Leutnant Markus Seeger und der 1. Offizier, Leutnant Steven Graves, erwarteten ihn bereits. Als sie Captain Hunter kommen sahen, salutierten sie freudig.

»Das war wohl nichts mit dem Urlaub«, begrüßte Steuermann Seeger den Captain.
Dieser nickte.

»Das hätten wir uns ja denken können«, entgegnete er. »Der Urlaub wird so schnell wie möglich nachgeholt. Wir haben einen Spezial-Auftrag. In der Produktions- und Werftstation 5 hat jemand den Groß-Duplikator in die Luft gesprengt. Direkt durch die Außenwand der Station ins All. Es hat viele Tote und Verletzte gegeben. Der Commander der Station, eine Frau mit dem Namen Kimi Anderson, ist hiermit völlig überfordert. Wir werden als externes Team die Spur aufnehmen und sie unterstützen. Ich habe sämtliche Sonderbefugnisse erhalten, um alle Bereiche passieren zu dürfen. Ist unser Team vollständig an Bord? «

Ortungsoffizier Groß bestätigte die Frage.
»Das Team ist vollzählig«, antwortete er.

»Lassen sie alle auf dem Flugdeck antreten«, entgegnete Captain Hunter. »Ich möchte die Mannschaft begrüßen. Danach treffen sich alle Offiziere in der Kommando-Zentrale. Wir werden ein Konzept erstellen, bevor wir an der Raumstation andocken. «

»Ich gebe ihren Befehl sofort weiter«, antwortete Leutnant Gross.

***

Einige Stunden vorher blickte Rantero auf die Monitore des getarnten Kleinst-Raumschiffes.

»Wann ist es so weit? «, fragte er.
Der erste Offizier blickte auf.

»Warum so ungeduldig? «, fragte Itero. » Es ist doch alles glatt gelaufen. Der neue Tarnschirm hält uns vor feindlichen Sensoren verborgen. «

»Das registriere ich selbst«, raunte Rantero ihn an. »Ich war im Gegensatz zu dir, an der Außenmission beteiligt. «
Itero vermied es, weitere Kommentare beizusteuern. Nach einer kurzen Stille sprach er den Anführer an.

»In 6 Minuten sollten die Bomben zünden«, lächelte er. »Das wird ein schönes Feuerwerk werden. «

Die neun Formwandler in der Najekesio-Hülle warteten geduldig, dass die Zeit ablief.

»Achtung, gleich muss es so weit sein«, flüsterte Itero. Alle schauten gespannt auf die Monitore, auf denen die Produktions-Werft 5 zum Greifen nahe sichtbar war.

»Die Zeit ist um«, sagte Itero.

Dann sahen sie es. Eine gewaltige Explosion riss ein gewaltiges Loch in die Außen-Hülle der Werft. Ein qualmender Feuerpilz entlüftete sich ins All und nebelte die freie Sicht der Beobachter ein. Unzählige Metallstücke wurden mit hinaus ins dunkle All geschleudert. Wasser, Luft und Gase entwichen. Feuer loderte an den Rändern des klaffenden Loches, an der Außenhülle der großen Station. Vermutlich gespeist durch abgerissene Strom- und Versorgungsleitungen.

»Da seht, es hat auch einige Terraner erwischt«, lachte Salerno.

»Das ist gut«, antwortete Rantero. »Je weniger Terraner es gibt, umso besser für uns. Noch nie haben uns irgendwelche Rassen so viele Probleme bereitet, wie die Terraner. Das wird ihnen das Netzwerk nicht vergessen.«

»Sie haben das Feuer bereits gelöscht«, staunte Itero. «
»Das ging aber schnell«, antwortete Rantero.

Die Saboteure sahen zu, wie die Flammen kleiner wurden und erloschen. Nur noch weißer Qualm zog langsam aus dem Leck der Station ab.

»Sind noch weitere Teams von uns im Einsatz? «, erkundigte sich Santero.

»Ich glaube nicht«, antwortete Mantero. »Die Zentrale aktiviert die Trupps immer der Reihe nach. Das hat sie immer schon so gemacht, um nicht zu viele Spuren zu hinterlassen.«

»Wir sind im Moment im Vorteil«, sagte Rantero. »Die Terraner können unser Tarn-Schiff nicht orten.«

»Sage das nicht zu laut«, antwortete Mantero. »Sie haben zwar derzeit keine Spur von uns, ich weiß aber nicht was passiert, wenn sie ihre Instrumente neu kalibrieren. Ich traue den natradischen Emporkömmlingen alles zu.

»Wir können die alte sagenumwobene Basis Atlantero auf Tarid nicht anfliegen«, teilte Rantero plötzlich mit. »Ich habe eine Anfrage an das Netzwerk gestellt, aber nur eine nichts sagende Absage erhalten. Das Netzwerk hat die Basis nicht freigegeben, vielmehr sogar ihre Existenz geleugnet. Meine Anfrage allein würde bereits alle restlichen Schläfer in der Nähe und eine, stationierte Spionage-Einheit gefährden«, teilte man mir mit.

»Wieso gibt es hier überhaupt eine Spionage-Einheit?«, fragte Mantero. » Meine Informationen besagen, dass der Stützpunkt aus dem alten Krieg nicht mehr existiert.« Rantero blickte ihn durchdringend an.

»Du Thor«, schimpfte er. »Glaubst du tatsächlich, die Netzwerk-Denker informieren dich über das am besten gehütete Geheimnis in unserer Hemisphäre?«

»Woher hast du deine Informationen?«, fragte Mantero nach.

Rantero lächelte geheimnisvoll.
»Ich hatte einmal einen Netzwerk-Denker vor meinem Strahler«, schmunzelte er. »Er winselte um sein Leben und hat mir im Gegenzug für sein Leben das Geheimnis verraten. «

»Du hast einen Netzwerk-Denker mit der Waffe bedroht und ihn laufen lassen? «, fragte Mantero. » Natürlich nicht«, antwortete Rantero. » Das Risiko war mir zu groß. Wir können dieser gezüchteten Brut nicht zu trauen. Sie stoßen dir von hinten einen Dolch in den Rücken und spielen sich als allwissend auf. «

»Das wissen wir ja bereits seit langem«, bestätigte Mantero. »Wir können aber an dieser Hierarchie derzeit nichts verändern. Die Meister halten noch ihre Hände schützend über die Netzwerk-Denker. Scheinbar genießen sie ihr uneingeschränktes Vertrauen. «

»Sie blenden die Meister geschickt", entgegnete Rantero. »Es wird die Zeit kommen, da werden die Netzwerk-Denker ihre Strafe für ihre immense Arroganz erhalten. Wir sind für sie ausführendes Organ, aber gleichzeitig auch großer Abschaum in ihren Augen. «
Mantero und Santero nickten.

»Was ist denn so Besonderes an dem Stützpunkt Atlantero? «, fragten sie.

»Rantero schaute sie an.

»Die Informationen, die ich jetzt weitergebe, sind geheim und dürfen eigentlich nur von der Admiralität verwaltet werden«, flüsterte er. »Ihr habt nie hiervon gehört und streitet bei Nachfragen alles ab. «

Die Angesprochenen nickten ernst.
»Wo sollen wir denn hin? «, fragte Itero plötzlich.
»Alle schauten entgeistert zu ihm.

»Wie kannst du jetzt so eine Frage stellen? «, fragte Mantero. » Rantero wollte uns gerade ein Geheimnis offenbaren. «

Dieser hob die Hand und bat um Ruhe.
»Es gibt noch einige abgeschaltete Horchposten im Kuiper-Gürtel und in der Oortschen Wolke«, entgegnete Rantero. »Diese einfachen Posten sind nur durch Zufall zu entdecken. Schon gar nicht, wenn wir keine Energiemeiler aktivieren. Wir ziehen uns auf einen dieser Posten zurück und warten auf neue Befehle. «

»Diese Stützpunkte stammen noch aus der Zeit unserer Vorfahren, als die Erde ein Brutplanet war«, bemerkte Mantero.

»Die Erde war einmal Brutplanet? «, stutzte Santero erstaunt.

»Ja«, bestätigte Rantero. »Aber das ist lange her.«

»Erzähl uns bitte die Geschichte«, zeterte Santero.

»Das kann ich nicht«, antwortete Rantero. »Die Gill-Grimm haben die Geschichte nicht freigegeben. Ich weiß selbst nicht allzu viel aus dieser Zeit. Es muss etwas Fürchterliches passiert sein. Unsere Vorfahren wurden von einer unvorstellbaren fortschrittlichen Rasse angegriffen. Ihrer Technik konnten unsere Vorfahren nichts entgegensetzen. Kurz hiernach wurden alle Brutstationen in der Milchstraße aufgelöst und nach Andromeda verlegt. Ich kenne die exakten Geschehnisse leider auch nicht. Anfragen an die Netzwerkdenker wurden immer schroff abgeschmettert.«

Er schaute wieder auf den Monitor und verfolgte den Flug der von der Station abdriftenden Trümmer-Stücke.

»Wir warten noch etwas, bevor wir uns zurückziehen«, bemerkte er.

»Du wolltest uns die Geschickte von der Basis Atlantero mitteilen«, sagte Mantero.

Rantero nickte.
»Ich bin mir nicht schlüssig, ob ich euch die Informationen geben sollte«, antwortete er.

Er blickte in die Runde der Zuhörer.
»In dieser Galaxie gab es bereits viele Kriege«, erklärte er. Der letzte Krieg betraf die Natrader. Dieses Volk hatte sich im Laufe der Jahrtausende entwickelt und war die vorherrschende Rasse in der Milchstraße. Unsere Meister

hatten bereits Ambitionen, auch in dieser Galaxis Fuß zu fassen. Die Horch-Posten wurden zu dieser Zeit intensiv genutzt, nur um die Entwicklung der Natrader zu beobachten. Schnell erkannten unsere Meister den quirligen Entwicklungsdrang der Natrader und die immense Schnelligkeit, mit der sie ihre Flotte ausbauen und vergrößern konnten.

Die ausgesandten Schiffe, getarnt als Piraten-Schiffe irgendeiner in der Milchstraße beheimateten Spezies, konnten dem Druck der natradischen Waffen nicht standhalten. Die Meister resignierten und legten ihre Expansionspläne erstmals auf Eis. Sie beschränkten sich weiter auf Beobachtungen. Die Natrader waren ihnen bereits lange ein Dorn im Auge. Sie standen ihren Plänen im Wege. Es vergingen viele Jahrtausende, in denen sich das kaiserliche Imperium der Natrader weiter ausdehnte. Wir wissen, dass der Begriff Zeit für unsere Meister irrelevant war. Sie ließen sich Zeit und suchten nach Lösungen. Ihre Pläne gaben sie nie auf. Jede ihrer Vorhaben wurde gnadenlos bis ans Ende aller Zeiten verfolgt.

So auch in dem Fall der Natrader. Eine Konfrontation durch die Vordertüre, hätte keinen Erfolg für die Meister ergeben. Sie waren technisch unterlegen, dafür aber sehr gerissen. Sie erschufen ein neues Hilfsvolk, eine Echsen-Spezies, schwerfällig, behäbig und langsam. Der Nachwuchs dieser Rasse musste als Ei ausgebrütet werden. Eine langwierige Angelegenheit. Jedoch konnte jedes dieser geschlechtsreifen Saurier bis zu 50 Eier in ein

Nachwuchs-Nest ablegen. Innerhalb weniger Jahrtausende war ihr Planet übervölkert. Dann veränderten unsere Meister die DNA dieses Hilfsvolkes und implantierten ihnen den Hass und die Angst, vor allem was als humanoide Lebensform angesehen werden konnte.

Die Meister machten sie mit der Raumfahrt vertraut und schenkten ihnen einen Groß-Duplikator. Dieser wurde auf ihrer heißen und staubigen Welt Rigo installiert. Ab diesem Zeitpunkt wurde der Plan zum Selbstläufer. Die Rigo-Sauroiden vermehrten sich immer weiter und suchten nach neuen Planeten und nach neuem Lebensraum. Ein Nachteil hatte jedoch diese neue, von den Meistern erschaffene Kunst-Rasse. Die Eier der geschlechtsreifen Rigo-Sauroiden konnten nur auf ihrer heißen Heimatwelt von den Sauroiden ausgeschieden und ausgebrütet werden. Die Welt war umgeben von radioaktiven Staubringen. Diese sonderten Wellen ab, die den biologischen Gebär-Prozess der Rigo-Sauroiden positiv aktivierten. Es wurde keine andere Welt von den Meistern gefunden, die ebenfalls die gleichen Merkmale aufwies, wie die Heimatwelt Rigo. Daher mussten alle ausgewanderten Sauroiden zu gegebener Zeit auf ihren Ursprungs-Planeten zurückkommen, um für das Kollektiv den Befruchtungs-Prozess über sich ergehen zu lassen. Die Eier werden den Brutstationen des Kollektivs für die Züchtung ihrer Nachkommen übergeben.«

Rantero blickte die Zuhörer an. Diese lauschten gespannt seinen Erläuterungen.

»Den Meistern war es trotz intensiver Bemühungen nicht gelungen, diesen Aktivierungs-Vorgang künstlich in Gang zu setzen«, erklärte er. »So rollte eine nicht vorhersehbare Flut von gebärfreudigen Sauroiden über den Planeten hinweg und ließ ihn teilweise völlig übervölkern. Die von den Meistern erschaffenen Rigo-Sauroiden erfüllten ihre Pflicht. Der in ihren Genen vorhandene Hass, ließ sie alles humanoide Leben angreifen und vernichten. Dank der Technik, die ihnen die Meister zu Verfügung gestellt hatten, machten sie kurzen Prozess mit den meist jungen, sich noch im Entwicklungsstadium befindlichen Rassen. Diese konnten den Sauroiden nichts entgegensetzen. Dank des Groß-Duplikators gelang es den Sauroiden, schnell Verluste an ihren Raumschiffen auszugleichen. Die Sauroiden duplizierten, verstanden sich aber nicht in der Weiterentwicklung ihrer Waffentechnik. Das brauchten sie auch nicht. Die vorhandene Kampfkraft reichte für die heranwachsenden Völker in Andromeda völlig aus.

Es vergingen wieder Jahrtausende, bis die Rigo-Sauroiden erstmals den Leerraum zwischen den großen Galaxien überwinden und in die Milchstraße einfallen konnten. Die Meister hatten angeordnet, auch diese Galaxie von allem humanoiden Leben zu reinigen. Hier stießen sie erstmals auf die Natrader. Die Sauroiden griffen sofort an und attackierten die Natrader. Die Natrader waren sehr überrascht, erstmals auf fremdes, unbekanntes Leben zu stoßen und vergaßen ihre ansonsten so große Vorsicht. Mit gesenkten Schutzschirmen und deaktivierten Waffen näherten sie sich den Schiffen der Sauroiden. Die Versuche der Natrader Kontakt aufzunehmen, fruchteten nicht. Die Kommando-Schiffe der Rigo-Sauroiden konnten die seltsamen fremden Schiffsbauten, die sich so sehr von ihren eigenen Konstruktionen unterschieden, scannen und analysieren. Sie stellten fest, dass es sich um Schiffe mit humanoider Besatzung handelte.

Die Sauroiden-Schiffe aktivierten ihre Waffen und vernichteten die kleinen Forschungs-Raumschiffe der Natrader. Der Erfolg blendete die Meister. Sie sahen sich jetzt endlich in der Lage, die verhasste Rasse der Natrader zu beseitigen. Die Spezies, die sie so lange an dem Eindringen in die Milchstraße gehindert hatte. Die Sauroiden feierten ihren Erfolg. Jedoch vergaßen sie den Meistern mitzuteilen, dass es sich bei den drei vernichteten natradischen Schiffen nur um minimal bewaffnete Forschungs-Schiffe handelte.

Dieser Erfolg der Sauroiden sollte sich im direkten Duell, mit zukünftigen Kriegs-Schiffen der Natrader nicht mehr wiederholen. Überall, wo die Schiffe der Sauroiden auftauchten, wurden sie gestellt und vernichtet. So begann der große Krieg. Dieser endete mit dem Untergang des Heimat-Planeten Rigo und dem Suizid der Sauroiden. Der atomaren Verseuchung von Natrid und dem anschließenden Fortgang der Natrader aus der Milchstraße. Nur durch die immense, mengenmäßige Überlegenheit ihrer Raumschiffe, war es den Rigo-Sauroiden gelungen, bis zur Heimatwelt der Natrader vorzudringen und diese unbewohnbar zu bomben.

Ebenfalls bewohnbar war die dritte Welt des Natrid-Systems, ein urwüchsiger jungfräulicher Planet.

Auf dieser Welt hatten die Natrader einen ganzen Kontinent für ihre Zwecke ausgebaut. Es war zwar nur ein kleiner Teil dieser Welt, aber völlig ausreichend für ihre Zwecke. Hier wurden Schiff-Neubauten entwickelt, neue Techniken getestet und Sklaven akkreditiert und genmodifiziert. Diese Sklaven, aus einem Urvolk auf dieser dritten Welt, wurden später unsere schwierigsten Gegner.

Sie verstanden die schweren Raumschiffe der Natrader viel exzellenter einzusetzen als die ehemals kaiserliche Rasse selbst. Sie waren jung, frisch, voller Energie und Selbstvertrauen, dass es den Sauroiden nicht gelang sie zu vernichten. Erst der massive Schlag der Natrader, gegen die Heimatwelt Rigo, der fast alle Kampf-Schiffe aus dem Heimat-System Natrid abzog, ermöglichte es der großen Kampf-Flotte der Sauroiden Erfolge zu verzeichnen. Unter unbeschreiblichen Verlusten gelang es nicht nur die Heimat-Welt der Natrader unbewohnbar zu bomben, auch der Technik-Kontinent auf ihrer dritten Welt wurde restlos zerstört. Durch ein massives Bombardement auf diesen Kontinent, wurde die Kruste des Planeten weich. Urgewalten wurden auf dem Planeten entfesselt.

Das Hochplateau, auf dem die natradische Basis stand, wurde von den entfesselten Kräften des Planeten in die Tiefe des Ozeans gezogen. Es entstand ein Inferno, das sich in unserer Geschichte nicht noch einmal findet. Der

Planet veränderte sein Gesicht. Die Kontinental-Platten verschoben sich, und der bevorzugte Kontinent der Natrader, mit allen technischen Besonderheiten, verschwand in der Tiefe des Meeres. Einige Jahrtausende später, als wir zum Hilfsvolk der Meister aufgestiegen waren, wurde eine getarnte Expedition nach Natrid und Tarid geschickt, um die Lage zu sondieren. Die Expedition teilte den Meistern mit, dass Natrid für viele Jahrtausende unbewohnbar sein würde und nur noch als lebloser Steinhaufen im All schwebe. Auf Tarid dagegen entwickelte sich langsam wieder junges Leben.

Gleichzeitig meldete die Expeditions-Gruppe, dass sie schwache Funkimpulse von einer Hypertronic-KI auffange, die scheinbar noch halbwegs intakt schien. Die Impulse kamen aus einer Tiefe von 8.000 Metern unter dem Ozean, aus der Erdkruste des Planeten. Aufgrund dieser Fakten wurde die Expedition zurückgerufen. Die Meister entsandten daraufhin spezielle Einsatzkräfte nach Tarid, um die Lage zu erforschen. Alles Weitere wurde als geheim deklariert, so dass es mir nicht mehr möglich war, an weitere Informationen zu gelangen. Später erfuhr ich über Umwege, dass die Station gefunden wurde und als Geheimstation in der Warteschleife der Netzwerk-Denker stand. Es müssen hier über 25 Schläfer unserer Rasse in Stasis-Kammern liegen. Man spricht hinter verdeckter Hand auch von 3 Worgass-Oberkommandeuren, die zu dieser Station abkommandiert wurden. Die Station ist deaktiviert, jedoch habe ich ihre Sprungdaten erhalten. Gemäß einer Anordnung der Netzwerk-Denker müssen alle Stationen mit Worgass-Technologie, einer in Not befindlichen Einsatzgruppe unverzüglich Einlass gewähren. Das ist bei allen Stationen so vorgeschrieben.« Rantero schaute in die Runde.

»Direkt unter den Füßen der Terraner versteckt?«, lachte Itero.
Rantero nickte.
»Die Terraner wissen von dieser Station nichts«, erklärte er. »Sie sind derzeit so bemüht, ihre angeeignete Technik der Natrader zu verstehen. Könnt ihr euch eine bessere Geheim-Basis vorstellen?

»Die Netzwerk-Denker werden nicht erfreut sein«, bemerkte Santero.

Rantero grinste. »Es wird Zeit, dass dieses Pack endlich verschwindet.«

***

John Hunter stand auf dem Flugdeck des neuen Cuuda-Kreuzers und blickte in die Runde seines Personals.

» Ich begrüße sie alle an Bord«, sagte er. » Wie ich sehe, sind wir vollständig. Das ist gut so. Wir haben einen neuen Auftrag, der unsere ganze Aufmerksamkeit benötigt. Ich erwarte von jedem von ihnen die volle Leistungs-Bereitschaft. Wir haben es mit Saboteuren zu tun, die vor nichts zurückschrecken. Auch vor einem Menschenleben nicht. Wir wissen noch nicht, wer für die Sprengung des

Groß-Duplikators der Werftstation 5 verantwortlich war, aber wir werden es herausfinden. Falls es sich um eine außerirdische Intervention handeln sollte, bitte ich sie bereits jetzt um ihr Verständnis, das diese Tat eine Vergeltungsmaßnahme nach sich ziehen wird.«

Diskussionen wurden unter dem Personal laut. Captain John Hunter hob die Hände.

»Ruhe bitte«, forderte er das Personal auf. »Sie sind hier, weil wir sie ausgewählt haben und sie die Besten sind. Ihnen ist doch wohl bewusst, dass die Machtstellung der Erde im neuen Imperium steigt. Allein durch die Aufrüstung unserer Streitmacht können wir solche Eingriffe nicht mehr dulden. Die Täter werden ihrer gerechten Strafe zugeführt. Nähere Informationen folgen noch. Gehen sie wieder an ihre Arbeit. Wir starten in Kürze. Ich danke ihnen fürs Zuhören.«

Applaus brandete auf. Das Personal wusste, dass sie sich auf ihren Captain verlassen konnten.

»Gehen wir auf die Brücke«, forderte der Captain seine Offiziere auf.

»Wir fangen unverschlüsselte Funksprüche zwischen der Werft und Tarid auf«, teilte Mantero mit.

»Worum geht es in diesen Mitteilungen?«, erkundigte sich Rantero.

»Techniker informieren die Zentrale, dass der Duplikator unbeschädigt ist«, antwortete der 1. Offizier. »Es gab lediglich beim Abtransport der Haftminen einen Unfall. Eine der Minen ist explodiert. Die Mitglieder des Minen-Räumungskommandos wurden getötet. Die Personen waren aber bereits so weit von dem Duplikator entfernt, dass die Maschine unbeschädigt blieb.«

»Das ist nicht möglich«, widersprach Rantero. »Ich habe selbst die Berührungs-Sensoren zeitversetzt aktiviert. Sie hätten bei der kleinsten Berührung auslösen müssen.«

»Möglicherweise ein Materialfehler?«, fragte Mantero. » Sieht so aus, als hätte die Produktion auf Tratresch geschlafen. Da spuckt uns ein Montage-Team gewaltig in die Suppe. Vermutlich kommen sie nicht auf die Idee, dass ihr Pfusch ihnen selbst den Kopf kosten kann. So viel zu der gelobten Qualitätskontrolle aller Produkte im Zentrallager.«

»Das kann nicht sein«, stutzte Rantero und gestikulierte wild mit den Händen. »Die ganze Arbeit war umsonst.«

»Nehmen wir uns doch eine andere Station vor«, schlug Santero vor. » Es sind noch genug da.«

»Die Gill-Grimm wollen aber unbedingt den Duplikator auf der Station zerstört sehen«, schimpfte Rantero.

Mantero überlegte einen Moment.

»Die Terraner werden nicht erwarten, dass wir nochmals an gleicher Stelle zuschlagen«, bemerkte er. »Normal wäre es, bei den anderen Stationen eine erhöhte Alarmbereitschaft zu befehlen. «

»Lasst uns einen zweiten Plan ausarbeiten, um unser Werk zu vollenden«, antwortete Rantero. »Es darf nichts mehr schief gehen. Dieses Mal werden wir die Zeitspanne wesentlich verkürzen. «

»Wir brauchen aber trotzdem Zeit, um uns zurückzuziehen«, antwortete Mantero. »Wir werden den Rücktransport direkt an der großen Maschine initiieren. Die exakten Koordinaten haben wir auf unseren Sensoren. Hierdurch sparen wir viel Zeit. «

»Das scheint mir eine gute Idee zu sein«, antwortete Rantero. »Machen wir uns an die Arbeit. Packt vorsichtshalber einen mobilen Transporter ein. Besser ist besser, wir wissen nicht, was uns erwartet. «

»Bei aktivierten Schutzschirmen funktioniert der Transporter nicht«, sagte Itero.

Rantero blickte in seine Richtung, vermied es aber einen Kommentar zu seiner Äußerung abzugeben.

***

Captain Hunter stand vor seinem Kommando-Sessel und schaute über die moderne Brücke seines neuen Kreuzers.

Noel hatte in Zusammenarbeit mit irdischen Designern das klassische, natradische Design mächtig aufgepeppt.
»Maschinist, fahren sie die Energie hoch«, befahl Captain Hunter.

»Sie haben volle Energie Captain«, kam die Antwort zurück.

»Navigator geben sie die Koordinaten der Werft-Station 5 ein«, ergänzte Captain Hunter.

»Der Kurs wurde programmiert, « antwortete Navigator Bredfort.
»Steuermann bringen sie uns hoch, Schleichflug zur Werft-Station 5«, befahl Captain Hunter.

»Ihr Befehl wird ausgeführt«, antwortete Steuermann Held.

Er drückte einige Knöpfe seiner Steuerkonsole. Kraftvoll nahmen die Anti-Grav-Servos ihren Dienst auf und hoben das Schiff sanft vom Boden ab, hoben es höher und höher. Erst als der Abstand 400 Meter betrug, schob Leutnant Seeger den Schubhebel für die regulären Triebwerke geringfügig nach vor. Die Cuuda 001 beschleunigte ohne weiteres auf eine größere Geschwindigkeit. Schnell war die Atmosphäre der Erde verlassen und der Orbit erreicht. Das Netz der Werft- und Produktions-Stationen wurde sichtbar, welches die Erde umgab. Die riesige natradische Kampfstation Konstalarosa wurde von den Suchlinsen erfasst und sichtbar. Sie war auf der Position des ehemaligen dritten Marsmondes Nors stationiert. Die größten Stationen im Erd-Orbit waren jedoch die Werft- und Produktions-Stationen.

»Stoppen sie die Geschwindigkeit«, sagte Captain Hunter. »Wir machen einige Fotos von dem Leck in der Außenhülle.«

Die äußeren Kameras sind aktiviert, die Aufnahme läuft«, bestätigte Ortungs-Offizier Groß.

»Legen sie die Bilder auf das CIC«, entgegnete Captain Hunter und winkte seine Offiziere hinzu.

Ein gewaltiges Loch klaffte in der Bordwand der Station.

»Das muss eine schöne Detonation gewesen sein«, bemerkte Leutnant Graves.

»Die Arbeits-Roboter haben bereits mit den Reparaturen begonnen«, erkannte Captain Hunter.

Kleine Reparatur-Boote transportierten Bauteile heran. Diese wurde von großen Reparatur-Kränen übernommen. Wartungs-Roboter führten Schweißarbeiten durch und passten die vorgefertigten Bauteile ein.

»Das wird noch eine Weile dauern, bis das Loch verschlossen ist«, bemerkte First Leutnant Graves.

»Von so einem Loch lassen wir uns nicht beeindrucken«, antwortete Captain Hunter. »Leutnant Tannreich, bitten sie um eine Andock-Bucht. Teilen sie mit, dass wir uns im Landeanflug befinden.«
Steuermann Seeger zog den Schubhebel zurück bremste das Schiff ab.

»Resonanz-Kontakt«, meldete Ortungs-Offizier Gross. »Dreißig Zerstörer haben uns eingekreist.«

»Eingehender Funkspruch«, meldete Leutnant Tanreich.

»Auf die Lautsprecher geben«, befahl John Hunter. »Die Lautsprecher wurden aktiviert«, antwortete der Leutnant.

»Hier spricht Commander Giacomo von den Erdstreitkräften«, tönte es aus den Lautsprechern. »Identifizieren sie sich, ansonsten eröffnen wir das Feuer auf sie.«

»Die Flotte ist ganz schön nervös geworden«, lächelte John Hunter.

»Vermutlich hat man ihnen einige Vorwürfe gemacht, dass sich die Saboteure überhaupt einschleichen konnten«, antwortete Leutnant Graves.

»Hier spricht Captain Hunter von der Cuuda 001«, sprach John in seinen Communicator. »Deaktivieren sie die Waffensysteme ihrer Schiffe. Wir sind hier mit einem

Sonderauftrag von General Poison. Dieser wurde mit einer Alpha-Order belegt. Identifizieren sie unsere Schiffs-ID und geben sie unverzüglich den Weg frei. Ansonsten gibt es ein Nachspiel für sie. Wir übersenden ihnen den Alpha Code. «

John Hunter winkte seinem Funker Tanreich zu.
»Senden sie dem Commander den Alpha-Code zu. «

»Der Code wird bereits übermittelt «, antwortete dieser. Es dauerte nicht lange, bis sich Commander Giacomo wieder meldete.

»Ihr Code wurde überprüft und bestätigt«, antwortete er. »Bitte entschuldigen sie unser Verhalten. Wir sind angehalten, jedes Schiff zu überprüfen und niemanden zur Werft-Station durchzulassen. «

» Auf den Ton kommt es an«, erwiderte Captain Hunter. »Wären sie etwas freundlicher gewesen, dann wäre unsere Antwort auch gemäßigter ausgefallen. Ziehen sie sich jetzt mit ihren Schiffchen zurück und geben sie uns den Blick auf die Station frei. Wir müssen Bilder von dem Leck erstellen, für unsere spätere Auswertung. Sie halten uns auf. «

Die Leitung erstarb, ohne eine weitere Antwort von Commander Giacombo. John Hunter vermutete, dass der Commander innerlich grollte und die EWK verfluchte, ihn nicht ausreichend informiert zu haben.

»Sie ziehen sich zurück«, meldete Ortungsoffizier Leutnant Gross. »Die Schiffe sind gesprungen und haben eine Warteposition in 5.000 Metern Abstand bezogen. «

»Sollen sie ruhig zuschauen«, antwortete, John Hunter. »Die Saboteure sind sowieso mit einem Transmitter-Transport gekommen. Es ist äußerst unwahrscheinlich, dass sie einen zweiten Versuch mit einem getarnten Schiff planen. Sie werden genau wissen, dass wir die Sicherheits-Vorkehrungen verschärft haben. Entsprechend wird der Commander wieder leer ausgehen. «

»Er verfügt über genug Schiffchen, womit er spielen kann«, bemerkte Leutnant Simpson.«

Captain Hunter schaute ihn an.
»Sie sollten nicht so respektlos sein, Leutnant«, sagte er. »Er ist der Commander der Erdverteidigung. Ihm ist ein Viertel der kompletten Raumflotte unterstellt. Sehen sie ihn als letzte Bastion vor dem Untergang der Erde an, wenn fremde Truppen eindringen sollten. «
Der Maschinist schaute gescholten aus der Wäsche, verzichte aber auf einen weiteren Kommentar.

John Hunter wartete einen Augenblick, bis er weitersprach.

»Wir gehen mit folgender Weise vor«, erklärte er. »First-Leutnant Graves, sie übernehmen in meiner Abwesenheit das Kommando des Schiffes. Sie docken an und lassen unser Spezialisten-Team heraus. Danach docken sie ab und halten einen gewissen Abstand zu der Werft-Station. Tarnen sie unser Schiff. Wir nehmen zehn Personen unseres Spezialteams, 30 Spür-Roboter und 60 Kampf-Roboter mit. Diese halten uns den Rücken frei. Zunächst suchen wir nach Spuren an der Unglücksstelle. Danach legen wir eine Falle für die Saboteure aus, die möglicherweise noch ein zweites Mal in Erscheinung treten werden. Ich stimme unsere Vorgehensweise mit Commander Kimi Anderson ab. Ob wir ihr vertrauen können, dass wird sich erst noch zeigen. «

Funk-Offizier Tanreich meldete sich.
»Eingehender Funkspruch von der Station«, meldete der Leutnant.

»Stellen sie laut«, antwortete Captain Hunter.
»Hier ist die Anflugkontrolle von Werft 5«, klang es aus den Lautsprechern. »Ihnen wird eine Lande-Genehmigung erteilt. Docken sie an Bucht 47 an. Wir schicken Ihnen einen Peilstrahl. Unser Commander erwartet Sie dort. «

»Vielen Dank«, beantwortete Leutnant Tanreich den Funkspruch. »Wir bestätigen den Landeanflug zu Bucht 47. «

»Das funktioniert ja alles wie am Schnürchen«, bemerkte Captain Hunter. »Wenn wir ausgecheckt haben, koppeln sie das Schiff wieder ab. Bringen sie das Schiff 5.000 Meter zurück in den freien Raum und tarnen sie es. An diesen Koordinaten, warten sie neue Befehle ab. Ich möchte keinem Saboteur einen Zugang zu unserem Schiff ermöglichen.«

»Ihr Befehl wird ausgeführt«, bestätigte der Steuermann.

»Bleiben sie auf Funkempfang, falls wir weitere Materialien oder dringend das Schiff benötigen«, ergänzte der Captain.

»Übermitteln sie uns doch einfach die Transmitter-Koordinaten ihres Standortes in der Station, dann können wir ihnen die Materialien per Transport-Strahl senden«, bemerkte First-Leutnant Graves.

»Gute Idee«, sagte John Hunter. »Dann brauchen sie auch noch die modulierten Daten des Schutzschirmes.« Das ist richtig«, antwortete Funker Tanreich.» Ansonsten bleibt der Transportstrahl im Schutzschirm hängen.«

»Der Peilstrahl der Station ist eingeloggt«, teilte Steuermann Seeger mit. »Ich nehme langsam Fahrt auf und navigiere in die Landebucht 47.«

***

Commander Kimi Anderson stand an einem der großen Panorama-Fenster, in der Nähe der Landebucht 47 und schaute dem Schauspiel des langsam näherkommenden Schiffes der neuen Cuuda-Klasse zu.

»Das ist eine neue Schiffsgattung«, erkannte sie. »Es sieht schick und beeindruckend aus. Es ähnelt der Klasse der Nader-Kreuzer, nur etwas kleiner und moderner von der Baureihe. «

Sie merkte die vielen Öffnungs-Schächte für die Laser-Kanonen, an der Seite des Schiffes, ferner die Waffentürme an dem Oberdeck des Schiffes, die für eine gezielte Abwehr von angreifenden Schiffen gedacht waren. Langsam kam das in schwarzer Farbe gehaltene Schiff respektvoll näher. Dann drehte sich ihr das Schiff mit seiner Frontseite entgegen. Erst jetzt konnte Commander Kimi Anderson die Bezeichnung des neuen Schiffes lesen. Cuuda 001 prangerte in großen Buchstaben auf der Front-Seite des Schiffes. Diese neue Baureihe kannte sie noch nicht.

»Ich werde bei nächster Gelegenheit Informationen über diese neue Schiffsreise einholen«, dachte sie.

Interessiert verfolgte sie den Flug des Schiffes und beobachtete, wie das Schiff in die Lande-Bucht flog und wie die Schiffs-Halterungen automatisch einschnappten. Sie drehte sich um und ging in die große Flughalle, wo die Besatzung des angedockten Schiffes ausstieg. Der Schott des Zubringerarms öffnete sich, nachdem der Druckausgleich hergestellt wurde. Leichtfüßig stiegen Kampf-Roboter vom Typ Shy-Ha-Narde aus der Luke aus und nahmen geordnet Aufstellung. Commander Anderson kannte diese Kampf-Roboter mit spezieller Schulung. Mit ihrer Programmierung war nicht zu spaßen.

Bis zum Äußersten bewaffnet, waren sie ihren jeweils beteiligten Kommandos und Befehlshabern gnadenlos hörig. Sie zählte durch. Commander Anderson registrierte 60 Kampfroboter, von denen sich jeweils 30 Stück, rechts und links vor der Luke aufstellten. Die entsicherten Lasergewehre wurden laut NSD-Manier vor der Brust gehalten. Ihre roten Augen zeugten für ihre besondere Anspannung im Kampfmodus. Es stiegen weitere 30 Spür-Roboter aus, die ihre Gerätschaften hinter sich herzogen und hinter den Kampf-Robotern eine Wartestellung bezogen. Hiernach folgten 10 Spezialisten in NSD-Uniform. Commander Anderson wusste, dass es um eine neue Spezial-Einheit handelte, die General Poison vor kurzem ins Leben gerufen hatte.

Der vorderste Mann der Einheit schritt strammen Schrittes auf sie zu. Commander Anderson musterte ihn. Er machte einen lässigen Eindruck auf sie. Vor ihr blieb er stehen und salutierte vorschriftsmäßig und grinste sie frech an.

»Mein Name ist Captain Hunter«, stellte er sich vor. »Wir gehören zum Nationalen-Sicherheits-Dienst. Sie haben unsere Sondereinheit zur Klärung der Vorfälle auf ihrer Sabotage-Station sicherlich bereits sehnsüchtig erwartet. Nun machen sie sich keine Sorgen mehr Mädchen, wir sind da. «

Commander Anderson glaubte nicht richtig zu hören. Wie sprach der Captain mit ihr. Sie merkte, wie ihr Widerstand gegen seine Person feste Formen annahm. Sie wollte etwas hierauf erwidern, jedoch fuhr ihr der Captain direkt über den Mund.

»Beruhigen sie sich«, lächelte er. »Hier ist unsere Legitimation, sie ist mit Alpha-Order unterlegt. «

Er gab Anderson den fälschungssicheren EWK-Autorisierung-Chip. Böse schaute sie ihn an, griff nach dem Chip und steckte diesen in ihre EWK-Multifunktions-Uhr, die sie am Handgelenk trug. Sie schaute auf das Display, nickte und pfiff durch Zähne.

»Ihre Befugnisse wurden bestätigt«, bestätigte sie. »Sie verfügen über einen unbegrenzten Zugang zu allen Geheimnissen der EWK. General Poison hat scheinbar volles Vertrauen zu ihnen. «

»Wir sind ein Sonder-Einsatz-Kommando «, sagte Hunter belustigt. »Die Frage ist jetzt, welches Vertrauen können wir in sie setzen? «

John Hunter hielt den Kopf schräg und lächelte sie verschmitzt an.

»Verfügen sie über mich und meine Möglichkeiten«, erwiderte sie. »Ich stehe nicht über den Gesetzen. «

»Das mache ich gerne, Schätzchen«, antwortete John Hunter. «

Dreist musterte er ihre Figur.

»Ich mag diesen Commander«, dachte John.

Sie wollte ihren Protest über seine Äußerung zum Ausdruck bringen, doch John schnitt ihr erneut das Wort ab.

»Lassen wir uns nicht von Nebensächlichkeiten von unserem Zeitplan abbringen«, sagte er. »Es liegt genug Arbeit vor uns. Wir können uns später noch besser kennenlernen.«

Er schaute ihr ins Gesicht. Sie war hübsch, fast 1,79 Meter groß und von schlanker Figur. Ihre blauen Augen glitzerten ihn derzeit noch nicht freundlich an. Die EWK hatte ihr, als beste ihres Jahrganges auf der Akademie, das Kommando der Werft-Station 5 angeboten. Sie hatte Spezial-Schulungen durchlaufen, die ein normaler Abgänger der Flottenakademie nie zu sehen bekam. Ihre bislang weiße Weste wurde lediglich durch den kürzlich registrierten Sabotage-Vorfall etwas fleckig. John Hunter kannte ihre Personalakte. Sie war zuverlässig, tüchtig und loyal, hatte die Station zu normalen Zeiten immer im Griff. Leider gab die EWK ihr die Schuld, dass sich die Saboteure unbemerkt Zugang verschaffen konnten. John Hunter lächelte zurück. Er durfte den Commander nicht zu sehr irritieren.

»Vielleicht geht noch mehr«, dachte er. »Gegen eine intensivere Zusammenarbeit hätte er nichts einzuwenden. Commander Kimi Anderson war genau der

Typ Frau, den er mochte. Sie bemerkte seinen musternden Blick und wurde unruhig.

»Was ist jetzt? «, fragte sie. » Ich dachte, sie haben einen Terminplan vorliegen? «

»Alles klar, Frau Commander«, antwortete Captain Hunter. »Ich musste mir nur kurz alles einprägen. So eine riesige Station ist etwas Neues für uns. Ich stelle ihnen kurz meine Leute vor. Commander Anderson folgte geduldig dem Protokoll. Er stellte ihr seine Offiziere vor.

»Jetzt kennen sie unser Team«, sagte Captain Hunter. »Bringen sie uns bitte zu unseren Quartieren, danach treffen wir uns auf ihrer Brücke, um den Einsatz zu besprechen. «

Argwöhnisch beäugt stapfte Captain Hunter und sein Spezialisten-Team auf die große Brücke der Werft- und Produktions-Station 5. Er blickte sich um. Die Leitstelle wies eine Größe von nahezu 2.000 Quadratmetern auf. Hier hatte man nicht an Platz gespart. Schnell schritt er auf Commander Anderson zu.

»Das ist aber eine prächtige Brücke mit viel Platz«, sagte er.

Kimi Anderson lächelte ihn an.
»Vermutlich ist auf ihrem Schiff die Brücke kleiner«, antwortete sie stolz.

Captain John Hunter nickte. »Das hängt mit der dauerhaften Stationierung und der komplexen Steuerung dieser Station zusammen«, entgegnete sie.

»Da kann man ja fast neidisch werden«, sagte John.
Sein Blick wurde ernst.

»Kommen wir zum Thema«, forderte er sie auf. »Gehen wir an das CIC. Verfügen sie über einen Lageplan, auf dem sie uns die Halle mit dem Groß-Duplikator und die angrenzenden Räume zeigen können? «

Commander Kimi Anderson nickte und nahm einige Schaltungen an dem CIC vor.

»Ich muss kurz das Archiv öffnen, um die Pläne zu aktivieren«, erwiderte sie.

Es dauerte nicht lange, da tauchte der benötigte Plan auf. In der Mitte der Halle stand der große Duplikator.

»Wo sind Laser-Werfer bei ihnen installiert? «, fragte Captain Hunter.

Commander Anderson rief die Liste aller Zusatz-Installationen auf. Sie zeigte auf die Karte des CIC.

»Ich denke Gamma 15 ist der Problembereich«, erklärte sie. »Hier haben wir fremde Elektronik-Bauteile gefunden, die unsere Laser-Barriere umgeleitet haben.

Unsere Techniker sind noch dabei, die Teile zu entschlüsseln.«

Captain Hunter fröstelte es bei dem Gedanken, dass sich die Spirale des kontinuierlichen Aufrüstens zunehmend schneller drehte und die Techniker langsam an die Grenze ihrer Fähigkeiten stießen. Immer wieder trafen Verbesserungen der natradischen Applikationen der alten Natrid-Technik ein. Nach der langen Ruhephase von fast 100.000 Jahren war in allen Bereichen eine gezielte Effizienz-Steigerung notwendig. Captain John Hunter dachte an die Vergangenheit der Erde und die diversen Beispiele, in denen Teleporter ihr Unwesen getrieben hatten. Er konzentrierte sich wieder auf das CIC vor ihm. »Dank der Messung einer Partikel-Strahlung kann davon ausgegangen werden, dass die Saboteure über einen Transmitter-Transport in die Station gelangt sind«, sagte Commander Anderson.

»Bitte geben sie mir den Kontrollzettel über die Messwerte der Partikel-Ballung«, antwortete Captain Hunter.

»Hier ist der Kontrollzettel«, sagte sie und übergab die Computerauswertung an Captain Hunter. »Dem Bereitschaftsdienst ist die Energiespitze sofort aufgefallen.« John Hunter schaute auf den Kontrollzettel und nickte. Er gab den Zettel an seinen Leutnant Groß weiter. Dieser nickte ebenfalls.

»Die Messdaten sind eindeutig«, bestätigte er. »Das war ein Transport.«

»Sie scheinen Recht zu haben«, sagte Captain Hunter und blickte Kimi Anderson an.

»Ich sehe das genauso«, pflichtete der Ortungs-Offizier bei. »Die Energiespitze deutet unmissverständlich auf eine Transmitter-Partikel-Abstrahlung hin.«

»Über diesen Weg sind die Saboteure reingekommen«, sagte Hunter. »Das war nur möglich, weil die Schutzschirme unten waren.«
»Wir haben uns immer strikt an das Sicherheitsprotokoll der EWK gehalten«, rechtfertigte Commander Anderson sich.

»Sie haben keine Schuld«, beschwichtigte Captain Hunter. »Wir sind nicht hier, um Schuldige zu suchen. Es geht uns lediglich darum, die Ursachen zu verstehen. Das Sicherheits-Protokoll wird geändert. General Poison arbeitet bereits mit Noel hieran.«

John ließ eine kurze Pause vergehen, ehe er weitersprach. »Wir werden den Saboteuren eine Falle stellen«, flüsterte er. »Dafür benötigen wir ihr Vertrauen und ihre Mitarbeit.«

»Wie wollen sie eine Falle stellen?«, erkundigte sich Commander Anderson erstaunt.

»Ich habe mit der EWK und General Poison abgesprochen, dass unverschlüsselte Funksprüche gestreut werden, aus denen hervorgeht, dass der Duplikator nicht beschädigt wurde«, erklärte Captain Hunter. »Ein Sicherheits-Team konnte die Bomben demontieren, aber leider wurde auf dem Rückweg der Mechanismus betätigt, der die Bomben zur Detonation brachte. Aus diesem Grunde wurde nur einige weiter entfernte Anlagen von Maschinen beschädigt, das Sicherheitspersonal getötet und ein Leck in die Außenhülle gesprengt. Wir verbreiten weiter, dass der Duplikator immer noch produziert und unversehrt ist. Ich hoffe sehr, dass es klappt, die Saboteure zu einem zweiten Eindringen zu animieren. Wir haben alle Spürsensoren und Ortungs-Einrichtungen im Sol-System auf die feinste Einstellung justiert, soweit das möglich ist. Natrid ist ebenfalls involviert. Noel fängt Funksprüche ab und wertet sie aus. Alle Ortungseinheiten des neuen Imperiums unterstützen uns. Von dort versucht man, jede noch so minimale Frequenz-Verschiebung oder Strahlung aufzuspüren. General Poison sorgt dafür, dass unsere Funksprüche zerhackt gesendet werden, so dass für einen Außenstehenden der Eindruck entsteht, die Funksprüche sollten verhindert werden. «

Captain Hunter winkte seinen Maschinisten Bred Simpson heran.

»Sergeant Simpson, wir haben doch den Scanner von den Lantranern noch in unserem Gepäck? «, erkundigte er sich

»Haben wir Captain«, erwiderte dieser. »Nehmen sie sich die 3 Spür-Roboter und 10 Kampfeinheiten mit und untersuchen sie die Gänge. Versuchen sie DNA von den Eindringlingen zu finden. Ich habe eine Vermutung. «

»Der Captain drehte sich zu seinem Sicherheits-Offizier um.

»Leutnant Morin, sie unterstützen Leutnant Simpson«, sagte er. Befehligen sie die Kampf-Roboter und sorgen sie für seine Sicherheit. Ich möchte nicht noch einige Überraschungen erleben. Jede Art von Hinweis ist wichtig. Wir müssen wissen, wer die Eindringlinge waren. Ran an die Arbeit. «

Die angesprochenen Leutnants salutierten und wollten sich zum Gehen abwenden.

»Benachrichtigen sie uns sofort, wenn erste Ergebnisse vorliegen.«, forderte sie Captain Hunter auf.

Leutnant Simpson nickte, drehte sich zu seinem Kollegen Morin um. Beide Personen schritten durch den Schott der Brücke, um ihr Team zusammenzustellen.

»Commander Anderson, können sie bitte den Commander der Erdstreitkräfte informieren, dass wir in Kürze den Schild wieder herunterfahren werden? «, entschied Captain Hunter.

»Dann sind wir wieder ohne Sicherheit«, bemerkte Anderson.

»Das ist von mir so gewollt, Schätzchen«, bemerkte John Hunter. »Wie sollen die Saboteure ansonsten wieder ins Schiff gelangen? Commander Giacombo soll seine Schiffe tarnen und uns den Rücken freihalten, falls die Saboteure nicht über einen Transmitter-Transport kommen. Ich denke aber, dass sie den gleichen Weg wählen werden, wie beim ersten Mal. «

Captain Hunter sprang auf.
»Veranlassen sie alles Notwendige«, befahl er. »Versuchen sie den Ausgang der Transmitter-Strahlen auszumachen. «

Er blickte in die Runde der wartenden Leutnants der Cuuda 001. »Sie meine Herren halten sich in Bereitschaft, bis ich sie brauche«, sagte er. Sie können sich in ihrer Unterkunft einrichten, halten sie aber ihren Communicator offen. «

***

»Hat sich an der Situation etwas geändert? «, fragte Rantero. «

»Nein«, antwortete der 1. Offizier Itero. »Die Funksprüche kommen eigentlich nur noch zerhackt an, ohne den richtigen Wortlaut wieder zu geben. Es sieht so aus, als wollten die Terraner den Funkverkehr verhindern.«

»Wir wissen bereits genug«, entgegnete der Anführer. »Alles ist vorbereitet, wir werden schnellstmöglich handeln. Wie viele Stunden noch bis Mitternacht, dann sollte bei den Menschen die Ruhephase eintreten. Wenn wir Glück haben, wird keine Nachtschicht aktiv sein.«

»Es sind noch genau 3 Stunden, bis unsere Mission beginnt«, antwortete der Angesprochene.

»Ist die Ausrüstung vorbereitet?«, fragte Rantero.

»Alles was ihr brauchen werdet ist verstaut«, antwortete Quantero.

Rantero schaute ihn an.
»Gut, wir werden noch abwarten«, entgegnete er. »Haben wir unseren Schiffs-Transmitter wieder auf das Röhren-System der inneren Werftstation fixiert? Den Raum kennen wir, dort haben wir genügend Platz zu materialisieren. Dann geht es den gleichen Weg, wie beim letzten Mal zu dem Duplikator.«

»Machen sie sich keine Sorgen«, erwiderte Mantero, der die Aufgabe eines Maschinisten wahrnahm.
»Gut«, sagte der Anführer. »Warten wir die Zeit noch ab.« Er winkte den Technikern zu.

»Justiert alle Geräte, es geht bald los«, befahl er. »Es darf nichts mehr schief gehen. Wir haben nur noch diesen einen Versuch. «

Er zeigte auf Bantero und Dylanro. »Ihr begleitet mich. Ich habe den Eindruck, in euch die fähigsten Kollegen zu finden. Macht euch reisefertig, es dauert nicht mehr lange. «

»Stellt den mobilen Transmitter auf unsere Koordinaten im Kuiper-Gürtel ein«, sagte Itero. » Wir sind schon zu lange hier. Eventuell könnten wir entdeckt werden. Nach eurer Abreise springen wir in den Kuiper-Gürtel. Stellt die Daten exakt ein, ansonsten verfehlt ihr uns. «

»Keine Sorge«, antwortete Rantero. »Wir benutzen nicht zum ersten Mal einen Transmitter. «

***

Captain Hunter hatte den Sergeant Spader auf die Brücke gerufen.

»Wie viele lantranische Geräte haben wir dabei? «, fragte Captain Hunter.

Der Waffen-Offizier lächelte. »Eine ganze Menge«, antwortete er. »Die EWK war nicht untätig. Die Technik wurde bereits auf Natrid entschlüsselt und dann von der EWK dupliziert. Wir haben eine ganze Kiste dabei. Ich habe sie nicht gezählt, aber es sollten so an die 75 Geräte sein.«

»Geben sie diese an die Marines aus und dazu auch die Fesselstrahler«, befahl der Captain. »Wir brauchen einige Saboteure lebend. Ich muss wissen, welchen Sinn die Aktion haben sollte. Sind eventuell noch mehr Sabotagen geplant und wo ist die Basis der Saboteure? Das alles sind Fragen, die ich gerne beantwortet hätte. Das geht nur mit einem lebenden Gefangenen.«

Captain Hunter griff nach seinem Communicator. Er drückte den gelben Knopf der Standleitung zu seinem Schiff.

»Leutnant Graves, hören sie mich?«, fragte er.

»Ich höre sie«, kam die Antwort prompt zurück. »Koppeln sie jetzt das Schiff ab und ziehen sie sich
2.000 Meter zurück, aktivieren sie die Tarnvorrichtung. Dann beobachten sie die Station von außen und halten sie das CIC im Auge. Wir erwarten einen erneuten Transport-Strahl der Saboteure. Richten sie alle Antennen und Sensoren in unterschiedliche Richtungen aus und versuchen sie den Ausgangspunkt des möglichen Transport-Strahles zu identifizieren.«

»Befehl verstanden«, kam die Antwort über die Leitung.

Captain Hunter schaute Kimi Anderson an.

»Wir können im Moment nicht mehr tun«, lächelte er. »Gibt es hier eine Bar, in der wir etwas trinken können? «

»Ja«, antwortete der Commander. » Es gibt einen großen Aufenthaltsraum mit Küche und auch einer netten Bar. Unser Personal verbringt dort gerne einige Stunden nach ihrem absolvierten Dienst. «

»Darf ich sie einladen? «, fragte Captain Hunter. Commander Kimi Anderson schaute den großen Mann ihr gegenüber an.

»Wie komme ich zu der Ehre? «, erkundigte sie sich. » Bis vorhin konnten sie mich doch gar nicht leiden? «

Captain Hunter lachte.
»Lassen sie sich nicht von meiner äußerlichen Schale blenden«, antwortete er fast schon zärtlich. »Wir können die Gelegenheit beim Schopf fassen und uns besser kennenlernen. Erzählen sie mir bei dieser Gelegenheit etwas über die Station und über sich. «

»Ich nehme ihre Einladung gerne an«, antwortete sie.

Sie hatte bereits länger bemerkt, dass der Captain sie mochte. Er überspielte seine Gefühle zwar noch, dennoch hatte sie seine Zuneigung bereits registriert. Auch ihr war der große Captain der Sonder-Einsatztruppe nicht unsympathisch.

Captain Hunter wandte sich an seinen Offizier.

»Sergeant Spader, ich übergebe ihnen die Brücke«, sagte er. »Im Moment ist alles ruhig. Wir haben noch etwas Zeit. Informieren sie uns sofort, wenn sich etwas tut. Wir gehen eine Kleinigkeit essen.«

»Zu Befehl«, antwortete der Sergeant.
Commander Anderson und ihr Begleiter Captain Hunter gingen dem Ausgang entgegen.

»Führen sie mich in ihre Lounge«, lächelte er den Commander an.

Sie erwiderte seinen Blick und bemerkte, wie ihr Rücken auf ungewohnte Art zu kribbeln begann.

Sergeant Spader schaute sich auf der Brücke um.
»Was sagen die Messwerte?«, fragte er.

»Alles ruhig, keine Ausschläge, alle Werte liegen im normalen Bereich«, kam die Antwort von dem diensthabenden Offizier der Station. Der Stellvertreter von Commander Anderson blickte starr vor die Überwachungsmonitore. Die Offiziere der Leitstelle wussten, worum es ging. Niemand wollte sich jetzt einen Fehler erlauben.

»Eingehender Funkspruch von einer Flotte der Erdverteidigung«, meldete Funkoffizier Tanreich.

»Stellen sie durch«, antwortete Sergeant Spader.
Er griff nach dem Communicator.

»Hier spricht Commander Giacombo, Flotten-Commander der Erdverteidigung«, tönte es aus den Lautsprechern. »Wir haben mit 50 Zerstörern Stellung bezogen und einen Blockadering um die Station aufgebaut. Wir tarnen uns jetzt und warten auf alle weitere Aktivitäten. Fahren sie jetzt den Schutzschirm ihrer Werft-Anlage herunter. Wir verfolgen alles auf unseren Sensoren. «

»Hier spricht Sergeant Spader«, sprach er in das Gerät. »Ich vertrete gerade Captain Hunter. Danke für ihre schnelle Stationierung. Wir fahren den Schirm gleich herunter. Sergeant Spader Ende.«

Er drückte einige Knöpfe des Flottenfunks.
»Ich rufe den Spürtrupp, Sergeant Nelsen melden sie sich«, sprach er in den Communicator.

»Hier ist Nelsen, ich höre sie Sergeant«, kam die Antwort. »Was gibt es? «

»Wir werden jetzt den Schutzschirm deaktivieren«, teilte der Sergeant mit. »Berücksichtigen sie, dass wir jederzeit Besuch erhalten können. «

»Wir sind in Stellung gegangen«, antwortete Sergeant Nelsen. » Die Marines habe ich in Gruppen, an kritischen Punkten, stationiert. Die Fesselfallen sind aktiv. Wir konnten alle 36 Stück rund um den Groß-Duplikator auslegen und tarnen. Die Wartungs-Techniker haben die

Außenhülle verschlossen und die künstliche Atmosphäre wieder herstellt. Wir haben die Raumanzüge ausgezogen und mit den Scans der Spuren begonnen.«

»Konnten sie bereits etwas entdecken?«, fragte Sergeant Spader nach.

»Ja«, antwortete Sergeant Nelsen. »Halten sie sich fest. Das lantranische Gerät zeigt ausschließlich DNA-Spuren der Worgass an. Wir hatten tatsächlich Besuch von den Wechselformern.«

»So wie ich unseren Captain kenne, hatte er das bereits vermutet«, antwortete der Sergeant. »Ich informiere ihn. Bitte sprechen sie mit niemanden ein Wort hierüber. Wenn sie fertig sind, ziehen sie die Spür-Roboter und das Wartungs-Personal ab. Nur die Kampfeinheiten bleiben vor Ort. Machen sie sich unsichtbar. Ich lasse sie spätestens in zehn Stunden ablösen. Ich glaube aber, dass es nicht so lange dauern wird.«

Mit den Worten beendete Sergeant Spader das Gespräch.

Captain Hunter saß mit Commander Anderson in der Lounge an einem großen Tisch. Leichte Speisen standen vor ihnen. Er hob sein Glas Wein und stieß mit ihr an.

»Auf das wir Erfolg haben werden«, sagte er.

»Ich hoffe es inständig«, antwortete sie.«

Er setzte sein Glas ab und schaute ihr in die Augen.

»Wie wird so eine hübsche Frau wie sie, ein Commander der Raum-Flotte der EWK?«, erkundigte er sich.

»Das ist eine lange Geschichte«, antwortete sie. »Diese würde sie bestimmt langweilen?«

»Nein sicherlich nicht«, antwortete er. »Ich höre gerne zu.«
Er blinzelte ihr mit einem Auge zu.

»Schon in jungen Jahren hat mich der Weltraum fasziniert«, erklärte sie. »Ich habe alle Filme dieses Genres gesehen und unzählige Bücher verschlungen. Meine Eltern hatten mich nie unterstützt. Sie sagten immer, ich sollte mir den Blödsinn aus dem Kopf schlagen. Sie hätten gerne gesehen, wenn ich das elterliche Architekten-Büro übernommen hätte. Jedoch interessierte mich diese Branche nie. Dann ging es Schlag auf Schlag. Irgendwann suchte die EWK unzähliges neues Personal für neue Raumschiffe, Werften und Stationen. Ich hatte mich bereits gewundert, warum die EWK von einem Tag zum anderen, Tausende neuer Leute als Dienst-Personal akquirieren konnte. Was war passiert?

Zu dem damaligen Zeitpunkt konnte ich die ganze Tragweite noch nicht erkennen. Ich brach mit meinen Eltern und bewarb mich an der neuen Space-Akademie der EWK. Hier wurde mir das nötige Wissen implantiert und wir wurden nach neuen Erkenntnissen geschult. Erst jetzt wurde uns mitgeteilt, dass es schon einmal intelligente Lebewesen in unserem Sonnensystem gab. Sie können sich vorstellen, dass meine kühnsten Träume übertroffen wurden.«

Kimi lächelte John verführerisch an.
»Als ich dann erfuhr, dass die Erde die technischen Hinterlassenschaften des Mars verwalten und weiterentwickeln durfte, wurden für mich alle Träume wahr«, flüstere sie. »Dann stellte uns die EWK ihren Plan vor. Sie wollte das alte Imperium des Mars wiederbeleben.«

Captain Hunter nickte.
»Es bleibt immer wieder eine faszinierende Geschichte«, sagte er. »Das erklärt aber immer noch nicht, warum sie Commander einer der größten Stationen der Erde geworden sind?«, fragte er.

»Sie haben Recht«, antwortete sie. »Wie ich schon sagte, begeisterte mich der Weltraum seit meiner Kindheit. Durch den Ehrgeiz und das Engagement, welches ich an den Tag legte, flog mir das benötigte Wissen nur so zu. Ich war die Jahrgangsbeste auf der Akademie und habe mit Auszeichnung bestanden. Nach Beendigung der Akademie bewarb ich mich für ein Flaggschiff der Kaiser-Klasse. Kurz vor meiner Zusage, kamen meine Eltern bei einem tragischen Unfall ums Leben. Jetzt gebührte mir die Aufgabe, als letzter erwachsener Überlebender unserer Familie, mich um meine jüngere Schwester zu kümmern. Ich konnte meine noch so junge Schwester unmöglich mit auf ein Flagg-Schiff der Kaiser-Klasse nehmen. Also beschloss ich, mich für diese Station und für den erdnahen Raum zu bewerben. Ich bekam mit Kusshand eine Zusage. So konnte ich dank dem hier stationierten Transmitter in freien Dienstzeiten, nach meiner Schwester schauen und ihr eine kleine Familie bieten.«

John Hunter verstand und nickte.
»Wie alt ist ihre Schwester jetzt?«, erkundigte sich der Captain.

»Sie wird nächsten Monat 16 Jahre jung«, antwortete Commander Anderson und lächelte dabei.

»Ich glaube sie haben richtig gehandelt«, entgegnete John Hunter. »Die Familie ist das Wichtigste. Sie zu schützen ist unsere Aufgabe. Er hob sein Glas. Nennen sie mich John.«

Sie lächelte ihn an.
»Kommen wir endlich zu einem du?«, fragte sie.
Sie verschränkte einen ihrer Arme in den seinen und gab ihm einen Kuss auf die Wange.

»Ich heiße Kimi«, hauchte sie ihm zu und blickte ihn verlockend mit ihren strahlend blauen Augen an.

John Hunter blickte in ihre funkelnden Augen und konnte nur schwer wieder zu dem Gesprächsthema zurückfinden. »

Welchen Berufswunsch favorisiert sie?«, fragte er irritiert.

» Das ist das Problem«, entgegnete sie. » Sie eiferte ihrer großen Schwester nach und hatte sich ebenfalls bei der Space-Akademie der EWK beworben. Mit 16 Jahren darf sie eintreten. Sie möchte in den Weltraum fliegen und Abenteuer erleben. «

»Das sind nicht immer ganz ungefährliche Abenteuer«, bemerkte Captain Hunter.

Der Flotten-Kommunikator von John Hunter machte sich mit dem kalten Ton einer Alarm-Sirene bemerkbar.

»Entschuldige bitte«, sagte er und öffnete die Klappe des Displays. Das Gesicht von Sergeant Spader war zu sehen.

»Was gibt es?«, sprach er den Sergeanten an.
»Erste Auswertungen des lantranischen Scanners liegen uns vor«, teilte Sergeant Spader mit. »Wir haben DNA-Rückstände gefunden. Wie sie vermutet haben, sind es Formwandler-Zellen. Es ist Worgass-DNA. «

»Ich habe es gewusst«, erwiderte Captain Hunter. »Immer wieder die Worgass. Sie geben keine Ruhe. Das bestärkt mich in der Annahme, dass hier noch eine oder mehrere Basen in dem näheren Einzugsgebiet von Tarid und Natrid existieren müssen. Informieren sie das Sicherheits-Personal, ich ordne eine verstärkte

Alarmbereitschaft an. Lassen sie zusätzlich Energie-Fesselfallen auslegen. Nur für den Notfall. Hunter, Ende«.

Er klappte das Display zu und steckte den flachen Communicator wieder ein.

Commander Anderson hatte interessiert zugehört.
»Was sind die Worgass, John?«, fragte sie.

»Das darfst du gar nicht wissen, Kimi«, erwiderte John Hunter ernst. »Hierüber ist eine Informationssperre verhangen.«

»Jetzt habe ich aber etwas mitbekommen«, antwortete sie. »Bitte erzähle mir mehr. Es ist auch für mich wichtig, dass ich weiß, mit wem wir es zu tun haben. Sind das die Saboteure?«

»Es scheint so«, antwortete Captain Hunter. »Sie sind aber auch noch viel mehr. Es sind die schlimmsten Feinde des Neuen-Imperiums. Diese Rasse hat sich geschworen, das komplette humanoide Leben in der Galaxis auszulöschen. Durch irgendein Ereignis gefördert, geht das seit Jahrtausenden bereits so. Nur durch die Vernichtung ihres Wurmloch-Knotens durch Major Travis konnte verhindert werden, dass sie nicht bereits in die Milchstraße eingedrungen sind. Die Worgass sind Formwandler. Sie können jede erdenkliche Form von Rassen annehmen, die ihnen begegnet sind. Es können theoretisch Worgass bereits unter den Menschen als Schläfer existieren, wovon wir nichts wissen. Das macht sie so gefährlich. Sie bauen in Andromeda eine riesige Flotte auf und bereiten eine Invasion der Milchstraße vor. Irgendwann kommt es zum großen Vernichtungsschlag. Wir hoffen, dass wir dann ausreichend vorbereitet sind.«

»Daher die immense Produktion von Raumschiffen«, entgegnete Commander Anderson.

John Hunter nickte ihr zu.
»Wir planen einen Gegenpol zu dieser Streitmacht aufzubauen«, erklärte er. »Die letzte Flotte, die von ihren Hilfskräften den Green-Lizard geflogen wurde, konnten wir komplett vernichten. Das waren rund 300.000 Schiffe. Ihre Bewaffnung war unserer gnadenlos unterlegen. Ich vermute, diesen Fehler werden die Worgass kein zweites Mal begehen.«

»Können wir bei dieser Menge Schiffe überhaupt mithalten?«, überlegte Commander Anderson. »Alle Groß-Duplikatoren laufen am Limit.«

»Umso schlechter ist es für uns, wenn eine Anlage für mindestens 3 Monate ausfällt«, antwortete der Captain. »Das trifft uns sehr schwer und zum falschen Zeitpunkt.«

»Rechnest du mit einer schweren Schlacht?«, fragte Commander Anderson.

»Zumindest mit einer immensen Materialschlacht«, erwiderte Captain Hunter. »Man weiß nicht, was die

Quallen sich als nächstes für Schweinereien ausgedacht haben.«

»Was meinst du mit Quallen?«, fragte der Commander nach.«

Captain Hunter lächelte.
»Die Urform der Worgass scheint eine quallenartige Form zu sein«, erklärte er. »Es ist uns immer noch unverständlich, wie diese Lebensform Intelligenz entwickeln konnte. Scheinbar konnte sie sich über Jahrtausende zu einer dominanten Rasse in vielen Sonnen-Systemen entwickeln. Bislang konnte ihr Einfluss nur in der kleinen Magellanschen Wolke zurückgeschlagen werden. Das wurde nur möglich, weil sich alle Völker zusammengeschlossen und gegen die Vorherrschaft der Worgass rebelliert haben. Dank dem massiven Eingreifen von Major Travis und seiner Flotte, konnten die Werft-Planeten und die Truppenstützpunkte der Worgass vernichtet werden. Ich vermute, das werden sie uns so schnell nicht vergessen. Wieder eine Tat von humanoiden Völkern, die sie in der Ansicht bestärken, diese auslöschen zu müssen. Du siehst also, es kommt noch einiges auf uns zu.«

Commander Anderson blickte Captain Hunter tief in die Augen.

»Über was für Informationen du alles verfügst«, staunte Kimi. »Das hört sich alles sehr gefährlich an.«

John Hunter nickte.
»Ich bin auch erst seit kurzem in alle Geschehnisse eingeweiht«, lächelte er. »Vorher war ich ein kleiner Spezialagent, der überwiegend irdische Gauner zur Strecke bringen durfte. Im Nachhinein war das auch keine schlechte Tätigkeit. «

Kimi nahm plötzlich seine Hand und drückte sie.
»Vermisst du deinen alten Job? «, fragte sie.

John war irritiert.
Vor ihm saß eine der hübschesten weiblichen Wesen, die er in seinem Leben gesehen hatte. Er verspürte plötzlich ein heißes Verlangen, sie zu küssen. Langsam zog er sie an sich, seine Lippen näherten sich der ihren. Sie ließ es geschehen. Der leidenschaftliche Kuss verlangte nach mehr. Sie schaute ihn an.

»Bist du sicher, dass ich richtig für dich bin? «, flüsterte sie.

Die Antwort platzte aus John fast zeitgleich heraus.
»Ganz sicher«, erwiderte er. »Ich wusste es bereits, als ich dich das erste Mal gesehen habe«, hauchte er ihr zu. »Das Gegenteil war bei mir der Fall«, lächelte Kimi. »Als du mich als Schätzchen bezeichnet hattest, dachte ich nur, was für ein arroganter Schnösel. Bitte entschuldige, das ist nicht böse gemeint, aber ich kannte dich nicht. «
»Das ist kein Problem«, antwortete John. »Es braucht schon sehr viel, um mich aus der Fassung zu bringen. «

Er zog sie wieder an sich, jedoch ertönte schrill sein Communicator. Captain Hunter hielt inne und zog das Gerät aus der Brusttasche seiner Uniform. Er klappte den Deckel auf.

»Hunter«, sprach er in das Gerät.
»Captain, hier ist Sergeant Spader«, tönte es aus dem Gerät. »Wir haben wieder eine Energie-Ballung registriert. Das gleiche Szenario wie beim ersten Mal. Ich denke, wir bekommen Besuch.«

»Danke Sergeant«, antwortete Captain Hunter. »Wir sind auf dem Weg zu ihnen.«

Er klappte seinen Communicator zu und schaute Kimi an. »Es ist so weit«, sagte er. »Die Saboteure sind wieder da. Unsere Falle schnappt jetzt zu. Gehen wir in die Zentrale und leiten die Aktion.«

Sie sprangen auf und liefen im Eiltempo auf den Ausgang zu. Einige verdutzte Gäste schauten ihnen kopfschüttelnd nach.

***

Rantero winkte seinen Gefährten zu.
»Die Zeit ist abgelaufen«, teilte er mit. »Probieren wir es ein zweites Mal. Jeder weiß, was er zu tun hat. Ich erinnere nochmals daran, dass wir uns nicht lebend in die Gefangenschaft der Terraner begeben. Falls wir gefangen

werden sollten, zünden wir unsere Körperbomben und gehen nach Zirklyss, ins Land unserer Ahnen.«

»Ich hoffe, es kommt nicht so weit«, erwiderte Bantero. »Ich habe noch einige Aufgaben in der Heimat zu erledigen.«

»Der Wille der Oberen hat Vorrang«, erwiderte Dylanro. »Ihr Wille ist das Gesetz.«

»Wollen wir hoffen, dass es so ist«, entgegnete Rantero wenig erfreut.

»Zweifelst du hieran?«, fragte Zantero. »Das ist ja fast schon Frevel.«

»Ich habe nur gesagt, ich hoffe, dass es so ist. Keiner der von uns gegangenen ist, konnte je zurückkommen und die Aussagen der Oberen bestätigen.«

»Wie sollten sie auch«, lachte Bantero. »Wir alle wissen doch, dass die Türe in das geheiligte Land nur in eine Richtung aufgeht.«

»So wird es erzählt«, bestätigte Rantero. »Was ist denn, wenn es kein geheiligtes Land gibt, wenn das eine Erfindung der Netzwerkdenker ist?«

»Sei vorsichtig«, antwortete Dylanro. «Solche Gedanken sind verboten. Es steht die Todesstrafe hierauf. Seit Anbeginn unseres Daseins wissen wir von dem geheiligten Land in der nächsten Existenzphase unseres Lebens. Es ist die Belohnung für unseren Gehorsam in dieser Existenz. Gepriesen seien die Oberen und die Lenker unseres Daseins. «

»Genug jetzt hiervon«, sagte Rantero. »Wir haben eine Aufgabe. Konzentrieren wir uns hierauf. Die ist wenigstens real. «

Er blickte zu der Person an dem Kontrollpult hinüber. »Aktivieren sie die Anlage«, befahl er.

Er trat vor auf die Plattform der Abstrahl-Vorrichtung. Die beiden weiteren Personen in Najekesio-Hülle folgten ihm. »Wir sind so weit«, sagte er. »Geben sie Energie.
Der Angesprochene tat wie ihm befohlen. Ein grelles, weißes Licht hüllte die drei Gestalten ein und löste ihre Moleküle auf. Sie wurden transparenter und durchsichtiger. Dann entschwand der Strahl. Der Transport war geglückt. Das seltsam wirkende Schiff entmaterialisierte kurze Zeit später, lautlos zu den neuen Koordinaten.

»Status? «, fragte Captain Hunter, als er mit Commander Anderson die Brücke betrat.

»Alles wieder ruhig«, teilte der Ortungs-Offizier mit. »Es war nur eine Energieballung, die wir angemessen haben. «

Der Sicherheits-Leutnant kam auf John Hunter zugelaufen. »Hier ist der Mitschnitt«, sagte er.

Commander Anderson und Captain Hunter schauten auf den Kontrollzettel.

»Das Gleiche, wie beim ersten Mal«, bestätigte John »Sofort alle Schutzschirme hochfahren. Leutnant informieren sie unsere Teams. Wir haben ungebetenen Besuch erhalten. Sie sollen die Energie-Netze aktivieren. Durch die Aktivierung des Schutzschirmes sitzen sie in der Falle. Sie kommen nicht mehr raus. Wir müssen sie jetzt nur noch finden und stellen. «

Rantero und seine Gehilfen materialisierten wieder in einem der großen Luftschächte, in der Nähe der Duplikations-Anlage. Sein Sprechgerät summte.

»Nicht jetzt ihr Narren«, dachte er erbost.
Ärgerlich öffnete er seinen Communicator.
»Was ist? «, fragte er unwirsch. » Es war doch Funkstille angeordnet. «

Das Akustikfeld klang rau und gereizt.
»Wir haben eine interstellare Mitteilung empfangen«, tönte es aus dem Gerät. »Sie ist von den Netzwerk-Denkern. Sie erwarten dringend eine positive Vollzugsmeldung. Ansonsten würde das erhebliche Konsequenzen für unsere Sippen nach sich ziehen. «

Rantero schluckte schwer.

Die Verbindung wurde schlechter. Der Techniker war kaum noch zu hören. Dann brach die Verbindung ab.

»Es gibt Probleme mit unseren Salkrani-Funkgebern«, flüsterte er. »Vermutlich werden sie gestört. Sie zeigen nur noch unsinnige Werte an. Eine Verbindung kann nicht mehr aufgebaut werden.«

Er bedachte die kleine Funkapparatur mit einem verachtenden Blick, den er nur seinem schlimmsten Feind geschickt hätte.

Rantero klopfte kurz auf den kleinen Empfänger, doch dieser rauschte nur noch.

»Die Verbindung ist unterbrochen«, flüsterte er seinen vermummten Gehilfen zu.

»Wir haben es gehört«, sagte Bantero. »Ist das jetzt ein gutes oder ein schlechtes Zeichen?«

»Ich denke eher ein schlechtes«, antwortete Rantero.

Er hatte das Gefühl, jemand ziehe die Beine unter seinem Körper weg. Für ihn gab es keine Zweifel mehr, dass die die Terraner wussten, dass sie da waren. Wie er befürchtet hatte, die Terraner sind wachsamer geworden und leiteten eine Gegenoffensive ein. Die Gegenseite wollte ihre Ressourcen erhalten und diese nicht zerstören lassen. Er brauchte keine Hochrechnung anzustellen, um zu erkennen, dass sie den Terranern personell kolossal unterlegen waren.

»Waffen ziehen«, befahl Rantero seinen Begleitern zu. »Ich habe ein ungutes Gefühl. Die Terraner wissen Bescheid.«

Ein letzter Blick zurück. Alles war ruhig. Seine Begleiter hielten ihre Waffen in den Händen unterhielten sich leise.

»Wir gehen keine Kompromisse ein, jeder der uns in den Weg läuft wird eliminiert«, befahl er.
Die anderen nickten stumm.

Er gab das Zeichen vorzurücken. Leichtfüßig setzte sich die Gruppe in Bewegung. Das Ende des Luftschachtes war durch eine Gittertür verriegelt. Er rüttelte vorsichtig an dem Gitter.

»Verschlossen«, bemerkte er. »Gebt mir den Laser-Brenner. «

Ein klobig aussehendes Gerät wurde zu ihm durchgereicht. Er zündete es und schnitt mit einem kurzen Strahl das Schloss heraus. Ein kurzer Tritt gegen das Tor, ließ es quietschend aufspringen. Rantero steckte seinen Kopf aus dem Ausgang und schaute nach rechts und links.

»Die Luft ist rein«, hauchte er seinen Wegbegleitern zu. »Wir können weiter. «

Vorsichtig kletterten die drei Vermummten aus dem Lüftungs-Schacht heraus. Das Halbdunkel des Verbindungsganges kam ihnen sehr gelegen.

»Das Display des Scanners zeigt an, dass wir die nächste Einmündung rechts gehen müssen«, teilte Dylanro leise mit. Er übergab seinem Anführer das Gerät.

Den Weg-Scanner vor sich haltend schritt Rantero voran. Jede dunkle Nische ausnutzend, schlich die Gruppe vorwärts. Vor ihnen vergrößerte sich der Raum. Geduckt und leichten Schrittes schlich Rantero drei Meter vorwärts und wand sich in das Halbdunkel einer vor ihm liegenden Nische im Gang. Er winkte seinen Gefährten zu. Sie reagierten sofort und holten zu ihm auf. Er gab ihnen das Zeichen weiterzugehen. Sie nickten ihm zu.

Ohne Geräusche zu verursachen, drangen sie weiter in den Gang ein, dem Ende entgegen. Endlich war ein helleres Licht am Ende des Ganges sichtbar.

»Wir sind gleich durch«, sagte Dylanro der Gruppe.
Er hatte die Worte noch nicht ausgesprochen, als ein grelles Licht ihn erfasste und ihn einschloss. Ein schweres Fesselfeld baute sich auf und zwang ihn zur Bewegungslosigkeit.

»Eine Falle«, warnte Rantero. «
»Töten wir ihn, schießen wir auf ihn, er kommt aus dem Feld nicht mehr heraus«, fluchte Bantero.

Rantero nickte.

»Er kannte die Gefahr«, sagte er.

Er und Bantero zogen ihre Strahler hervor, doch zu spät. Ein erneutes Flackern zeigte den Aufbau eines Schutzschirmes an. Schnell zogen sie den Abzugshebel durch. Die Strahlen der Handfeuer-Waffen wurden von dem Schirm absorbiert.

»Den Beschuss einstellen«, befahl Rantero. »Hier können wir nichts mehr ausrichten. «

»Sollen wir umkehren? «, fragte Bantero. » Ich glaube nicht, dass das wir das noch können«, erwiderte Rantero. » Die Terraner sind nicht so naiv, wie wir dachten. Sie haben uns regelrecht in eine Falle gelockt. Bekommen wir Kontakt zu unserer Basis? Bantero drückte die Taste seines Hyperfunk-Impulsgebers und sprach hinein.

»Einsatzteam ruft Basis«, flüsterte er. »Bitte antworten.«
Es war nur monotones Rauschen zu hören.

»Nichts«, antwortete Bantero. »Keine Antwort.«
»Sie werden die Schutzschirme hochgefahren haben«, antwortete Rantero. Wir kommen hier nicht mehr weg, das ist dir hoffentlich klar. Wir können uns jetzt für diese aufgeblasenen Netzwerkdenker opfern. Noch nicht einmal von unseren Familien können wir uns verabschieden. «

Er blickte Bantero an.

»Für Dylanro können wir nichts mehr machen«, erkannte er. »Wir bekommen ihn nicht aus dem Fesselfeld heraus. Der Plan wird geändert. Wir lassen den Duplikator unberührt. Vermutlich ist er doch beschädigt und die Terraner haben uns mit ihrem Funkspruch auf die falsche Fährte gelockt. Dort wird sich jetzt auch ihr Kampf-Personal aufhalten. Wir schlagen uns zu einem Jäger-Deck durch. Die natradische Technik kennen wir noch. Im großen Krieg gelang es einige gegnerische Schiffe zu erbeuten und die Selbstzerstörung zu deaktivieren. Die Technik sollte uns keine Probleme bereiten. «

Aber der Schirm ist doch aktiviert? «, fragte Bantero.

»Das ist richtig«, entgegnete Rantero. »Aber diese Station ist nicht nur eine Duplikations-Station. Sie ist auch eine Schiffs-Werft. Von hier aus starten dauernd Schiffe und andere legen an. Der richtige Zeitpunkt ist wichtig. Wir mischen uns unter die startenden Schiffe und aktivieren sofort das Hypersprung-Triebwerk, sobald wir die Station verlassen haben. Sie sollten uns nicht bemerken, weil wir ihre eigene Schiffs-ID übermitteln. «

»Ich hoffe, der Plan gelingt«, antwortete Bantero. »Ich möchte auf keinen Fall in Gefangenschaft geraten und den natradischen Verhören unterzogen werden. Aus Überlieferungen aus dem großen Krieg weiß ich sehr genau, wie lebensverachtend diese Verhöre sind.«

Rantero schaute ihn an und lachte.

Glaubst du, das ist anders bei uns?«, fragte er. »Wer einmal in die Fänge der Netzwerkdenker geraten ist, der hat ausgespielt. Diese Brut holt alles an Informationen aus dir heraus, das wichtig für sie ist. Wir müssen weiter.«

Rantero brach das Gespräch ab.
»Aktiviere den Scanner mit der Konstruktionszeichnung dieser Werft«, befahl er. »Wir brauchen den schnellsten Weg zu den Lande-Decks mit den Jägern.«

Bantero schaltete das Gerät ein.
»Wo haben wir überhaupt den Plan her?«, fragte er Rantero.«

»Darüber schweigen sich unsere Vorgesetzten aus«, antwortete der Anführer. »Die Netzwerkdenker versorgen uns nur mit den nötigsten Informationen. Für sie sind wir nur unterprivilegierte Individuen. Vermutlich kommt der Plan von einem Schläfer. Es sind immer noch einige wenige hier auf Tarid im Einsatz. Dank der großen Bevölkerungsdichte konnten noch nicht alle enttarnt werden. Anders ist es auf Natrid. Dieser Planet ist von den Natradern rigoros gesäubert worden. Wir haben dort keine Einsatzkräfte mehr stationiert. Wir müssen weiter. Die nächste Abzweigung nach links.«

Wieder schlich die Gruppe im Halbdunkel des Ganges etliche Schritte vorwärts.

»Hier wird es zu heiß«, bemerkte Bantero. »Wir sollten die Terraner nicht unterschätzen. Sie werden überall ihre

Energiefallen ausgelegt haben. Wir brauchen einen anderen Weg.«

Bantero schaute auf die Grundriss-Zeichnung. Er zeigte auf eine Verkleidung an der Wand.

»Hier ist der Zugang zu einem großen Luftschacht, der uns direkt zu den Lande-Decks bringt«, erkannte er.

Er hantierte an der Türe.
»Sie ist verschlossen«, fluchte er.

Rantero gesellte sich zu ihm. Gemeinsam rissen die Worgass an der Türe und setzten ihre ganze Kraft ein. Ein lauter Knack war zu hören, die Türe der Verkleidung sprang aus der Fassung. Quietschend fiel die Türe auf den Boden.

»Geht es noch lauter«, fragte Rantero. »Wir müssen uns leise verhalten.«

Am Ende des Ganges wurde ein Licht sichtbar. Ein Späh-Roboter kam um die Ecke gebogen und leuchtete mit seinen Scheinwerfern den Gang aus.

»Achtung, ein Suchroboter«, flüsterte Rantero. »Wir müssen hier weg.«

Er zog seinen schweren Laserstrahler und schoss mehrfach auf die Lichter des Spür-Roboters. Dumpfes Grollen lag in dem Gang. Es dauerte nur Sekunden, da bog eine Schwadron Mariens um die Ecke. Sofort gerieten die beiden Eindringlinge unter schweres Feuer. Nur durch einen gezielten Sprung in den bereits geöffneten Luftschacht, konnten sie den Schüssen der Marines entkommen.

Bantero hatte ein flaues Gefühl im Magen. Er sah, wie der Angriffs-Trupp der Terraner aus 18 Soldaten gnadenlos auf ihn feuerte.

»Ein Wunder, dass unsere Schutzschirme gehalten haben«, dachte Rantero. Wird unser Leben hier enden, in einem öden Luftschacht, auf einer terranischen Werft-Station? «

Wieder brauchte er keine Hochrechnung anzustellen, um die Feuerkraft der Mariens zu ermitteln. Rings um ihn herum knisterten die Verkleidungen, Teile brachen ab und schlugen auf den Boden. Die Feuerkraft der Soldaten war immens. Ein letzter Blick zurück zeigte den Flüchtenden, dass die Marines im Laufschritt herangeeilt kamen.

»Schmelze den Eingang zusammen«, forderte Rantero seinen Kollegen auf. »Wir bringen den vorderen Eingangs-Bereich zum Einsturz. «

Bantero zog eine Sprengbombe heraus und forderte Rantero zum Laufen auf. Die Saboteure hatten bereits einige Meter Abstand zurückgelegt, als Bantero sich umdrehte, den roten Knopf an der Sprengbombe drückte und diese in die Richtung des Einganges in den Luftschacht warf. Die beiden Eindringlinge hasteten weiter. Ganze 3,3 Sekunden später warfen sie sich auf den Boden. Gleichzeitig explodierte die Mikro-Granate am Eingang. Ein gewaltiges Krachen setzte sich in dem Gang des Luftschachtes fort. Feuer und Rauch rollte ihnen entgegen. Dann war die Feuerwand über ihnen weg. Ihre Anzüge waren angesengt. Rantero hob den Kopf und schaute in Richtung des Eingangs. Dieser war völlig verschmolzen und eingestürzt.

»Das hält sie etwas auf«, erkannte er. »Schnell wir müssen weiter. «

Beide sprangen auf und eilten dem Verlauf des Ganges nach.

***

Die Marines hatten die Öffnung des Luftschachtes fast erreicht, als sie eine gewaltige Explosion von den Füßen fegte. Feuer, Rauch und Bruchstücke flogen ihnen entgegen

»Sie haben den Luftschacht gesprengt«, sagte Sergeant Nelson. »Ist jemand verletzt? «

Langsam stand er auf und schaute sich um. Die Tür in dem Luftschacht existierte nicht mehr. Der Auflösungsprozess war in Gang gesetzt. Kunststoff-Verkleidungen hatten sich verflüssigt und tropften zu Boden. Überall lagen

Trümmerstücke verteilt herum. Langsam kamen die Marines wieder auf die Beine und staubten ihre Kleidung ab. Sergeant Nelsen suchte seinen Communicator.

»Einsatzleitung, hier spricht Sergeant Nelsen«, sprach er in das Gerät. «

»Hier ist die Einsatzleitung, Captain Hunter spricht«, tönte die Antwort blechern aus dem Communicator. »Wir hören sie. «

»Wir haben die Gesuchten entdeckt, sie sind im Luftschacht LS-327 entschwunden«, teilte Sergeant Nelsen mit. »Der Eingang wurde zerstört. Wir können ihnen nicht folgen. Sie haben ein fürchterliches Szenario verursacht. Der ganze Luftschacht, in unserem Sektor, wurde gesprengt und geschmolzen. Wir können die Verfolgung nicht fortsetzen. Schicken sie uns ein zweites Team-Marines und den Plan, wohin diese Luftschächte führen. Dann teilen wir uns auf und folgen ihnen. «

»Ein Marines-Trupp ist zu ihnen unterwegs«, antwortete Captain Hunter. »Halten sie uns auf dem Laufenden, sobald sie eine neue Spur haben. «

»Mache ich«, erwiderte Sergeant Nelsen und beendete das Gespräch.

Captain Hunter stand mit Commander Anderson am CIC und zeigte auf den Luftschacht.

»Das ist die zentrale Luftversorgung«, bemerkte er.

»Ja«, nickte Commander Anderson. »Alle fünf Meter gibt es Abzweigungen in unterschiedliche Bereiche der Station. Die Station ist sehr gewaltig. Sie können überall sein. Captain Hunter schaute auf den Grundriss der Werftstation.

»Sie wissen jetzt, dass sie entdeckt wurden«, erklärte er. »Was haben sie vor? «

Commander Anderson zeigte auf die Bereiche mit den Transmitter-Plattformen.

»Vielleicht wollen sie hierhin«, sagte sie. »Sie werden vermuten, dass unsere Transmitter so frequentiert sind, dass sie unseren Schutzschirm durchdringen. «

»Sie werden flüchten wollen«, bestätigte Captain Hunter. »Auf der anderen Seite liegen die Landedecks. Sie könnten sich in ein auf den Abflug wartendes Transport-Schiff einschleusen. Wir müssen sie vorher finden. Sie dürfen nicht ein Versteck finden. Setzen wir alle Robot-Einheiten in Bewegung. Alles muss durchsucht werden. Die Eindringlinge müssen gefunden werden, bevor sie sich absetzen können. Ich gebe den Befehl an die Marines durch. Sie sollen diesen Luftschacht komplett aufschneiden und die Kampf-Roboter die Gänge durchsuchen lassen. Die Zeit drängt. «

Infiltration

Das mysteriöse Amulett hatte den Weg für den Rückweg geöffnet. Irritiert hielt Marc das Amulett in den Händen und betrachtete es intensiv. Commander Brenzby stand neben ihm und schüttelte den Kopf.

»Faszinierend«, sagte er. »Wie ein solch kleines Amulett, so etwas Großes bewerkstelligen kann. Welche Energien müssen in diesem Amulett versteckt sein«.

Marc hob den Kopf und schaute ihn an. »Das ist es, was wir erforschen wollen«, antwortete Marc. »Die Aller-Ersten, die Lantraner und viele andere Rassen des Universums, sind uns technisch so weit überlegen, so dass wir wie Steinzeitmenschen aussehen. Es wird Zeit brauchen, aber wir werden dahinterkommen. Das Universum birgt noch viele Geheimnisse für uns. «

»Eingehender Funkspruch«, teilte Sergeant Farmer mit. »Es ist Kanusu, der stellvertretende Rats-Vorsitzende von Nardt. Er bittet uns um Hilfe. «

»Legen sie das Gespräch auf die Lautsprecher«, antwortete Major Travis.

Nach einem kurzen Knistern wurde die Leitung klarer.

»Hier spricht Verwaltungsrat Kanusu«, tönte es aus den Lautsprechern. »Gut, dass ich sie noch erreiche. Wir brauchen dringend Ihre Hilfe. Planet 7 meldet sich nicht mehr. Wir messen sehr beunruhigende Energiewerte von diesem Planeten, als ob sich etwas Großes anbahnt.

Unsere gezielten Anfragen werden nicht mehr beantwortet. Wir haben den Kontakt zu unserem Handelsmogul Rattisch Tanlegra verloren. Das ist bisher noch nie geschehen. Ferner registrieren wir ein massives Schiffsaufkommen um den Planeten herum. Wie sie wissen, ist dort unsere Technik-Welt angesiedelt, auf die wir dringend angewiesen sind. Können sie uns bei der Klärung des Vorfalls unterstützen, bevor sie weiterfliegen?«

»Hier spricht Major Travis, schön sie zu hören Kanusu«, antwortete Marc. »Selbstverständlich werden wir ihnen die Unterstützung geben, die in unserer Macht liegt. Wir kommen zu ihnen. Bitte erteilen sie uns Landeerlaubnis und weisen sie uns einen geeigneten Landeplatz zu. Wir werden mit ihnen das Problem vor Ort besprechen.«

»Ich hoffe nicht zum letzten Mal«, erwiderte Kanusu. »Landen sie auf dem zentralen Raumschiff-Hafen. Ich schicke ihnen ein Fahrzeug, das sie abholt. Hier kommen die Anflugs-Koordinaten. Bis später.«
Die Leitung erstarb.

»Die Lande-Koordinaten« sind eingetroffen«, teilte Sergeant Farmer von der Funkleitstelle mit. » Ich übermittele sie direkt an die Navigation.«

Major Travis schaute in die Runde.
»Sirin, Heinze, Commander Brenzby und meine Wenigkeit bilden das Außenteam«, erklärte er.

»Haben sie uns vergessen«, erkundigte sich Tart 1 von dem Schott der Kommando-Brücke herunter. «

Marc lächelte.
»Ihr seid doch meine stillen Begleiter«, entgegnete er. »Das muss ich doch nicht immer erwähnen. «

»Achtung Landung wird eingeleitet«, meldete Sergeant Hausmann.

Die Termar 1 durchflog die unteren Luftschichten von Nardt und setzte leichtfüßig auf. Das eingeschaltete Anti-Gravitations-Polster erfüllte wie gewohnt seinen Dienst. Der Panorama-Bildschirm vermittelte das stetige Treiben auf dem größten Raumflug-Hafen des Planeten. Major Travis Blick glitt nach Norden. Dort waren endlose Kilometer voller Fertigungsstätten und Forschungslabors zu sehen, in denen der Reichtum von Nardt erwirtschaftet wurde. Der wichtigste Raumhafen des Planeten wies eine Fläche von 75 Kilometern Durchmesser auf. Er grenzte direkt an der großen Industriezone an, während im Süden überwiegend die Stadtregionen und die Verwaltungen angesiedelt waren.

»Leutnant Bender, sie übernehmen in unserer Abwesenheit das Kommando des Schiffes«, befahl der Major.

»Befehl verstanden, Herr Major«, antwortete der stellvertretende Commander. «

»Halten sie Kontakt zu unseren Kampf-Schiffen im Orbit«, ergänzte Marc »Es, kann sein, dass wir sie bald brauchen werden. Sie sollen äußerste Wachsamkeit walten lassen.«

Marc blickte in die Runde seiner wartenden Offiziere.
»Es geht los, wir gehen«, animierte er sie.

Als das Team der Termar 1 die Landebrücke hinunter schritt, wartete bereits ein großer Gleiter der Nadoo auf sie. Major Travis schaute Heinze an.

»Bemerkst du etwas Auffälliges?«, fragte er.

Dieser schüttelte den Kopf.
»Ich habe bereits alles gescannt«, erwiderte Heinze. »Es sind nur freundliche Gedanken zu empfangen. «

Als sie sich dem Fahrzeug näherten, öffnete sich eine Flügeltüre. Kanusu trat heraus. Er lächelte freundlich und lief auf die Gäste der Termar 1 zu.

»Ich hätte nicht gedacht, dass ich sie so schnell wiedersehen darf«, begrüßte er seine Gäste. »Steigen sie bitte ein, ich bringe sie zu unserer Verwaltung. Dort kann ich ihnen den Sachverhalt darlegen und unsere Bitte um Unterstützung am besten erklären, weshalb wir Ihre Hilfe benötigen. «

Die zwölf Sadhurls saßen an einem runden Tisch zusammen und tauschten Informationen aus. Sie legten keinen Wert auf Namen und redeten sich mit der jeweiligen Produktions-Nummer an. Jeder von ihnen hatte ein eigenes Aufgabengebiet. Hoheitliche Aufgaben wurden gemeinsam besprochen und beschlossen.

»Unsere Aufklärung hat die Öffnung eines Dimensions-Tores, am Ende unserer Enklave registriert«, sagte 7. »Wie ist das möglich?«, fragte 1. »Bisher konnten wir doch nur den Sonnen-Transmitter als Zugang zu unserer Enklave registrieren?«

»Wir haben auch schon diese Frage versucht zu beantworten«, bemerkte 6. »Es scheint einer neuen Fraktion möglich zu sein, ohne Benutzung des Sonnen-Transmitters ein Tor in unsere Enklave zu öffnen.«

»Das ist nicht möglich«, erboste sich Nr. 3 und sprang von seinem Stuhl auf. Dieser fiel nach hinten um. »Alle unsere Forschungen gehen in die entgegengesetzte Richtung. Es ist hierfür ein ungeheures Energieaufkommen nötig.«

Der Sadhurl, der Nr. 1 genannt wurde, blickte Nummer 3 an.

»Du wirst unseren Untertanen immer ähnlicher«, bemerkte er ärgerlich. »Unterlasse deine Emotionen. Wir reden hier offen über Geschehnisse, die uns alle betreffen.«

Der Angesprochene richtete seinen Stuhl wieder auf und setzte sich gescholten hin. Nr. 1 blickte weiter zu Nr. 7.

»Haben wir noch weitere Daten ermitteln können?«, fragte er.

»Ja«, antwortete dieser. »Wir haben die Energie-Signaturen der Schiffe sehr genau gescannt und ausgewertet. Es handelt sich um keine Antriebs-Energie, die wir hier in unserer Nadoo Enklave verwenden. Ebenso wenig sind es Signaturen, die von Ablondern benutzt wurden. Die Ortungstaster weisen eine sehr starke Ähnlichkeit mit natradischen Energiemeilern auf.

» Seit mehr als 100.000 Jahren haben wir keine Energie-Signaturen mehr von den Natradern registriert«, erinnerte Nr. 11. »Das kaiserliche Imperium ist nicht mehr existent. Wir alle wussten damals von dem uns bevorstehenden Krieg und dem massiven Eindringen der Rigo-Sauroiden in die kaiserliche Hemisphäre. «

»Das dachten wir auch«, entgegnete 7. »Unsere geheime Ortung musste jedoch feststellen, dass der Regierungs-Planet Nardt vor kurzem Besuch von natradischen Schiffen erhielt. «

Die Sadhurls schienen verdutzt zu sein.
»Nach dieser langen Zeit Besuch von natradischen Schiffen, das kann nicht stimmen«, stutzte Nr. 12. »Welchen Sinn hätte dieser Besuch? Die Natrader haben sich die ganzen 100.000 Jahre nicht um uns geschert. «

»Die Schiffs-IDs sind eindeutig«, antwortete 7. »Es besteht keinerlei Zweifel an der Ortung. «

»Wollen sie unsere Enklave wieder ihrem Imperium hinzufügen, oder treten sie nur als Schutzmacht auf?«, fragte 5. »Die Fragen sind irrelevant«, entgegnete Nr. 7. »Wir haben keinen direkten Kontakt mit ihren Schiffen gehabt«, teilte Nr. 7 mit. » Ich kann nur noch einmal auf unsere Raumortung verweisen. Diese Daten wurden von unseren Anlagen analysiert und eindeutig ausgewertet. «

»Das kann unseren ganzen Plan infrage stellen«, erwiderte 1. »Wisst ihr, was das bedeutet? Wir sind zwölf gegen ein ganzes Imperium. Wer wird wohl hier als Gewinner hervorgehen. «

Minutenlanges Schweigen zog sich über den runden Tisch der Entscheidungen.

»Der Plan muss überarbeitet werden«, sagte 1. »Begeben wir uns an die Arbeit. «

»Was ist mit den Gefangenen? «, fragte 4.

»Kümmert euch nicht um sie«, antwortete Nr. 1. »Sie werden nicht mehr lange leben und bedeutungslos in der Dunkelheit verschwinden. «

Die Sadhurls richteten sich auf und gingen den Ausgängen entgegen. Genug Worte waren ausgetauscht worden.

Rattisch Tanlegra bewegte sich in der feuchten Zelle. Er war froh, dass er noch lebte. Langsam richtete er sich auf.

Die feuchte Umgebung hatte seine Kleidung durchnässt. Nur langsam stellten sich seine Augen auf das Halbdunkle der Umgebung ein. Gelbe Kreise und kleine Blitze in seinen Augen beeinflussten seinen Sehnerv. Er rieb sich mit seiner Hand über seine Augen. Rattisch Tanlegra dachte an die zurückliegenden Stunden.

»Jetzt erinnere ich mich wieder«, dachte er. Ich bin paralysiert worden. Die Sehstörungen kamen von den schweren Paralysatoren der Sadhurls. Sie hatten auf ihn geschossen.«

Er dachte nach.
»Das war ein einzigartiger Vorgang. Noch nie hatten die zwölf Sadhurls auf einen ihrer Handels-Mogule geschossen. Etwas muss passiert sein. Die grundsätzliche Situation hat sich geändert. Sie waren immer die Weiser unseres Volkes gewesen, die geistige Steuerung des Planeten. Solang ich zurückdenken kann, waren die Sadhurls die Mächtigen, die für die Aufrechterhaltung der Ordnung sorgten. Es gab Meinungsverschiedenheiten, aber keine irrationalen Handlungen gegen uns Handels-Mogule oder gegen das zivile Volk. Sie hatten sich immer aufrichtig verhalten und sich für das Beste eingesetzt. Auch dieses Mal bin ich wieder in den Palast der Sadhurls, den Herren der hohen Perspektive, eingeladen worden. Es sollten Wirtschafts-Themen mit den anderen Clans erörtert werden.«

Er gehörte zu dem Clan der Tanlegrieden, einer der mächtigsten Familie auf dem Planeten.

Rattisch lag in einer Ecke. Er drehte sich um, suchte nach Saki seiner Sekretärin. Sie lag an der rechten Wand der Zelle und bewegte sich. Schwerfällig stand er auf und schleppte sich zu ihr hinüber. Er hob ihren Oberkörper auf und schüttelte ihn. Nur langsam schlug sie die Augen auf und stöhnte.

»Wo sind wir? «, fragte sie ihn. » Was ist passiert? «

»Das möchte ich auch gerne wissen«, antwortete er. »Werde erst einmal wach, dann suchen wir nach einer Lösung. «

Wieder schüttelte er sie und stellte fest, dass ihr Blick klarer wurde.

»Ich habe noch Sehstörungen«, sagte sie. »Es ist so, als ob jemand ein Feuerwerk in meinen Augen abbrennt. «

»Das legt sich später«, entgegnete Rattisch. » Das sind die gleichen Symptome wie bei mir. Das sind Nachwirkungen des Paralysator-Strahls.

»Der Rat der hohen Perspektive hat seine Ehre verloren«, fluchte Rattisch. »Sie haben sich erdreistet auf uns zu schießen, wir haben zu viele unangenehme Fragen gestellt. Das wird ein Nachspiel haben. Noch nie wurden wir in einer solchen Art gedemütigt. Ich bin der Handels-Mogul einer der mächtigsten Clans unseres Planeten. So etwas kann nicht unbestraft hingenommen werden. «

»Respektvolles Gerede«, entgegnete Saki. » Spare dir das für später auf. Lassen wir lieber nach einem Weg schauen, um hier zu flüchten. «

Rattisch blieb der nächste Satz im Hals stecken.

»Diese Sekretärin raubt mir den letzten Nerv«, dachte er. »Ich hätte sie besser in der Ecke der Zelle liegen lassen. Anderseits ergänzen wir uns hervorragend. Sie hat einen rauen Kern, praktisch kann ich mich auf sie verlassen. Sie ist immer da, wenn man sie brauche. «

Langsam beruhigte er sich wieder und musterte die relativ große Zelle. Er ging die Wände ab und fühlte mit seinen Händen über den glatten Felsen.

» Der Felsen ist nicht von Hand bearbeitet«, flüsterte er. »Die Wände sind förmlich geschmolzen und erkaltet. Über so eine Technik verfügte man in der ganzen Enklave der Nadoo nicht. Wer hatte diese Zelle gebaut?«

Er winkte Saki zu sich.
»Komme bitte einmal zu mir herüber«, sagte er. »Lege deine Hand einmal auf die Zellenwand. Sage mir bitte, was fühlst du? «

Saki tat, wie ihr befohlen. Sie verharrte einen Moment, bevor sie sprach.

»Kalt, aber glatt und ohne Poren«, antwortete sie. »Es fühlt sich wie die Oberfläche von Glas an. «

Rattisch nickte.
»Korrekt, es ist glasierter Felsen«, bestätigte er. »Eingeschmolzen mit modernster Lasertechnik. Das Problem ist nur, dass wir in unserer Enklave nicht über so eine Technik verfügen.«

»Wie ist das möglich?«, fragte Saki.
»Das werden wir herausfinden«, antwortete Rattisch. »Solange wir leben, können wir Fragen stellen.«

»Da hast du ja extremes Glück gehabt, dass wir noch leben«, entgegnete Saki. »Dank deiner Aktion sitzen wir jetzt in dieser Zelle fest und wissen nicht warum. Vielleicht solltest du deine vorlaute Einstellung gegenüber den Sadhurls zukünftig überdenken. Sie scheinen technisch an einem längeren Hebel zu sitzen«.

Rattisch spürte Unmut in ihm aufsteigen.
»Ich konnte diese überheblichen Sadhurls noch nie leiden«, entgegnete er. »Ihre Hochnäsigkeit und ihre Entscheidungen waren noch nie diskutierbar. Das war mir schon immer ein Dorn im Auge. Jetzt ist meine jahrhundertelange Vermutung bestätigt worden, dass sie Dreck am Stecken haben. Zusätzlich haben sie sich selbst bloßgestellt, indem sie uns mitteilten, dass sie Roboter sind. Keiner unserer Clans will von Robotern regiert werden. Zumal, wie es mir scheint, sie noch einen Defekt haben, oder an Zerfallserscheinungen leiden.«

»Sie sind defekt?«, fragte Saki.

»Warum hätten sie sonst auf uns schießen sollen?«, antwortete er.

Saki antwortete nicht mehr hierauf. Sie blickte ihn fragend an.

»Wir müssen hier raus«, erkannte Rattisch. »Koste es, was es wolle. Wir werden die hochnäsigen Blechkonstruktionen abschalten und aufs Alteisen werfen.«

Er fühlte an seiner Kleidung herunter.
»Die Waffen haben sie uns abgenommen«, flüsterte er. »Aber meine Spezialuhr trage ich noch am Handgelenk.« Sie ist eine Eigenkonstruktion meines Handelskontors. Bereits öfter hat sie mir gute Dienste geleistet. Man kann sich hiermit nicht nur die Zeit anzeigen lassen.«

Er öffnete den Deckel seiner Uhr und drücke auf dem darunter liegenden Display eine Ziffer. Ein grüner fluoreszierender Strahl breitete sich aus. Das Licht wanderte über die Wände und hielt plötzlich inne. Die Farbe veränderte sich in ein tiefes Rot.

»Hier ist ein Energie-Mechanismus«, erkannte Rattisch entzückt.

Er ging näher an die Wand heran und schaute auf sein Display. Die Tastatur auf seinem Display erlosch und gab einen Bildschirm frei. Er konnte exakt die Energieverbindungen erkennen, welche die Zelle sicherten. Rattisch drückte wieder eine Ziffer. Dieses Mal gab die Uhr einen gelben Laserstrahl frei. Er richtete den Energiestrahl auf die Wand. Dieser schnitt vorsichtig eine tiefe Furche in den Felsen. Rattisch führte den Strahl vorsichtig zu der Tastatur. Der Stein dampfte. Das ausgeschnittene Felsstück fiel aus der Wand auf den Boden und gab den Blick auf die Energie-Leitungen frei.

»Werden wir wohl beobachtet?«, fragte Saki«

»Ich glaube nicht«, sagte ihr Vorgesetzter.

»Unterschätze die Sadhurls nicht«, bemerkte Saki.

»Selbst hier, weit weg von ihrem Tagungsraum, können sie Sensoren installiert haben. Vielleicht sichern sie die getarnten Zellen-Ausgänge.«

»Das glaube ich nicht«, antwortete Rattisch. »Wir haben ja bereits festgestellt, dass dieser Zellenkomplex nicht von den Sadhurls erbaut wurde. Diese Technik gibt es nicht auf unserem Planeten. Diese Zelle wird sicherlich nur von ihnen benutzt.«

Rattisch hob seine Hand und wies Saki damit an, ruhig zu sein. Er hob seine Uhr und durchschnitt mit dem Laserstrahl die offen liegenden Leitungen. Rechts neben ihm sprang eine vorher nicht sichtbare Zellentür auf. Vorsichtig ging er hierauf zu. Er steckte den Kopf hinaus und schaute nach rechts und nach links.

» Die Luft ist rein«, flüsterte er«. » Wir können gehen. « Saki hielt jedoch inne.

»Das geht mir alles zu einfach«, stutzte sie. »Was ist, wenn wir in eine Falle laufen? «

»Was für eine Falle«, entgegnete Rattisch. »Ich sehe hier nur glasierten Felsen. Die Frage stellt sich jetzt, in welche Richtung wir gehen. Mir ist dieses Gewölbe gänzlich unbekannt. Ich kenne zwar den Palast der Sadhurls, weil mein Clan mit an dem Bau für die Herren der hohen Perspektive beteiligt war, aber dieses Gewölbe kenne ich nicht. «

Er schaltete wieder den Scanner seiner Uhr ein und hielt ihn in die Richtung des Ausganges.

»Ich empfange Daten«, sagte er emotionslos.

Er erwartete keine Antwort von seiner Sekretärin. Sie war stets skeptisch.

»Wir gehen nach rechts«, befahl er. »Die Gänge scheinen dort breiter zu werden. Sehen wir einmal, wie wir von dort weiterkommen. «

Sie machten sich auf den Weg und gingen der Anzeige von Rattisch Uhren-Scanner nach. Vorsichtig, ohne Lärm zu verursachen, jede dunkle Nische als Deckung ausnutzend, schlichen die beiden Gefangenen den Gang entlang.

***

Der Gleiter hielt wieder vor dem imposanten Gebäude, das den Regierungs-Sitz auf Nardt präsentierte. Major Travis war bereits bei seinem ersten Besuch von diesem Gebäude beeindruckt gewesen. Eine lange Treppe führte zu der 16 Meter hohen Pforte. Rechts und links standen Elite-Soldaten der Nadoo Spalier und bezeugten im Vorbeigehen der Delegation des neuen Imperiums ihren Gruß. Ein kurzer Blick von Marc auf Heinze genügte, um ihm zu vermitteln, dass alles in Ordnung war. Bei seinem ersten Besuch musste noch ein Attentats-Versuch, einer abgesplitterten Nadoo-Gruppe, verhindert werden.

Marc schaute Commander Brenzby an.
»Hier hat sich in unserer Abwesenheit eine ganze Menge getan«, bemerkte er. »Die ganze Situation ist wesentlich entspannter als bei unserem ersten Besuch.« Die Gruppe schritt gemächlich die Treppe hoch. Die Torwache erkannte Kanusu bereits von weitem und öffnete die schwere Pforte. Kurze Zeit später hatten sie den Regierungssitz erreicht.

Itarus, der alte Ratspräsident, war auch zugegen.
»Da kommen unsere neuen Freunde«, sagte Major Travis freudig.

Er streckte seine Hände aus, um die Gäste zu begrüßen. »Ich wollte mir es nicht nehmen lassen, sie zu begrüßen«, sagte er. »Leider Ich habe noch einiges mit dem

Verwaltungsrat zu besprechen und kann an ihrem Gespräch nicht teilnehmen. Kanusu hat mich informiert, dass er ihre Hilfe braucht. Sie sind bei ihm in guten Händen. Er kann sie über alles informieren. Ich hoffe, sie haben schnell Erfolg.«

»Wir werden unser Bestes geben«, antwortete Major Travis.
Kanusu führte die Gäste in den dahinter liegenden großen Raum, der mit technischen Anlagen nur so gespickt war. Hier liefen die zentralen Informationen auf dem Planeten Nardt zusammen.

»Sehen sie ihre Anwesenheit an diesem Ort bereits als Vertrauensbeweis unsererseits«, bemerkte Kanusu. »Das ist unsere geheime Nachrichten-Stelle. Hier laufen alle Ortungen und Funksprüche in unserer Enklave zusammen. Wir erfahren alles, was täglich in unserer Enklave passiert.«

Major Travis war fasziniert von der Größe des Raumes. Er schaute sich um. Nadoo's in weißen Anzügen liefen hin und her, andere saßen an Displays und beobachteten die Bildschirme.

»Wie viele Personen arbeiten hier?«, fragte Sirin.

Kanusu schaute sie an.
»Bei dem aktuellen Stand werden es fast 500 Mitarbeiter sein«, antwortete er stolz. »Nachdem wir sie jetzt kennen gelernt haben und sie uns weiterreichende

Wirtschaftsbeziehungen angeboten haben, werden wir die Mitarbeiterzahl noch weiter erhöhen.

Die Gruppe blieb vor einem CIC ähnlichem Gerät stehen. Auf dem Bildschirm wurden alle Planeten der Nadoo-Enklave angezeigt. Kanusu zeigte auf den siebten Planeten.

»Das ist unser Sorgenkind«, erklärte er.

Major Travis betrachtete das Display.
»Was bedeuten denn die vielen kleinen Punkte um den Planeten herum? «, fragte er Kanusu.

»Das ist ein seit Tagen beobachtetes, großes Flotten-Aufkommen der Tanlegrieden«, erklärte er. »Unsere letzte Zählung ermittelte über 300 Schiffe, aber es werden jeden Tag mehr. Sie wissen ja, dass Planet 7 als Technik-Planet in unserer Enklave fungiert. Dort wurden unsere Entwicklung und Technik angesiedelt, die Werften und die Ausstattungs-Betriebe der Raumschiffe. Alles zentral in einer Hand, was sich jetzt natürlich als Nachteil erweist. Das Einzige, das auf unseren Regierungs-Planeten belassen wurde, ist die Raumschiff-Akademie. Das Personal wird nach wie vor hier bei uns ausgebildet.«
Dann wird Planet 7 irgendwann Probleme bekommen und seine Schiffe nicht mehr mit Personal ausstatten können«, entgegnete Major Travis.

»Das haben wir auch vermutet«, entgegnete Kanusu. »Es kann aber sein, dass die Tanlegrieden die Technik bereits auf eine Robot-Steuerung umgestellt haben. Damit ist jedes weitere Personal überflüssig. Unsere Anfragen werden nicht mehr beantwortet, die Kommunikation ist förmlich abgebrochen. Defekte Schiffe verbleiben in ihren Reparatur-Docks, neue Regierungs-Aufträge über Schiffe werden nicht mehr ausgeliefert.«

»Warum nennen sich die Bewohner des 7. Planeten Tanlegrieden?«, fragte Sirin.

Kanusu schaute lächelnd zu ihr herüber.
»Wir alle in dieser Enklave nennen uns Nadoo«, antwortete er. »Der hohen Perspektive des Planeten 7 war dies nicht gut genug. Bekanntlich ist es ein Rat von zwölf Personen, die dem Planeten vorsteht. Es ist vergleichbar mit einem Rat der Weisen, der Ordnung in die Clans der Bevölkerung bringt. Die Handels-Organisation der Clans, vertreten durch je einen Mogul, konnte sich bislang immer auf die Weisheit der hohen Perspektive verlassen. Sie hatten das nötige Feingefühl, um für alle Seiten profitable Geschäfte abzuschließen. Dies scheint jetzt ins Gegenteil umgeschlagen zu sein. Wir haben Ortungs-Schiffe zu Planet 7 befohlen, um die Situation vor Ort zu begutachten. Scheinbar haben wir in ein Wespennest gestochen. Unsere Schiffe wurden abgefangen und angegriffen. Nur dank unserer beherzten Schiffsführer und unter erheblichen Beschädigungen konnten wir unsere Schiffe noch aus der Gefahrenzone zurückziehen. Die Tanlegrieden scheinen über viele

Schiffs-Neubauten zu verfügen, die waffentechnisch unseren älteren Schiffen hoch überlegen sind. Diese Schiffe baut man nicht an einem Tag. Es scheint so, als ob dieses Vorhaben von den Tanlegrieden bereits seit längerem geplant war. «

«Welchen Grund sollten sie haben, derart aufzurüsten? «, fragte Heinze.

Kanusu verharrte einen Augenblick.
»Wir wissen es nicht«, antwortete er. »Jedoch finden derzeit auf unserer siebten Welt extreme Veränderungen statt, die uns sehr beunruhigen. Wir bekommen keine Verbindung mehr zu der Bevölkerung oder zu unseren Gesprächspartnern. Es ist möglich, dass sie gar nicht mehr leben, beziehungsweise entlarvt wurden. «

» Sie reden von Spionen? «, fragte Commander Brenzby.«

Kanusu nickte.
»Sie können sie Spione nennen, oder auch nur Informanten«, entgegnete Kanusu. »Diese Personen konnten uns aber in der Vergangenheit immer rechtzeitig über negative Vorfälle auf dem Planeten informieren. Hierdurch konnten wir rechtzeitig gegensteuern. Das Ganze funktionierte über Jahrtausende. Jetzt ist die Verbindung jedoch ganz abgebrochen. «

Major Travis hatte schweigend den Ausführungen von Kanusu zugehört.

»Es führt kein Weg daran vorbei, wir werden uns ein Bild direkt vor Ort machen müssen«, sagte er. »Über wie viele einsatzfähige Kriegsschiffe verfügen sie?«

Kanusu's Blick verschleierte sich.
»Ohne die Ausfälle von den letzten Kampfhandlungen mitzurechnen, sollten wir derzeit hier auf dem Planeten über 2.000 Kriegsschiffe, unterschiedlicher Größe, in den Werften verfügen«, antwortete er.

»Das ist doch bereits eine stattliche Menge«, bemerkte Major Travis.«

»Ich könnte weitere 5.000 Schiffe, aus den Werften der restlichen Planeten unseres Systems anfordern«, ergänzte Kanusu. »Ich weise aber noch einmal darauf hin, dass unsere Schiffsbauten den neuen Konstruktionen der Tanlegrieden um ein Vielfaches unterlegen sind.«

»Sie sprachen von derzeit 300 Schiffen, die ihre Aufklärung gezählt hat«, antwortete Major Travis. »Haben sie sich bei dem letzten Gefecht Schiff gegen Schiff gestellt, oder konnten sie bereits einen Gruppen-Beschuss ausprobieren?«, fragte er.

»Was meinen sie mit einem Gruppen-Beschuss?«, fragte Kanusu nach.

»Hiermit meine ich die gezielte Überlastung der gegnerischen Schutzschirme der Schiffe von Planet 7«, erklärte Marc. »Wenn die Feuerkraft eines einzelnen

Schiffes nicht ausreicht, müssen wir Gruppen zu fünf Schiffen bilden. Hiermit ist es möglich, die Feuerkraft unserer Schiffe zu erhöhen, um somit eine Überlastung des gegnerischen Schutzschirmes zu erreichen. Es muss ein synchronisierter Beschuss der Schiffe stattfinden. Ich kann mir vorstellen, dass die Tanlegrieden ihre Waffen zwar weiterentwickelt haben, trotzdem glaube ich nicht, dass die Schutzschirme ihrer Schiffe einen direkten Beschuss von fünf Schiffen standhalten. Wir sprechen von der fünffachen Einschlags-Kraft.«

Kanusu schüttelte den Kopf.
»Nein«, antwortete er. »Auf diese Idee sind wir bislang nicht gekommen. Es wäre einen Versuch wert.«

»Bevor die Waffen sprechen, sollten sie nochmals versuchen mit den Tanlegrieden Kontakt aufzunehmen«, riet Sirin. Halten sie die Schiffe von einem Angriff ab.«

»Das wäre in unserem Sinn« entgegnete Kanusu. »Wir können nach den langen Jahren unserer Abgeschiedenheit auf rohe Auseinandersetzungen verzichten.«

Commander Brenzby hatte sich kurz mit Marc unterhalten. Dieser schaute wieder zu Kanusu hinüber.

»Commander Brenzby hatte noch einen guten Einfall«, bemerkte Marc. »Sie leiten den Einsatz auf der Termar 1. Wir möchten nicht, dass ihr Schiff versehentlich getroffen wird und wir unseren neuen Ansprechpartner verlieren.«

»Ihr Angebot nehme ich gerne an«, bedankte sich Kanusu. » Ich instruiere alle Einheiten. Morgen früh fliegen wir los. «
Er ließ eine kurze Pause verstreichen.
»Ich habe ihnen das gleiche Hotel reserviert, bei wie bei ihrem letzten Besuch«, schmunzelte er. Nach meinem Eindruck waren sie mit dieser Unterkunft sehr zufrieden. « Sirin nickte dankbar.

»Sehr zufrieden«, antwortete sie. »Der schöne Ausblick vom Balkon entschädigt für so viele Bemühungen der letzten Zeit. «

»Das freut mich«, antwortete Kanusu. »Ein Gleiter steht bereit. Mein Sicherheits-Team bringt sie zu ihrer Unterkunft. Wir sehen uns morgen früh am Raum-Flughafen. Ich warte auf sie. «

Major Travis gab Kanusu die Hand.
»Wir bedanken uns für Ihre Gastfreundschaft«, sagte er. »Wir werden pünktlich sein. «

Kanusu winkte dem Sicherheits-Team und führte seine neuen Freunde aus dem Sicherheitsbereich der zentralen Verwaltung von Nardt heraus. Er schaute dem schwebenden Gleiter einige Zeit hinterher, dann drehte er sich um und ging zurück in das Gebäude.

Sirin lag auf der Couch, des großen luxuriös eingerichteten Apartments. Sie verfolgte mit ihren Blicken Marc, der in dem Zimmer auf und ab schritt. Er hatte gerade eine hauchdünne Folie aus der Innentasche seiner Jacke genommen und diese auf seinem Tablett-PC vergrößert. Kanusu hatte ihm die Ortungsdaten überspielt, so dass er sie noch einmal in Ruhe sichten konnte. Sie bemerkte, dass er sie mit keinem Auge beachtete. Langsam wurde sie ungeduldig.

»Schatz, was suchst du denn? «, fragte sie.
Er blickte erstaunt auf.

»Was für eine Frage soll das sein? «, antwortete er freundlich. » Du weißt doch, welche Aufgabe wir vor uns haben. «

»Setze dich doch einfach zu mir auf die Couch«, hauchte sie. Dabei können wir uns die Folie gemeinsam anschauen. Dann brauchst du nicht immer so unruhig durch den Raum zu laufen. Entspanne dich doch etwas. «

Marc wusste, was Sirin wollte.

»Ihr ist langweilig«, dachte er.
Sie schaute ihn mit diesem verführerischen Blick an, den er so an ihr liebte.

Gedanken schossen ihm durch den Kopf.

»Sie ist in letzter Zeit zu kurz gekommen«, erinnerte Marc sich. »Immerhin ist sie eine Frau, die starke Gefühle für mich hegt«.

Er erwiderte diese Gefühle, wenn auch in letzter Zeit zu selten. Sie nahm es hin, ohne zu murren.

»Du hast recht«, sagte er schließlich. »Auf der Couch ist es ja auch viel bequemer. Ich komme zu dir. «

Ihr Grinsen wurde breiter. Sie hob das Glas und nippte an dem sektähnlichen Getränk. Marc ließ sich auf die Couch fallen und rutschte neben sie. Er konnte ihren betörenden Duft riechen. Höflich drehte er den Kopf zu ihr hinüber.

»Du riechst wieder gut«, bemerkte er.
Das war das Stichwort für Sirin. Der Redeschwall begann.
»Das wollte ich eigentlich vermeiden«, dachte Marc.

Sie erzählte ihm von dem letzten Aufenthalt auf der Erde und wo sie das neue Parfüm gekauft hatte. Dann von vielen neuen kleinen Geschäften, die sie entdeckt hatte und von Produkten, die Marc noch gar nicht kannte. Er hörte eine lange Zeit geduldig zu und griff dann wieder nach seiner Folie. Sirin riss ihm diese aus der Hand und warf sie zu Boden. Dann zog sie seinen Kopf zu ihr hinunter und küsste ihn leidenschaftlich. Ihre Hände öffneten geübt sein Hemd und zogen es aus. Marc dachte kurz an die Folie.

»Die Informationen auf der Folie werden warten müssen«, erkannte er.

Dann konzentrierte er sich nur noch auf Sirin.

***

Stunden waren vergangen. Rattisch Tanlegra und seine Sekretärin irrten durch die Gänge der unterirdischen Zellen-Anlage.

»Was zeigt dein Uhren-Scanner an? «, fragte Saki.
» Wann kommen wir endlich zu einem Ausgang. Mir ist fürchterlich kalt. «

Rattisch verzog das Gesicht.
»Du bist die ganze Zeit nur am Nörgeln«, flüsterte er. »Es handelt sich hier um eine komplexe Anlage. Der Scanner zeigt unzählige Gänge an, durch die wir gehen können. Ich hätte dich besser in der Zelle gelassen. «

Der vertiefte seinen Blick auf den Scanner.
»Das Display zeigt noch keinen Ausgang an, nur viele unterschiedliche Wege«, teilte er mit. »Das Problem ist es, den Gang zu einem möglichen Ausgang zu finden. «

»Mit anderen Worten, dein Scanner taugt nichts«, grollte sie.

»Jetzt halte dich einmal zurück«, sprach er sie an. »Das kleine Display des kleinen Scanners kann unmöglich die ganze Komplexität dieser Anlage anzeigen. «

Sein strenger Blick ermahnte sie. Saki zog es vor, keine Frage mehr zu stellen. Sie kannte Rattisch zur Genüge. Wenn er mit einer Aufgabe überfordert war, wurde er schlicht unerträglich.

»Immer noch besser, als in der Zelle zu sitzen«, dachte sie. «
Rattisch stoppte. Saki lief auf ihn auf und schubste ihn hierdurch nach vorne.

»Aufpassen«, hauchte er ihr zu.
Er hob den Arm und zeigte nach vorne.
»Dort ist ein Lichtreflex«, bemerkte er.

»Ist das gut, oder ist das schlecht? «, erkundigte sich Saki. » Woher soll ich das wissen? «, beantwortete er ihre Frage. » Wir können es nur überprüfen. Schleichen wir uns an und schauen einfach, woher das Licht kommt. Wenn wir Glück haben, handelt es sich vielleicht um einen Ausgang. «

»Deine Hoffnung muss ich leider trüben«, sagte sie. » Hast du nicht bemerkt, dass wir stetig leicht den Berg abwärts geschritten sind? Wir können nicht zur Erdoberfläche gelangt sein. «

Rattisch blickte sie an und schüttelte den Kopf.

»Nein, das habe ich nicht gemerkt«, antwortete er.

»Dein Scanner hat auch kein Gefälle angezeigt?«, fragte sie ihn.

»Das ist ein Scanner und kein Neigungsmesser«, erwiderte er schroff. »Genug der Diskussionen. Wir schauen uns an, woher das Licht stammt?«

Langsam schlichen sie weiter. Jede Deckung, jede Nische ausnutzend. Der Gang schien unendlich zu sein. Das Licht wurde nicht größer. Unzählige Gedanken schwirrten durch seinen Kopf.

»Das ganze Leben besteht nur aus Verlusten und Täuschungen«, registrierte er. »Ein Verlust und eine Enttäuschung nach dem anderen. Denen ich vertraut hatte, zu denen ich aufgeschaut hatte, den so genannten Sadhurls, haben mich hintergangen und verraten. All die vielen Freunde, die mich ein Stück des Weges begleiten durften, müssen als verloren bezeichnet werden. Manchmal wünsche ich mir, ich wäre an ihrer Stelle gestorben. Immer wieder nur Geschäfte. Warum das alles nur? Damit ich nicht das Gefühl eines Verlustes ertragen brauche? Die Trauer ist mein schlimmster Feind.«

Er riss sich zusammen. Noch hatten die Sadhurls ihre Flucht nicht bemerkt. Vermutlich waren sie zu sehr mit sich selbst beschäftigt. Saki verstand ihn nicht, doch das war ein anderes Thema. Der Blick von Rattisch richtete sich nach vorne. Er hob die Hand und blieb stehen. Diesmal war Saki vorsichtiger und lief nicht auf.

»Was ist nun schon wieder?«, fragte sie.
Sie blickte vorsichtig an ihm vorbei. Vor ihnen lag eine große Treppe, die weiter in die Tiefe führt. Grelles Licht quoll herauf.

»Ein Licht aus der Tiefe«, bemerkte Rattisch. »Es scheint noch interessanter zu werden.«

Langsam hatten sich seine Augen an das grelle Licht gewöhnt. Er blickte auf seinen Scanner.

»Den können wir vergessen«, sagte er. »Das grelle Licht beeinflusst die Messungen.«

»Da unten steht jemand«, bemerkte Saki.

Rattisch hob seinen Kopf und schaute geschärft in das Licht. Sein Blickfeld vergrößerte sich und wurde langsam klarer. Jetzt sah er es auch. Es war eine 3 Meter hohe, goldene Statue. Direkt gegenüber stand die gleiche Statue. Jeweils dahinter weitere Statuen. Die Brust der Figur zierte ein sechszackiger Stern.

»Was ist das?«, fragte Saki. »Es sind Götzen, aus alten Zeiten«, antwortete Rattisch. »Mehr kann ich noch nicht erkennen. Wir sollten hinunter gehen und sie untersuchen. Vielleicht können wir sie gewinnbringend veräußern?«

»Du denkst immer nur an den Gewinn«, stöhnte Saki. »Die Gestalten sehen so fremdartig aus. «

»Sie sind einfach anders, wie Fabelwesen«, flüsterte Rattisch. »Wenn wir hier stehen bleiben, werden wir es nie erfahren. «

Langsam und vorsichtig schritt er voraus, die lange Treppe hinunter ins grelle Licht. Saki folgte ihm in geringem Abstand. Rattisch riss sich zusammen.

»Noch scheinen die Sadhurls unsere Flucht nicht entdeckt zu haben«, dachte er. »Ich werde Saki weiter belügen müssen. Mir sind die Statuen genauso fremd, wie die Gänge, durch die wir hier schreiten. Ich darf mir nichts anmerken lassen. «

Vor ihm wurde das Licht greller, so dass er die Augen zusammenkneifen musste. Nur durch die fast gänzlich geschlossenen Augenlider bemerkte er, wie das Licht langsam erträglicher wurde. Langsam öffnete er wieder seine Augen. Er stand neben der ersten Statue. Rattisch drehte sich um und registrierte die massiven Lichtquellen, die alle auf die Treppe gerichtet waren.

» Blender-Einheiten«, erkannte er erstaunt.

»Welchen Zweck haben sie? «, erkundigte sich Saki.

»Sie sollen die direkte Sicht auf etwas verbergen«, antwortete er ihr.

Langsam drehte er sich wieder den Götzen zu und musterte sie eindringlich.

»Ist dir in unseren Archiven schon mal so eine Lebensform aufgefallen?«, fragte er seine Sekretärin.«

Diese musterte nun ebenfalls die goldenen Abbilder. Saki schüttelte ihren Kopf. Rattisch Tanlegra hob seinen Arm und zeigte auf den Körper der goldenen Statue.

»Es sieht so aus, als ob der Körper des Lebewesens beschuppt wäre«, bemerkte er.

Auch Saki fiel es jetzt auf.
»Es sind keine uns bekannten Lebewesen«, ergänzte sie. »Wie alt mögen die Abbilder wohl sein?«

»Das ist schwer zu sagen«, antwortete ihr Chef. »Nach den Strukturen der Gänge aber zu urteilen, sehr alt. Ich bin mir mittlerweile nicht mehr sicher, ob die Sadhurls hiervon wissen.«

»Können sie nicht die Energie-Versorgung der Blendungsstrahler orten?«, quetschte sie ihn aus.

»Das könnte man denken, doch es kann sich hierbei auch um ein autarkes System handeln«, entgegnete der Handelsmogul. »Die ersten Gänge, die wir durchschritten haben, waren eindeutig aus der Epoche des kaiserlichen natradischen Imperiums. Falls du es nicht bemerkt haben solltest, die letzten Gänge wurden eindeutig noch feiner bearbeitet. Die Oberfläche fühlt sich Porenlos, kalt und glasig an, genau wie die Wand in unserer Arrest-Zelle. Hier wurde mit wesentlich aufwendigeren und fortgeschrittenen Maschinen gearbeitet. «

Saki blickte instinktiv zu den Wänden und musterte sie.

»Jetzt, wo du es sagst, fällt es mir auch auf«, entgegnete sie.

Der Handelsmogul seufzte und wandte sich wieder den Götzenbildern zu. Sein Blick glitt von Statue zu Statue.

»Es stehen auf jeder Seite 12 Stück, in einem Abstand von 2 Metern«, bemerkte er. »In der natradischen Geschichte, die ich ja bekanntlich ausgiebig studiert habe, bewachen solche Götzen immer ein Heiligtum. Aber was bewachen diese Abbilder hier. Der Weg endet hinter ihnen. Das ist eine Sackgasse. «

»Lass uns zurückgehen und einen anderen Weg suchen«, schlug Saki ungeduldig vor. »Mir ist unheimlich. «

»Das werden wir wohl machen müssen, wenn wir das Rätsel nicht lösen«, antwortete er.

Rattisch lief an jedem Abbild vorbei und musterte es eindringlich. Dann stand er vor der Wand, die ein

Weiterkommen versperrte. Er strich mit seinen Händen über die Fläche.

»Genauso glatt, wie die Wände in der Zelle«, erkannte er. »Es ist kein auffälliger Mechanismus feststellbar. «

Er stierte intensiv auf die Felswand.
»Es ist sicher zu unserem Besten, wenn wir die Lösung finden«, dachte er.

Rattisch hob seinen Arm und aktivierte den Uhren-Scanner. Unverständliche Ziffernkolonnen liefen auf dem Display ab. Er drehte sich wieder zu Saki um, die noch vor der ersten Statue stand und diese vorsichtig betastete.

»Der Scanner zeigt wirre Daten an, die er nicht zuordnen kann«, teilte er mit.

»Wieso macht er das? «, fragte sie.

Rattisch Tanlegra zog seine Stirn in Falten.
»Das macht er immer, wenn er Daten ermittelt, die nicht in seinem Datenarchiv zu finden sind«, entgegnete er. »Hast du etwas Auffälliges entdeckt? «

Saki schüttelte ihren Kopf.
»Nichts«, sagte sie enttäuscht. »Doch, einen Moment noch.«

Die Stein-Platte, mit dem sechseckigen Stern auf der Brust der Figur, hatte unter Ihrer Berührung nachgegeben.

»Die Brustplatte lässt sich ganz einfach eindrücken«, teilte sie ihm mit. «

»Sei vorsichtig«, antwortete er. »Das kann eine Falle sein. « »Es ist nichts passiert«, antwortete sie.

Rattisch hatte sie die ganze Zeit beobachtet. Jetzt drehte er seinen Kopf wieder zu der Wand, die ihnen den Weg versperrte. Er stutzte.

»Was ist das? «, dachte er.
Rechts unten an der Wand leuchtete ein grünes Licht.

»Saki musste es aktiviert haben«, grübelte er.
Er schaute wieder zu ihr hinüber.

»Geh doch einmal zu der zweiten Statue und drücke dort ebenfalls auf die Brust-Platte«, motivierte er sie.

»Was soll das bringen? «, fragte sie.

»Mache es bitte einfach«, antwortete er ungeduldig. »Es könnte der Weg sein, der uns hier herausbringt. «

Saki ging leichtfüßig zu der nächsten Statue. Rattisch beobachte sie peinlich genau. Er bemerkte, wie sie zögerte und unsicher ihre Hand zurückzog.

»Nun drück endlich die Platte hinein«, forderte er sie auf.

»Wie viel Glück muss man haben, dass auch diesmal nichts passiert«, antwortete sie.

Ihr Blick glitt nach oben, zu der Platte mit dem sechszackigen Stern, der in der Brust der goldenen Figur eingelassen war. Saki war mulmig zu Mute. Dennoch wusste sie, was ihr Chef von ihr verlangte. Sie rechnete mit dem Schlimmsten. Langsam ob sie ihre Hand und legte sie auf die Steinplatte der Figur. Dann drückte sie die Platte beherzt fest in die Figur hinein. Sie bewegte sich leicht und ohne viel Kraftaufwand.

»Fertig«, sagte sie.

Dieser drehte sich wieder zu der Wand um und blickte auf die untere rechte Seite der Mauer. Ein zweites grünes Licht leuchtete neben dem Ersten.

»Wir sind auf dem richtigen Weg«, freute sich Rattisch.«

Das Eindrücken der Platten löst eine Funktion aus. Schnell, lass uns alle Platten betätigen. Schauen wir einmal, ob etwas passiert.

Flink wie ein Wiesel, lief Rattisch zu der ersten Figur. Saki schaute zu ihm herüber und war verwundert, wie flink Rattisch sich bewegen konnte. Aus dem behäbig daher schreitenden Handelsmogul war eine sprintende Gestalt geworden.

»Diese Geschwindigkeit hätte ich ihm gar nicht zugetraut«, lachte sie.

Jetzt stand er vor der ersten Figur und musterte sie eindringlich. Er zögerte kurz, doch es gab kein Zurück mehr.

»Ich habe mit seinem Instinkt immer das Für und Wider genau abgewogen, erst dann eine Entscheidung getroffen«, dachte er. »Jetzt muss ich sie nur noch vertreten. «

Der Handelsmogul hob seine Hand und drückte die vor ihm liegende Steinplatte, auf der Brust der Figur fest nach innen. Sie ließ sich leichtgängig und einfach bewegen. Schnell lief er zurück zu der Wand und stellte fest, dass ein drittes Licht grün leuchtete. Überraschend leuchtete ein viertes Licht auf. Er drehte seinen Kopf und sah, dass Saki bereits wieder die Platte einer Figur gedrückt hatte. Wieder lief er zurück und nahm sich das nächste Abbild vor. Sie waren ein eingespieltes Team. Es dauerte nur wenige Momente, dann waren 11 Steinplatten betätigt.

»Komm zu mir herüber«, forderte er Saki auf. »Die letzte Platte bewegen wir gemeinsam. «

Saki gesellte sich an seine Seite.
»Bist du bereit«, fragte er seine Begleiterin.

Sie nickte schüchtern. Er wartete noch einen Augenblick.

»Lege deine Hand auf die Platte«, sagte er.

Sie tat wie befohlen. Anschließend folgte Rattisch ihrem Beispiel.

»Jetzt, gemeinsam drücken«, befahl er.

Knirschend schob sich die schwere Steinplatte in die Brust der goldenen Figur. Schnell zog Saki ihre Hand respektvoll zurück. Der Handelsmogul schaute sie an und schüttelte den Kopf.

»Hast du gedacht, du fällst jetzt tot um, nachdem von den ersten Abbildern keine Gefahr ausging?«, fragte er.

Sie murmelte etwas, das Rattisch jedoch nicht verstand. Er war mit seinen Gedanken schon wieder mit anderen Dingen beschäftigt. Er schaute auf den unteren Rand der Mauer, auf der alle 12 Lichter brannten.

»Achtung, die Lichter beginnen zu pulsieren«, registrierte er. »Jetzt sollte etwas passieren. «

Er hatte seine Worte kaum ausgesprochen, als die Mitte der Wand durchlässig wurde. Ein 2 Meter im Durchmesser großer, sechseckiger Stern, mit fluoreszierendem Licht, bildete den Eingang zu dem nächsten Gang.

»Ein getarnter Durchgang in Sternform«, flüsterte er erstaunt. »Ich habe es gewusst. Was erwartet uns wohl dahinter?«

»Kommen wir durch diesen Durchgang auch wieder zurück?«, fragte Saki. »Wenn wir dahinter keinen Ausgang finden, dann sitzen wir endgültig fest. Wenn es stimmt, dass die Sadhurls diesen Bereich der Anlage nicht kennen, dann verrotten wir hier, ohne dass uns jemand findet.«

Rattisch versuchte Saki zu beruhigen.
»Es macht keinen Sinn bei geheimen Anlagen nur einen Ein-oder Ausgang zu bauen«, antwortete er. »In der Regel ist immer noch ein zweiter Fluchtweg zu finden.

Diese Vorgehensweise ist bei allen Kulturen in gleicher Weise beliebt.«

Rattisch wühlte in seiner Kleidung und zog einen Schreibstift heraus.

»Etwas anderes habe ich derzeit nicht dabei«, sagte er. « Er drehte sich der fluoreszierenden Öffnung entgegen und warf den Stift hinein. Sofort verschwand dieser ohne Probleme.

»Das gibt Hoffnung«, hauchte er Saki zu.
»Der Stift ist nicht verbrannt, oder hängengeblieben«, flüsterte er. »Er hat den Durchgang problemlos gemeistert. Es besteht keine Gefahr für uns.«

»Uns bleibt keine andere Möglichkeit«, entgegnete sie. »Wir müssen einen Ausgang finden. «

»Ich gehe als Erster durch die Öffnung, du folgst bitte direkt hinter mir«, befahl Rattisch.

Schon immer war er es gewohnt, Anweisungen zu geben. Er wusste selbst am besten, dass er nicht nur die Macht korrumpieren konnte, sondern auch schon die Aussicht auf seine Macht. Immerhin waren sie direkte Nachkommen des natradischen Imperiums. Einer ehemals stolzen Rasse, die sich vor nichts fürchtete. Dahin wollte er sein Volk wieder führen. Alte Tugenden sollten wieder neu erweckt werden. Das sollte ein Privileg für sein Volk sein und er sah es auch als seine Verpflichtung an.

Er blickte sie ein letztes Mal an.
»Hast du alles verstanden? «, fragte er sie.

Sie nickte nur, nicht fähig ein Wort auf seine Frage zu äußern. Beherzt trat er vor die Wand und schritt in das fluoreszierende Licht. Saki sah, wie er sich auflöste und verschwand. Sie nahm allen Mut zusammen und folgte ihm auf dem direkten Wege.

Rattisch fühlte sich durchgefroren. Vor ihm flammten unzählige Lichter auf. Er stand in einer großen Zitadelle, einer Art Felsenhalle, dessen Ausmaße er nicht zu schätzen vermochte. Ein Ruck ging durch seinen Körper.

Er bemerkte, wie ihn jemand schubste. Saki war angekommen und aufgelaufen.

»Mir ist kalt«, jammerte sie.
»Das vergeht gleich«, antwortete er. »Es sind die Nachwirkungen des Energiedurchganges. «

Immer mehr Lichter flammten vor ihnen auf und leuchteten die große Halle aus.

»Wo sind wir jetzt? «, fragte sie. » Dieser Raum ist unübersehbar groß. «

»Das wird die zentrale Maschinenhalle der Anlage sein«, antwortete der Handelsmogul.

Langsam schritten sie vorwärts. Überall standen gigantische Maschinen herum, soweit ihre Augen reichten. Ein breiter Gang führte scheinbar in die Mitte der Halle, an vielen dieser fremdartigen Maschinen vorbei, in das Zentrum der Anlage.

»Wir müssen uns weiterhin vorsichtig verhalten«, riet er ihr. »Alle Maschinen sehen sauber aus, als ob sie gepflegt und gewartet werden. Ich registriere keine Staubablagerungen, oder Verunreinigungen. Selbst der Boden ist in einem tadellosen Zustand. «

Er schaute wieder auf seinen Uhren-Scanner.
»Die Maschinen sind nicht von dieser Welt«, flüsterte er. »Ich kann nicht erkennen, für welchen Zweck sie gedacht

sind. Der Scanner ermittelt nur, dass sie alle unter leichter Spannung stehen. Die Energie-Versorgung wäre also noch intakt.«

Plötzlich gab der Boden leichte Schwingungen wieder. Rattisch drehte seinen Kopf. Rechts neben ihnen leuchteten kleine Lichter an den Maschinen auf. Er legte seine Hand auf die Maschinen und zog sie erschreckt zurück.

»Diese Maschine läuft gerade an«, flüsterte er ihr zu.

Schnell schritt er weiter und legte seine Hand auf die nächste Maschine.

»Hier das gleiche, die Maschinen scheinen zum Leben zu erwachen«, flüsterte er. »Schnell, wir müssen weiter.« Sie spurteten los, so flink ihre Füße sie tragen konnten, den Gang entlang zum Zentrum der Halle. Vor ihnen schien der zentrale Mittelpunkt zu liegen, eine weiträumige Fläche, auf der in der Mitte eine Podest-Anlage mit unterschiedlichen Aufbauten und Kontroll-Konsolen stand. Die metallische Anlage schien durch die Hallendecke zu laufen. Hier liefen alle Kabel zusammen. Unzählige Schläuche und transparente Leitungen liefen nach oben zu einer Ansammlung von 6 runden Sammelbecken, die mit einem Deckel geschützt waren. Rattisch stoppte seinen Laufschritt und bog nach rechts, in eine kleine Nische ab. Saki folgte ihm unauffällig. Sie wollte etwas zu ihm sagen, er hob jedoch die Hand.

»Still«, raunte er ihr zu. »Hörst du das auch? «

Ungewöhnliche Geräusche wurden hörbar. Zuerst ein lautes Knistern, dann ein Krachen, gefolgt von einem Poltern und metallischen Schleifgeräuschen. Vorsichtig spähten sie um die Kante ihrer Nische. Die Geräusche wurden lauter. Dann sahen sie die Verursacher des Lärms. Eine Gruppe aus 24 unterschiedlich großen Robotern schritt auf die Anlage in der Mitte der Halle, zu.

»Das sind Roboter«, hauchte Rattisch seiner Sekretärin zu.

»Das habe ich bereits bemerkt«, antwortete sie. »Immerhin sehen sie sehr lustig aus. Alle in der Farbe Grün.«

»Ja«, bemerkte Rattisch. »Die Fremden scheinen eine Vorliebe für die Farbe Grün zu haben. Ob lustig oder nicht, das sagt alles nichts über die Gefährlichkeit dieser Roboter aus. «

Die ersten sechs Roboter verteilten sich um die Anlage herum und zogen Gegenstände hervor, die Laser-Gewehren ähnelten.

»Dies scheinen Kampf-Roboter zu sein«, flüsterte der Handelsmogul. »Sie sichern die Anlage. «

Die verbliebenen Roboter verteilten sich an den Kontroll-Konsolen und drückten unterschiedliche Knöpfe. Andere waren eine Leiter zu den Behältern auf dem Kopf der Anlage hochgestiegen. Sie öffneten die Deckel der sechs großen Schalen und füllten eine Flüssigkeit ein. Dann überprüften sie den festen Sitz von Kabeln und Schlauchverbindungen.

»Das scheinen Wartungsroboter zu sein«, teilte Rattisch mit. »Die Anlage scheint sehr wichtig zu sein. «

»Willst du nachsehen? «, fragte Saki. » In diesem Moment können wir sowieso nichts machen«, antwortete er. » Wir warten, bis die Roboter wieder abgezogen sind. Dann schauen wir uns die Anlage einmal genauer an. Ich vermute, mit den vorderen sechs Robotern ist nicht zu spaßen. Sie scheinen die Aufpasser der Truppe zu sein. Wir müssen unbedingt an die Oberfläche und unseren Clan verständigen. Hier sind fremde Maschinen auf unserem Planeten, die nicht hier hingehören. Wir werden unsere schweren Kampfeinheiten aktivieren und die Anlage reinigen. «

Er überlegte kurz.
»Es ist besser, wenn uns auch die Kampf-Einheiten der restlichen Clans Unterstützung gewähren«, flüsterte er. Es kann nicht sein, dass die Sadhurls hiervon nichts wissen. Es geschieht alles unter ihren Füßen und ihrer Residenz. Bis wir an ein Funkgerät kommen, werden wir uns weiterhin ruhig verhalten. «

Die Zeit verging nur langsam. Rattisch Tanlegra und seine Sekretärin Saki bemühten sich, nicht entdeckt zu werden.

Er hatte gerade einen Blick um die Kante ihres Versteckes getätigt und konnte tief durchatmen.

»Sie sammeln sich«, flüsterte er seiner Sekretärin zu. »Ich denke, ihr Abzug steht kurz bevor.«

»Das hat auch lange genug gedauert«, bemerkte Saki. Wieder setzten die gleichen Schleifgeräusche ein. Die beiden Flüchtenden warteten noch, bis die Geräusche ganz verklungen waren. Erst dann verließen sie ihr Versteck und näherten sich dem Hauptgang, der geradeaus in die Mitte der Felsenhalle führte.

»Die Luft ist rein«, erkannte Rattisch. »Gehen wir nachsehen, was das für eine Maschine ist.«

Leise schlichen sie weiter, bis sie zu einer Fläche kamen, auf der die Sonder-Aufbauten standen.

»Nur noch wenige Schritte, dann haben wir den Mittelpunkt erreicht«, dachte Rattisch.

Er blieb vor einer großen Kontroll-Konsole stehen. Fremde Schriftzeichen und Logos prangerten auf den Maschinen. »Ich kenne diese Schriftzeichen nicht«, sagte er. »Diese technischen Einheiten ähneln jedoch unseren alten Kälteschlaf-Einheiten. Ich fühle mich um Jahrtausende zurückversetzt. Diese wurden bereits von dem ehemaligen kaiserlichen Imperium ausgemustert. Wer arbeitet denn noch mit diesen alten Modellen. Sie sind zudem sehr wartungsintensiv.«

»Wir konnten beobachten, wie die Roboter die Anlage warteten«, flüsterte Saki.

Rattisch schüttelte den Kopf.
»Das ergibt keinen Sinn«, antwortete er. »Die heutigen Anlagen sind effektiver und leistungsfähiger.«

Er ging auf eine kleine Leiter zu. Diese führte hinauf zu den oval geformten Behältern, auf dem Kopf der Anlage. »Geh da nicht hinauf«, hauchte Saki ihm zu.

Er schaute sie an und hielt inne.
»Es nützt nichts«, antwortete er. »Wir brauchen Gewissheit, was das für eine Anlage ist. Wir sind so nah an dem Ergebnis. Sollen wir jetzt so einfach wieder gehen und das Geheimnis anderen überlassen?«

Langsam drehte er sich der Maschine entgegen und kletterte die Leiter hinauf. An der oberen Sprosse hielt er inne und reckte sich über den Rand des ovalen Behältnisses. Saki bemerkte, wie ihr Chef förmlich zusammenzuckte. Seine Beine wurden weich und er rutschte mit seinen Füßen von der sicheren Leiter-Sprosse ab.

Saki schrie auf.

Rattisch war sofort wieder bei Sinnen und griff mit seiner Hand nach der Sprosse. Er bekam sie zu fassen und konnte so seine Fallbewegung stoppen. Vorsichtig kletterte er wieder nach unten.

»Das wäre fast schiefgelaufen«, schimpfte Saki. »Was ist in den Behältnissen? «

»Das willst du gar nicht wissen«, antwortete er noch etwas nachdenklich.

»Ach so«, kreischte Saki hysterisch. »Deine Post, deinen Schriftverkehr und deine zahllosen Termine kann ich verwalten, nur wenn es wichtig wird, dann werde ich nicht eingeweiht. Ich sollte sofort bei dir kündigen und mir einen ernsthaften Job mit anständiger Bezahlung suchen. Kannst du mir sagen, welche andere Sekretärin lässt sich gefangen nehmen und paralysieren. Ich muss doch verrückt sein, mich mit dir einzulassen. «

Rattisch drehte sich zu ihr um.
»Musst du jetzt wieder eine Szene machen«, beruhigte er sich. »Haben wir nicht wichtigere Dinge zu erledigen. Beruhige dich, ich sage es dir sofort. Höre unverzüglich mit dem Schreien auf, ansonsten übergebe ich dich wieder den Sadhurls. Dann ist es mir endgültig egal, welches Schicksal du erleiden wirst. «

Das hatte gewirkt. Die Erinnerung an die Arrest-Zelle war noch zu frisch. Ohne Nahrung, ohne Wasser, sollten sie verrotten. Ihr Gesicht verzog sich schreckhaft, sie verstummte abrupt.

»Überlegen wir, wie wir weiter vorgehen können«, flüsterte Rattisch. »Wir müssen hier raus und an ein Kommunikations-Gerät gelangen.«

»Ich sehe jedoch keinen Ausgang«, bemerkte Saki.
»Irgendwie müssen die Roboter in die Halle gelangt sein«, antwortete er. »Es wird also ein Ausgang geben.«

Saki überlegte kurz.
»Sie sind von rechts gekommen und auch nach rechts wieder abgewandert«, sagte sie.

Rattisch nickte.
»Das habe ich auch gesehen«, bestätigte er. »Also werden wir den rechten Gang nehmen und nach einem Ausgang suchen. Erst dann können wir die Maschine manipulieren.«

Seine Sekretärin war irritiert.
»Warum willst du die Maschine manipulieren?«, fragte sie erneut nach.

»Die Antwort hätte ich dir schon längst gegeben, aber du musstest mir ja eine Szene machen«, erinnerte Rattisch. »Oben in den ovalen Behältnissen liegen sechs Lebewesen in einer Nährflüssigkeit, die genauso aussehen wie die goldenen Götzen-Bilder, draußen an dem Geheim-Eingang, durch den wir gekommen sind.«

»Exakt die gleichen Lebewesen?«, fragte Saki. »Leben sie denn noch?«

»Mehr oder weniger«, antwortete der Handelsmogul. »Sie werden künstlich am Leben erhalten und haben eine grüne Haut. Ihre Köpfe sind mit unzähligen Kabeln verdrahtet. Die Anzahl der Drähte ist so groß, dass ich es nicht zu schätzen vermag«.

Er drehte sich um und schaute auf die Maschinen.
»Die Verkabelung endet in den unterschiedlichen Maschinen, die unten in der Mitte der Halle aufgebaut sind«, ergänzte er. »So etwas habe ich noch nicht gesehen. «

Erst jetzt bemerkte er den Gestank, der aus den ovalen Behältnissen austrat.

»Ich rieche den widerwärtigen Geruch von faulendem Fleisch«, teilte er Saki mit.

»Komm zurück «, forderte sie ihn auf. »Nicht, dass wir noch entdeckt werden. «

»Einen Moment noch«, entgegnete er knapp.

Flink kletterte er nochmals die Leiter hinauf, öffnete einen Deckel und scannte das Lebewesen. Angewidert verschloss er den Behälter wieder und stieg die Leiter hinab. Er hatte genug gesehen. Am Boden lief er auf Saki zu, die in einer Nische auf ihn wartete.

»Was zeigt dein Scanner an? «, fragte sie.

Er schaute auf das Instrument, auf dem Kolonnen von Zahlen angezeigt wurden.

»Vermutlich kann der Scanner nichts mit den Lebewesen anfangen«, flüsterte er.

Überrascht riss er seine Augen auf.
»Doch, er hat ein Ergebnis ermittelt«, staunte er überrascht. «

Saki schaute ihn an und stellte fest, wie Rattisch sein Gesicht in Falten verzog.

»Was hast du festgestellt? «, fragte sie ihn.

»Die Werte müssen falsch sein« hauchte er ihr zu. »Laut dem Scanner handelt es sich bei den Lebewesen um Rigo-Sauroiden. Es sind sechs überlebende Feinde des kaiserlichen Imperiums. «

Er blickte sie entsetzt an.
»Das waren die Feinde, die unsere ehemalige Zivilisation vernichtet haben«, fluchte er. »Nur durch sie mussten wir uns einen neuen Lebensraum suchen und wurden in alle Winde verstreut. «

»Leise«, mahnte Saki ihn. »Willst du, dass wir noch entdeckt werden? «

Rattisch schüttelte seinen Kopf. Er konnte es nicht fassen.

»Aber das ist doch über 100.000 Jahre hier«, bemerkte Saki. »Wieso liegen sechs von ihnen in diesen Behältern?«

Sie scheinen einen Weg gefunden zu haben, künstlich am Leben zu bleiben«, flüsterte Rattisch. »Ich vermute, dass sie der Grund für das eigenwillige Verhalten der Sadhurls sind. «

»Wie ist das möglich? «, fragte Saki. » Sie liegen doch in diesen Schalen mit der Nährflüssigkeit. «

Ihr Chef nickte.
»Das alles scheint schon von langer Hand vorbereitet worden zu sein«, überlegte er. »Ich vermute, dass sich seit kurzem ein Computer-Programm aktiviert hat, dass für die Infiltration der Technik der Sadhurls verantwortlich ist. Sie haben uns im Sitzungssaal mitgeteilt, dass sie Roboter sind. Entsprechend müssen sie ihre Energie auffrischen. Ob sie das jetzt in Wartungsschalen vornehmen, oder sich nur an Apparaturen anschließen, ist mir nicht bekannt. Doch dieser Vorgang ist ideal, um den Robotern neue Befehle zu programmieren. «

»Warum erst jetzt und nicht direkt nach der Niederlage unserer Rasse? «, fragte seine Sekretärin nach.

»Das kann ich im Moment auch noch nicht beantworten«, entgegnete Rattisch.

Seine offensichtliche Gelassenheit, schien Saki zu reizen.

»Feindliche Aktivitäten, hier im Palast?«, antwortete sie barsch.

»Das kann alles bedeuten oder auch nichts«, antwortete er.

Saki trat einen Schritt auf Rattisch zu. Der Handelsmodul blieb ruhig stehen, wich nicht zurück. Sie schaute ernst in sein Gesicht.

»Das ändert aber nichts hieran, dass wir jetzt schnell hier fortmüssen«, sagte sie. »Wir haben unser Glück bereits zu lange herausgefordert.«

Auch er war ebenfalls überzeugt, dass ihr Glück bereits völlig ausgereizt war. Ein zweites Mal würde ihnen nicht so viel Glück zu fallen.

»Du hast recht«, seufzte er. »Die Roboter sind nach rechts abgewandert. Sie befinden sich nicht in dieser Halle. Meine Idee ist, wir locken die Roboter hier in die Technik-Halle und verschwinden durch das offene Tor, wo sie hergekommen sind. Weiter unbemerkt in die nächste Abteilung.«

Rattisch lief mit seiner Sekretärin schnellen Schrittes den breiten Gang nach rechts entlang. Dann sahen sie es. Vor ihnen war ein vier Meter hohes und acht Meter breites Metall-Tor. Wie vermutet, war es verschlossen.

Rattisch schaute nach rechts. Auch hier waren wieder etliche Maschinen aufgebaut, die nur durch einen schmalen Wartungsgang getrennt wurden.

»Da, der zweite Gang weist eine nicht einsehbare Nische auf«, flüsterte er. »Hier versteckst du dich, bis ich wieder da bin. «

»Was hast du nun wieder vor? «, fragte Saki entsetzt.

»Ich werde etwas an den Einstellungen der Kontroll-Konsolen verändern und auf diesem Wege die Roboter zur Wartung in die Halle locken«, antwortete er lächelnd. »Das wird ihnen bestimmt einen Schrecken versetzen. Bleibe in deinem Versteck, bis ich wieder bei dir bin. «

Ohne eine Antwort abzuwarten, sputete Rattisch los, zurück in die Mitte der Halle.

Saki verlor ihn aus den Augen und zog sich ängstlich in ihre Nische zurück.

»So viel wie heute, bin ich noch nie gelaufen«, dachte Rattisch.

Einen Augenblick lang, wurde es Schwarz vor seinen Augen. Er schloss sie, um das Gleichgewicht nicht zu verlieren. Noch ein letztes Stück dann war es geschafft. Er musterte die Kontroll-Konsolen.

»Ich muss die Roboter länger beschäftigen«, dachte er. Es muss ein größerer Fehler entstehen. «

Beherzt riss er einige Leitungen aus den Konsolen heraus. Flüssigkeit quoll aus ihnen aus und tropfte zu Boden. Dann legte er einige Schalter auf die entgegengesetzte Position um, zusätzlich drehte er Kontroll-Knöpfe zurück.

»Das reicht«, erkannte er.
Mit schnellem Schritt spurtete er in Richtung Saki und des großen Tores.

»Hoffentlich reicht die Zeit«, dachte er. »Ich weiß nicht, wie schnell der Wartungsimpuls die Roboter erreicht. «

Er lief um sein Leben. Rattisch sah bereits den schmalen Gang mit der Nische, in dem sich Saki versteckte. Nur noch wenige Schritte, dann hatte er es geschafft. Aus den Augenwinkeln bemerkte er, wie ein Lichtstrahl unter dem Tor hervorquoll.

»Sie kommen«, fluchte er.

Mit letzter Kraft hechtete er in die Nische und rollte sich auf dem Boden ab. Saki hielt ihm eine Hand hin und zog ihn hoch. Er stand dicht hinter ihr und atmete leise. Jetzt roch er wieder ihren Geruch. Die Zeit in der Arrestzelle hatte nichts von ihrer betörenden Schönheit genommen. Er rückte näher an sie heran und umfasste sie mit seinen Armen. Sie drehte ihren Kopf und fauchte ihn an.

»Du kannst nicht normal sein«, fluchte sie. »Dafür haben wir jetzt keine Zeit. «

Er wusste, dass sie Recht hatte. Das Licht des großen geöffneten Tores drang in den breiten Gang. Die mechanischen Geräusche wurden lauter. Wie bereits erlebt, ertönten ein Poltern, ein Knacken und die typischen schleifenden Geräusche der Roboter, die Materialien hinter sich herzogen. Vorsichtig spähte Rattisch durch den schmalen Gang ihres Versteckes hinaus in das Licht des breiten Ganges.

Er sah, wie die gleiche Kolonne unterschiedlicher Roboter an seinem Gesichtsfeld vorbeizog. Er wartete, bis der Letzte vorüber war. Er gab Saki ein Zeichen. Leise verließen sie ihr Versteck und gingen zu dem Ende des schmalen Wartungsganges. Der Handelsmogul schaute vorsichtig um die Kante der letzten Maschine. Die Roboter waren bereits gute 100 Meter von ihrer Position entfernt. Ihre Bewegungen wurden undeutlicher.

»Jetzt«, hauchte er ihr zu.
So leise es möglich war, liefen sie im Schatten der Maschinen aus dem Gang in die Richtung des geöffneten Tores. Es waren nur wenige Meter, dann waren sie durch. Rattisch lief nach links auf einige Maschinen zu und versteckte sich hinter Ihnen. Saki folgte, wie gewohnt, in geringem Abstand.

»Wie geht's es weiter? «, fragte sie. » Wir sollten uns hier nicht lange aufhalten. «

»Das ist mir bewusst«, antwortete Rattisch entspannt.

Er schaute auf seinen Scanner, der ihm neue Daten anzeigte.

»Auf der anderen Seite ist eine Treppe«, flüsterte er. »Diese führt nach außen. Folge mir leise. «

Wieder lief er weiter, jeden Winkel und Schatten der Halle ausnutzend. Dann sahen sie die breite Treppe.

»Da geht's hinauf«, sagte er.
Fast gleichzeitig betraten sie die erste Stufe. Er bemerkte, wie sich die Treppenkonstruktion in eine Bewegung setzte.

»Stehenbleiben«, warnte er Saki. »Das ist eine Servotreppe. «

Die Stufe, auf der sie standen, bewegte sich schneller und nahm Fahrt auf. Rattisch drehte sich um und schaute in die unter ihnen liegende Halle. Plötzlich stutzte er und zeigte auf die entgegengesetzte Wand.

»Roboterdepots«, sagte er. »Sie hängen alle noch deaktiviert in den Schränken. Es scheinen mehr als 10.000 Einheiten zu sein. Sie wurden bereits mit Kampfanzügen und Waffen ausgestattet. Wenn diese Einheiten auf unser Volk losgelassen werden, gibt es viele Verletzte und Tote. «

Er drehte sich wieder um und verfolgte das Gleiten der Servo-Stufen.

»Da oben endet die Treppe«, teilte er Saki mit.

Wieder schien ein Tor den Ausgang in die Freiheit zu vereiteln. Doch mit dem Betreten der letzten Stufe wurde ein Impuls ausgelöst, der das Tor öffnete. Schnell schritten sie heraus. Das grelle Sonnenlicht blendete sie.

»Wir sind auf der Rückseite der Residenz der Sadhurls«, flüsterte er. »Wir haben Glück, ich kann keine Wachen entdecken. «

Der Handels-Mogul wusste plötzlich, wie sie vorgehen würden.

»Wir laufen dort zu den Sträuchern und dann weiter gebückt um die Residenz herum, zu unserem Fahrzeug«, teilte er Saki mit.

»Findest du das nicht sonderbar«, fragte sie. Warum haben die Sadhurls unsere Flucht noch nicht entdeckt?«

»Sie scheinen mit wichtigeren Aufgaben betraut zu sein«, antwortete Rattisch knapp.

Die beiden Flüchtenden liefen los. Sie waren darauf bedacht, jeden Strauch als Sichtschutz auszunutzen, um nicht im letzten Moment noch entdeckt zu werden. Vor ihnen stand ihr Fahrzeug. Schnell liefen sie hierauf zu und stiegen ein. Das Fahrzeug erkannte seinen Besitzer und aktivierte die Automatik.

»Welches Ziel?«, fragte die kleine KI des Fahrzeuges monoton.

»Handels-Zentrale«, antwortete Rattisch erleichtert. »Bitte stelle eine Verbindung zu meinem Stellvertreter her«.

»Die Verbindung baut sich auf«, kam die Antwort monoton zurück. «

»Hier spricht Süttisch, was kann ich für Sie tun?«, knarrte es aus dem Lautsprecher

»Hier ist Rattisch, lassen wir die Formalitäten «, sprach er in das Gerät.

Der Angerufene ließ den Handels-Mogul nicht aussprechen.

»Wir haben unzählige Male versucht, sie zu erreichen? Warum melden sie sich erst jetzt?«

»Sie sollen zuhören«, sagte Rattisch energisch. »Bitte unterbrechen sie mich nicht noch einmal. Aktivieren sie sofort unsere höchste Alarmbereitschaft. Die Sadhurls hintergehen uns. In Kürze steht ein Angriff auf uns bevor. Informieren sie alle anderen Clan-Chefs. Empfehlen sie ihnen ebenfalls ihre komplette Kriegs-Maschinerie zu aktivieren, auf mein Geheiß hin. Sämtliche Anlagen unseres Handels-Imperiums sind unter den 3-fachen Schutzschirm zu legen. Besuche sind nur noch mit klarer Autorisierung möglich. Veranlassen sie ein sofortiges Treffen aller Clan-Chefs und deren Sicherheits-Kommandeuren. Können sie unsere Position orten? Wir sind mit einem klassischen Boden-Gleiter unterwegs. Ich vermute, dass wir verfolgt und angegriffen werden. «

»Ich bestätige, ihre Position wird angezeigt«, antwortete Süttisch hektisch. »Ich sende ihnen sofort 3 schwere Kampf-Gleiter an ihre Position. Diese werden sie beschützen können. «

»Danke«, sagte Rattisch. »Darum wollte ich sie gerade bitten. Bis zu ihrem Eintreffen werden wir versuchen, uns selbstständig durchzuschlagen. «

»Viel Glück«, kam noch die Antwort durch. Dann verstummte die Leitung.

Rattisch befahl der KI die Geschwindigkeit des Fahrzeuges zu erhöhen. Es raste die Serpentinen hinunter, dass Saki Angst bekam aus der Kurve geschleudert zu werden.

»Das Gleiche wie bei der Hinfahrt«, bemerkte sie. »Wir hätten direkt einen Kampf-Gleiter nehmen sollen, dann wären wir jetzt schon im Handelszentrum. «

»Es ist seit langer Zeit Tradition, dass alle Handels-Mogule zu den Sitzungen der hohen Perspektive mit Boden-

Fahrzeugen anreisen«, antwortete er. »Es gab keinen Grund die Tradition zu durchbrechen. «

»Diese Tradition kann natürlich jetzt unser Untergang sein«, antwortete Saki.

»Wir kommen schon durch«, beruhigte Rattisch sie. »Vertraue einfach auf meine Fahrkünste. «

Sie lachte laut auf und sagte etwas Unverständliches. Er konzentrierte sich jedoch wieder auf die Fahrbahn und ignorierte ihr Geschrei. Wieder erhöhte er die Geschwindigkeit des Fahrzeugs. Die Warnhinweise auf dem Display wurden lauter.

»Scheinbar sind sie wach geworden«, bemerkte Rattisch. Saki erblickte entsetzt zu ihm herüber.

»Was willst du hiermit andeuten? «, stutze sie.

Der Handels-Mogul lachte verwegen.
»Sie haben uns vier leichte Kampfboote der Residenz hinterhergeschickt«, sagte er. » Gleich werden sie uns eingeholt haben. «

»Was können wir tun? «, kreischte Saki. » Unser Fahrzeug ist unbewaffnet? «

»Das stimmt«, erwiderte Rattisch. »Trotzdem sind wir nicht hilflos. «

Er bremste schlagartig und verringerte die Geschwindigkeit. Er riss den Steuerknüppel nach rechts und lenkte das Auto von der breiten Straße ein das Waldstück.

»Was machst du?«, fragte Saki entsetzt.

»Wir müssen von der Straße, wir geben ein zu gutes Ziel ab«, entgegnete der Mogul verbissen. » Dort haben die Flugboote ein schlechteres Ziel. «

Das Fahrzeug hatte die ersten Baumreihen erreicht und verschwand unter dem dunklen Blätter-Dach.

»Jetzt wird es für sie bedeutend schwieriger uns zu erwischen«, raunte er ihr zu.

Rattisch musste die Geschwindigkeit weiter reduzieren, weil sich der unwegsame Weg durch den Wald sich nur sehr schwer fahren ließ. Rechts von ihnen schlugen erste Laser-Strahlen ein und wirbelten den Waldboden auf. Die Einschläge verstärkten sich. Seitlich und hinter ihrem Fahrzeug wirbelte der Laser-Beschuss Fontänen von Erde auf. »Langsam wird es ungemütlich«, lachte Rattisch.

Wieder fuhr er einen Bogen um den letzten Einschlag herum. Dann schlug 5 Meter vor ihnen ein Laserstrahl in den Boden. Der Handels-Mogul bremste das Fahrzeug ab. »Schnell aus dem Fahrzeug«, forderte er Saki auf und riss bereits seine Türe auf. »Sie haben sich auf uns eingeschossen. «

Beide sprangen aus dem Fahrzeug und liefen auf den nächsten Baum zu, der einen gewissen Schutz bot. Der Handels-Mogul hatte sich wieder auf sein Gefühl verlassen, womit er die ganzen Jahre gut gelebt hatte. Keine Sekunde zu früh, als die Flüchtenden hinter den urwüchsigen Bäumen Schutz gefunden hatten, schlugen drei gebündelte Laser-Strahlen in das Fahrzeug des Moguls ein. Die gewaltige Explosion zersplitterte es in unzählige kleine Stücke. Rattisch und Saki zogen ihren Kopf ein, als kleine Trümmerstücke an ihnen vorbeiflogen. Plötzlich ertönte eine laute Explosion über ihren Köpfen. Ein Kampfboot der Residenz stürzte brennend, nur wenige 100 Meter von ihnen entfernt, in den Wald. Rattisch schaute in den Himmel und sah, wie Kampf-Jets seiner Handels-Vereinigung die Boote der Residenz unter Beschuss nahmen. Groß prangerte das Logo von Tanlegra, umringt von einer Krone, auf den Außenseiten der Jets.

»Sie sind eingetroffen«, freute sich Rattisch.
Er lief auf Saki zu und schüttelte sie.
»Unsere Unterstützung ist da. «

Brennend stürzte das zweite Kampf-Boot der Residenz zu Boden. Die verbliebenen zwei Kampf-Boote sahen die Sinnlosigkeit ihres Vorhabens ein und begaben sich auf einen Fluchtkurs, verfolgt von Jets des Handels-Moguls.

Rattisch und Saki liefen zu der Lichtung, die vor ihnen lag. Sie gaben dem noch kreisenden Jet ein Zeichen. Dieser setzte zur Landung an und nahm die beiden Flüchtenden auf.

***

Kanusu war pünktlich. Der junge stellvertretende Ratspräsident wartete bereits am Fuße der Termar 1, als Major Travis mit seinem Team eintraf. Ein schwerer Gleiter der Nadoo hatte den Besuch des neuen Imperiums von dem Hotel zum Raumflug-Hafen des Planeten Nardt befördert. »Warten sie schon lange? «, fragte Major Travis Kanusu. Der schüttelte den Kopf.

»Zeit spielt für mich keine Rolle«, entgegnete er. »Ich bin es gewohnt, überpünktlich zu sein. «

»Es geht bei ihnen nicht anders zu als bei uns zu Hause«, lachte Marc ihm zu. »Wir schätzen ebenso die Pünktlichkeit. «

»Dann haben wir schon wieder eine Gemeinsamkeit zwischen unseren Völkern gefunden«, erkannte Kanusu.

» Ich hoffe, wir werden noch mehr finden, wenn wir uns besser kennengelernt haben. «

»Konnten sie ihre Flotte aktivieren? «, fragte Commander Brenzby.

Kanusu schaute ihn an.

»Alles erledigt«, erwiderte er. »Die Schiffe warten in einer Umlaufbahn um unseren Planeten. Ich habe 5.000 Schiffe in der Kürze der Zeit mobilisieren können. «

»Das ist mehr als genug«, antwortete Major Travis. »Diese Zerstörer werden den Tanlegrieden Respekt einflößen. Gemäß ihrer Aufklärung verfügen die Sadhurls über 300 Schiffe, vielleicht sind es mittlerweile 500 Schiffe. Bilden sie Angriffs-Geschwader zu je 10 Schiffen und lassen sie einen gezielten Punkt-Beschuss auf die Antriebe und die Waffentürme vornehmen. Vermeiden sie möglichst, die Schiffe zu zerstören. Wir wollen niemanden töten. Sondern ihnen lediglich ihrer Kampfmittel berauben.«

»Danke«, sagte Kanusu. »Das sind barmherzige Worte. Vielleicht gelingt es uns ja, die Tanlegrieden wieder auf den ursprünglichen Kurs zu bringen. «

»Da bin ich mir ganz sicher«, bemerkte Major Travis. »Lassen sie uns ins Schiff gehen. Ich möchte ihnen meine restliche Brücken-Crew vorstellen.

Commander Brenzby hatte bereits die Brücke ausfahren lassen, über die Major Travis voranschritt, um seinen Platz im Schiff einzunehmen.

»Langsamer Annäherungsflug«, befahl Major Travis.

Er stand mit Kanusu, Commander Brenzby, Sirin und Heinze am CIC, als der Schott aufging und Barenseigs hereintrat. Marc schaute auf und lächelte ihn an.

»Haben sie ihre Recherchen der alten Geschichtsdaten abgeschlossen?«, fragte er kurz.

Barenseigs salutierte vorschriftsmäßig und begrüßte die Anwesenden mit Handschlag. Er schüttelte den Kopf. »Nein, Herr Major, die Daten sind sehr umfangreich«, erklärte er. Das wird sicherlich noch Monate dauern.«
Major Travis stellte ihn Kanusu vor. «

»Das ist Barenseigs«, sagte er. »Genau wie sie, ist er ein echter Nachkomme der ausgewanderten Natrader. Sie haben sich in einer fremden Galaxie niedergelassen und wünschen nicht, dass die Koordinaten ihres Heimat-Systems bekannt werden. Barenseigs ist der erste Vertreter ihrer heutigen Zivilisation, den wir kennenlernen durften. Wir werden diesen Wunsch akzeptieren und hoffen sehr, dass Barenseigs unser Volk lieben und schätzen lernt. Vielleicht kann er ein gutes Wort für uns bei seinem Volk einlegen, dass es irgendwann zu freundschaftlichen Beziehungen zwischen unseren Völkern kommen kann. «

Barenseigs war es sichtlich unangenehm, einen Vertreter eines seinerzeit zurückgelassenen Volkes zu treffen.

Kanusu hatte die ganze Zeit seinen Blick nicht von der Gestalt Barenseigs genommen.

»Er gehört zu den Gildoren seiner Admiralität, einer mächtigen Koalition, die das Gleichgewicht unter den Völkern in ihrem Teil des Universums aufrechterhält«, fuhr Major Travis fort.

»Genau wie früher im kaiserlichen Imperium«, sagte Kanusu plötzlich. »Dort entschieden auch die Admirale, welches Volk gerettet werden durfte und welches nicht. Ich hoffe, ihr Volk hat nach den vielen Jahrtausenden etwas dazu gelernt.«

Mit einem grimmigen Gesicht blickte er Barenseigs an.

»Sie sind ein direkter Nachkomme der korrupten Evakuierungs-Flotte von Admiral Tarin«, fauchte Kanusu ihn an. »Diesem Verbrecher, der die Bewohner keiner Kolonien evakuieren wollte, weil ihm zu wenig Schiffe zur Verfügung standen.«

»Das ist nicht richtig«, antwortete Barenseigs sachlich. »Ich habe zwar nicht direkt mit ihm sprechen können, aber in unseren Geschichtsdaten-Archiven ist ausdrücklich vermerkt, dass man sich um die Aufnahme und Evakuierung der vom Reich abgesplitterten Kolonien sehr verdient gemacht hatte. Aufgrund der massiven Verluste an unserer Zivil-Bevölkerung war es für Admiral Tarin wichtig, alle Lebewesen der natradischen Hemisphäre zu evakuieren und zu schützen.«

»Das entspricht nicht den Tatsachen«, entgegnete Kanusu. »Ihre Daten sind offensichtlich gefälscht. «

Major Travis hob die Hand.
»Meine Herren«, beschwichtigte er. »Ich glaube sie haben später Zeit die Wahrheiten und Unwahrheiten ihrer Geschichte zu klären. Ich möchte Barenseigs hier auf der Brücke sehr gerne dabeihaben. Er hat in seiner Funktion als Gildor der Admiralität bereits an sehr vielen Schlachten teilgenommen und ist im Kampf sehr erfahren. «

Kanusu schaute ihn an.
»Ich stimme ihnen zu«, lenkte er ein. »Wir haben im Moment wichtigere Aufgaben. «

Der Blick der Gruppe richtete sich wieder auf das CIC.

»Sergeant Dantow«, sagte Major Travis. »Legen sie bitte die aktuellen Ortungs-Ergebnisse auf das Display. «

»Die Daten werden eingespeist«, bestätigte der Ortungs-Offizier.

Commander Brenzby pfiff durch seine Zähne.
»Die Anzahl der Schiffe ist bereits wieder größer geworden«, bemerkte er.

Kanusu war beeindruckt.
»Sie müssen die Produktion optimiert und die Fertigungszeiten halbiert haben«, sagte er.

»Ich zähle an die 650 Schiffe, die Stellung um ihren Planeten bezogen haben«, sagte Barenseigs. »Vermutlich werden es täglich mehr.«

Marc hatte lange auf das Display geschaut. Er hob seinen Kopf und nickte.

»Barenseigs hat Recht«, bestätigte er. »Es sieht so aus, als ob die Sadhurls auf eine Invasion aus sind. Gut, dass sie uns noch rechtzeitig erreicht haben, um ihnen zu helfen. Jetzt zu unserer Strategie.«

Major Travis schaute in die Runde der Anwesenden und bemerkte die uneingeschränkte Konzentration, die von ihnen ausging.

»Unser Schiff und die 6 Schiffe der Königs-Klasse werden an vorderster Front fliegen«, erklärte er. Ihre Schiffe, Kanusu, bilden Geschwader zu je 10 Einheiten, die sich alle nur auf ein einzelnes Schiff konzentrieren. Befehlen sie diesen Geschwadern, ihren Beschuss zu synchronisieren. Der konzentrierte Laser-Einschlag sollte die Schutzschirme der Schiffe der Tanlegrieden zum Kollabieren bringen. Dann zerstören sie die Waffentürme und die Antriebe. Vermeiden sie hiermit, die Schiffe komplett zu zerstören. Es gab genug Tote im letzten großen Krieg, das wollen wir auf keinen Fall wiederholen. Hiernach ändert das Geschwader sofort die Position und greift an neuen Koordinaten wieder ins Geschehen ein. Unsere Schiffs-KI öffnet ihnen alle Zugänge. Sie kontrolliert den Ablauf und übermittelt ihren Schiffen sofort neue Koordinaten. Haben sie das verstanden?«

»Natürlich«, entgegnete Kanusu.

»Darf ich noch etwas dazu beitragen«, meldete sich Barenseigs zu Wort.

»Sprechen sie«, erteilte ihm Marc das Wort.

»Ich empfehle den Angriff der Geschwader in Scherenform«, bemerkte der Gildor. »Wie sie es befohlen haben, besteht ein Geschwader aus 10 Schiffen. Im Angriffs-Flug ist es hilfreich, wenn die Gruppe kurz vor dem Beschuss eine Scherenform bildet. Das bedeutet, dass 5 Schiffe oberhalb des Gegners Position beziehen, die restlichen unterhalb des Gegners. So kann das ausgesuchte Ziel aus unterschiedlichen Positionen eingekreist und angegriffen werden. Erfahrungsgemäß zeigt diese Angriff-Form eine bessere Wirkung.«

»Haben sie Einwände Kanusu?«, fragte Major Travis den stellvertretenden Ratsvorsitzenden.

Dieser schüttelte den Kopf.
»Das hört sich vernünftig an«, antwortete er. »Ich weise jetzt meine Flotte an und übermittele ihnen die Daten.«

Er wandte sich ab und ging zur Funkleitstelle.

Marc blickte Heinze an.

»Kannst du irgendetwas Verdächtiges empfangen?«, fragte er.

Heinze hatte die ganze Zeit still zugehört und sich die Daten eingeprägt.

»Nein«, antwortete er. »Sie haben ihre Ortungsinstrumente modifiziert. Sie wissen bereits, dass wir uns hier sammeln. Es ist ein aufgeregtes Durcheinander. Sie bereiten sich auf einen Kampf vor.«

Kanusu kam zurück.
»Die Flotte ist bereit«, erklärte er. »Wir können beginnen.
Major Travis griff nach dem Communicator.

»Hier spricht Major Travis«, sprach er in das Gerät. Oberbefehlshaber der vereinigten Natrid und Tarid Streitkräfte. Sie haben alle ihre Koordinaten. Führen sie den Sprung in 5 Sekunden durch. Viel Erfolg.«

Dann gab er seinem Steuermann ein Zeichen. Die Flotte entmaterialisierte in den Hyperraum. Es vergingen nur wenige Minuten, bis die Flotte in einem Abstand von 400.000 Kilometern vor Planet 7 erneut materialisierte.

»Sichtkontakt«, meldete Steuermann Hausmann.

Der große Panorama-Bildschirm der Termar 1 flammte auf.

»Ich lege neue Daten auf das CIC«, teilte Sergeant Dantow mit.

Jetzt zeigte sich, dass die Crew optimal eingespielt war.

»Sie haben einen Schiffswall errichtet«, bemerkte Commander Brenzby.

»Das wird ihnen aber nicht helfen«, erwiderte Major Travis. Kanusu's Flotte verteilte sich bereits auf die übermittelten Koordinaten.

Marc hob das Mikrofon an seinen Mund.
»Hier spricht Major Travis«, sprach er in das Gerät. Erbfolgeberechtigter Oberbefehlshaber der vereinigten Natrid und Tarid Streitkräfte, Erhobener im Gefüge der Kaiserkaste mit Rang 1. Ich setze die Nachfolge-Programmierung von Admiral Tarin um. Senken sie ihre Waffen ein und fliegen sie zurück in ihre Werften, ich wiederhole, senken sie ihre Waffen und ziehen sie sich zurück. «

Er gab das Mikrofon weiter an Kanusu.
»Hier spricht der stellvertretende Ratspräsident der Regierung von Nardt. Ich fordere sie auf, ihren Angriff abzubrechen und zurück zu ihrer Basis zu fliegen. Vermeiden sie einen Angriff auf ihre Brüder.

»Eine monotone Computerstimme gab die Antwort.

»Ihr Anliegen ist inakzeptabel«, dröhnte es aus den Lautsprechern. »Verlassen sie unseren Einflussbereich, ansonsten werden wir sie vernichten.

»Sie sind nicht belehrbar«, bemerkte Kanusu enttäuscht. »Ich möchte noch einen Versuch starten. Öffnen sie mir bitte eine private Leitung zum Planeten. «

»Die Leitung ist offen«, bestätigte Funkoffizier Farmer. »Bitte sprechen sie. «

»Hier spricht der stellvertretende Ratspräsident von Nardt«, sprach Kanusu in das Gerät. »Ich rufe Rattisch Tanlegra, bitte melden sie sich. «

»Die Wellen kommen nicht durch ihren Schutzschirm, den sie um den Planeten gelegt haben. Er absorbiert alle Funksprüche«, bemerkte Heinze. » Auch wenn sie wollten, können sie uns nicht verstehen. «

Es war still geworden in der Verwaltung der hohen Perspektive. Der Rat der 12 Sadhurls tagte wie gewohnt. Dutzende Hologramme ließen das aktuelle Geschehen der Planeten hautnah miterleben.

»Wir haben den Bock freigelassen«, sagte 1. »Jetzt verselbstständigt er sich. «

Keiner der anderen Anwesenden verstand seine Gedankengänge. »

Was willst du uns hiermit sagen?«, fragte 4.

»Wir hätten die Nadoo nicht mit unserer vollen Stärke angreifen sollen«, stellte Nr. 1 fest. »Jetzt sind sie gewarnt und haben ihre Flotte mobilisiert.«

»Was soll es schon«, entgegnete ein weiterer Sadhurl, der 7 genannt wurde. »Sie sind uns technisch in allen Belangen unterlegen. Wir haben doch gesehen, wie sie in dem letzten Gefecht unzählige Verluste erlitten haben. Sie sind nicht in der Lage strategisch zu denken. Wir sind Roboter. Seit Jahrtausenden haben wir die Geschicke des Planeten erfolgreich gelenkt. Hieran wird sich nichts ändern.«

»Ich sehe uns als Überbleibsel des großen Krieges der Natrader gegen die Rigo-Sauroiden«, ergänzte 11 »Wir sind nichts anderes als Verwaltungs-Roboter aus der Retorte der alten natradischen Kriegs-Produktion. Die Wissenschaftler haben uns zwar die Möglichkeit gegeben, uns weiterzuentwickeln, aber zu welchem Preis? Wir waren noch nicht einmal in der Lage, die Infiltration durch die Brutzelle der Rigo-Sauroiden zu entdecken und zu bekämpfen. Jetzt sind wir ihre Marionetten. Sie nehmen Einfluss auf unsere Programmierung und veranlassen den Geist der hohen Perspektive zu hintergehen.«

»Was können wir tun?«, entgegnete 1.
»Gar nichts«, antwortete 5. »Sobald sie merken, dass wir gegen ihre Interessen arbeiten, schalten sie uns ab und

programmieren uns neu. Wir sind ihnen ausgeliefert. Hilfe kann jetzt nur noch von außen kommen. «

»Schaut auf das Hologramm«, sagte Nr. 12. »Die Schiffe der Regierung sind eingetroffen. «

»Wir sehen es«, antwortete 1. »Sie haben tatsächlich natradische Unterstützung erhalten. Ich zähle sechs Kampfbasen der Königs-Klasse und ein sehr modernes Schiff, ähnlich der früheren Naada-Klasse. «

»Wie haben sie es geschafft, dass sich gerade jetzt die Natrader wieder einmischen. «

»Ich habe gerade einen Hyperraum-Funkspruch abgefangen«, teile Nr. 8 mit. »Es sind Nachkommen der Natrader. Sie haben die Macht offiziell von Admiral Tarin erhalten. «

»Wir haben versucht die Schiffe zu scannen«, erklärte Nr. 7. »Es ist uns nicht gelungen. Ihr Schirm lässt unsere Strahlen nicht durch. «

»Der Bock ist frei und macht was er will«, bemerkte 1. Die restlichen Sadhurls schauten ihn verständnislos an.

Rattisch und Saki waren wohlbehalten in der Kampf-Zentrale der größten Handelsbasis des Planeten angekommen. Sie standen in der Leitzentrale und schauten auf die Monitore.

»Status?«, erkundigte sich der Mogul.

»Alles ist in Alarmbereitschaft«, bestätigte Süttisch. »Die anderen Mogule sind informiert und haben ihre Unterstützung zugesagt.«

»Was ist da draußen im Weltraum los?«, fragte Rattisch. Er hatte die Ansammlung von vielen Schiffen auf dem Monitor entdeckt, die sich dem Planeten näherten.

»Die Sadhurls haben heimlich eine modernisierte Flotte produzieren lassen und diese um unseren Planeten verteilt«, erklärte Süttisch. »Vor wenigen Tagen haben sie eine beachtliche Flotte der Regierung schrottreif geschossen und vertrieben. Unsere diesbezüglichen Anfragen an die Sadhurls wurden nicht beantwortet. Ebenfalls ist jegliche Verbindung zu den anderen Planeten in unserer Enklave unterbrochen.«

»Das gab es noch nie«, fragte Rattisch. »Was ist mit den Sadhurls los?«

»Das wissen wir doch zwischenzeitlich«, bemerkte Saki sachlich.«

Die Stimme von Rattisch verstummte prompt.

»Du informierst Süttisch und die anderen Clan-Mogule«, befahl er. »Arbeitet einen Angriffs-Plan auf die Residenz der hohen Perspektive aus. Wir werden sie aus dieser

Beeinflussung befreien. Ich kümmere mich in der Zwischenzeit um diesen Blockade-Schutzschirm.«

Saki nahm Süttisch an die Hand und rannte los. In dem Konferenzraum warteten die Clan-Chefs der anderen Handels-Verbände auf weitere Informationen.

»Haben wir die Standorte der Schirmfeld-Generatoren ermitteln können?«, fragte Rattisch seinen Stabschef Mittisch.

»Ja«, bestätigte dieser. »Wir haben sie anmessen können. Die Daten unserer Aufklärungs-Drohnen sind vor Kurzem eingetroffen. Die Schirm-Generatoren werden überwiegend von Infanterie und von Bodenabwehr-Geschützen verteidigt. Sie haben ihre ganze Flotte zur Abwehr in den Weltraum geschickt. Vermutlich rechnen sie nicht mit einer Sabotage vom Boden aus.«

»Wunderbar«, lächelte Rattisch. »Dann rechnen sie nicht mit uns.«

Er blickte seinen Stabschef an.
»Stelle drei Staffeln mit schweren Kampf-Jets zusammen«, befahl er. »Lasse sie alle synchron zur gleichen Zeit angreifen und die Reaktoren bombardieren. Dann sollte der Schirm zusammenbrechen.«

»Ich koordiniere den Angriff persönlich«, antwortete er.
Der Stabschef drehte sich um und lief zur Tür.

»Viel Glück«, schrie der Handels-Mogul ihm noch nach.
Er wusste, dass er sich auf seinen kampferprobten Stabschef verlassen könnte. Rattisch stand auf und ging in den Nebenraum, in dem die anderen Clan-Chefs bereits über alle Dinge informiert waren. Als er zur Tür eintrat, wurde er mit großem Beifall begrüßt.

Er hob die Hände und lächelte.
»Danke, danke, danke, «, sagte er. »Macht mich nicht größer, als ich in Wirklichkeit bin. Auch ich bin hier geboren und immer noch einer von euch. Ich bin mit Saki geflüchtet und bei dieser Gelegenheit haben wir nur die Augen aufgehalten. Jeder von euch hätte das Gleiche gemacht. «

Der Beifall verebbte nur langsam.
»Schalte die Hologramme an«, forderte er den wartenden Techniker auf. »Wir werden gleich einen Angriff auf die Schirmfeld-Generatoren erleben. Dieser Schirm behindert unsere komplette Kommunikation mit der Außenwelt. Ich hoffe so, Schlimmeres für unsere Welt abwenden zu können. «

Rattisch wartete einen Augenblick.
»Das Hologramm vergrößern«, wies er einen Techniker an. Der sprang sofort auf und drehte an der Konsole einige Knöpfe.

»Wir sehen hier den Weltraum und die Umlaufbahn unseres Planeten«, erklärte der Handelsmogul.

Das Bild sprang auf die Schiffe des 7. Planeten über.

»Hier sehen wir die neuen Schiffe der hohen Perspektive, die einen Krieg mit der Regierung anzetteln wollen«, lächelte er. »Es handelt sich nach meinen Informationen um Robot-Varianten. Vermutlich ist kein einziges Lebewesen auf den Schiffen anzutreffen. Ich denke, dass nur der erste Schritt ihres ausgetüftelten Invasionsplans zum Schluss den Sturz der Regierung auf Nardt nach sich ziehen wird.«

»Aber warum betreiben die Sadhurls diesen Aufwand?«, fragte einer der Clan-Chefs.

»Um mehr Einfluss zu bekommen«, antwortete Rattisch. »Sie werden von den Rigo-Sauroiden beeinflusst, gegen die bereits das alte natradische Kaiserreich gekämpft hat. Wir alle kennen das Ergebnis aus unseren Geschichtsbüchern. Es darf sich nicht wiederholen«, dass stupide Saurier-Hirne unsere Zivilisation vernichten.« Wieder brauste Beifall auf.

»Schauen sie genau auf das Hologramm«, sagte Rattisch. Der Blickwinkel veränderte sich und das Bild drehte sich in Richtung der Regierungs-Flotte.

»Sie sehen, die Regierung von Nardt ist nicht untätig geblieben«, bemerkte der Handels-Mogul. »Sie konnte eine Flotte von mindestens 5.000 Schiffen mobilisieren. Ferner hat sie Unterstützung von der kaiserlichen Flotte von Natrid erhalten. Meine Ortungs-Offiziere haben mindestens sieben große Schiffe mit Natrid-Kennung ausgemacht.«

Ein Aufschrei ging durch die Menge.
»Jetzt nach so vielen Jahren gibt es einen Kontakt?«, fragte der Clan-Chef aufgeregt.

Rattisch nickte.
»Scheinbar ist es dem Regierungsrat auf Nardt gelungen, mit einer in der Nähe befindlichen Patrouille Kontakt aufzunehmen. Aber widmen wir uns zunächst einmal dem anderen Hologramm.«

Rattisch gab einem Techniker ein Zeichen. Das angesprochene Bild teilte sich in 3 unterschiedliche kleinere Hologramme auf.

»Sie sehen hier die Standorte von den Schirmfeld-Generatoren«, erklärte er. Ich habe einen Angriff befohlen, diese Generatoren auszuschalten. Sobald dieser Angriff erfolgreich beendet wurde, starten wir unsere Flotten und greifen die Schiffe der hohen Perspektive rückseitig an.«

Er blickte in die Runde der Clan-Chefs.
»Ich hoffe, sie haben alle die Alarmbereitschaft für ihre Flotte angeordnet?«, fragte er.

Eine laute Bestätigung wurde hörbar.
»Ich schlage vor, wir nutzen meine Zentrale, da sie alle hier sind, um den Angriff zu befehlen«, sagte Rattisch.

»Nur so können wir später Reparatur-Zahlungen, die möglicherweise die Regierung von Nardt verlangen wird, umgehen.«

Er ließ eine kleine Pause vergehen.
»Des Weiteren stehen wir später nicht als nicht unwissende Trottel dar«, fuhr er fort. »Ich hoffe, das ist in unserem aller Sinne?«

Der Vorschlag wurde einstimmig angenommen. Rattisch schaute auf das erste Hologramm.

»Achtung, unsere Jets sind eingetroffen«, sagte er. »Der Angriff erfolgt unverzüglich.«

Gespannt verfolgten die Anwesenden das Geschehen. Fast gleichzeitig zogen die Piloten ihre Jets tief hinunter auf ihr vorgegebenes Ziel. Ihre schweren Lasersalven schlugen synchron in die Schirmfeldmeiler ein. Der schützende Schutzschirm kollabierte sofort. Die Roboter-Infanterie der Sadhurls reagierte zu spät. Die Abwehranlagen flammten auf und nahmen die Angreifer unter Dauerfeuer. Die schweren Kampf-Jets pflügten die Reihen der Infanterie auseinander. Immer wieder schlugen schwere Bomben ein. Die Abwehr-Geschütze wurden getroffen und fielen aus. Nacheinander flogen unterschiedliche Kampf-Staffeln der Jets ihren Einsatz.

Vor den stationierten Robot-Soldaten der hohen Perspektive gingen sie in den Tiefflug über und frästen die vordersten Verteidigungs-Linien aus dem Weg. Sofort zogen die Piloten ihre Maschine nach oben, um zielgenau Bomben auf die Abwehrgeschütze abzuwerfen. Diese explodierten in grellen Feuerbällen. Der Weg für die nachfolgenden Gleiter war frei. Diese schleusten ihre Bomben aus, welche die kollabierten Schutzschirme der Reaktoren ausschalteten. Die nachfolgenden Kampf-Jets schossen die Meiler in kleine Bestandteile. Die Raketen begruben die Trümmer der Schirmfeldmeiler in einem tiefen Loch im Boden.

Fast zeitnah wurde von allen drei Geschwadern ein erfolgreicher Abschluss der Mission gemeldet. Rattisch drehte sich wieder seinen Gästen zu.

»Mission 1 erfolgreich beendet«, bestätigte er. »Der Schutzschirm um unseren Planeten besteht nicht mehr. Starten sie ihre Flotte und fallen sie dem Gegner in den Rücken.«

Ein Techniker kam aufgeregt zu Rattisch gelaufen und hielt ein Kommunikations-Gerät in seinen Händen.

»Eingehender Funkspruch, von dem stellvertretenden Ratspräsidenten Kanusu«, bemerkte er. »Wir können wieder Funksprüche empfangen.

Rattisch riss das Gerät förmlich aus seiner Hand.
»Kanusu, mein Freund, was kann ich für dich tun?«, sprach er in das Gerät.

»Er vernahm schweres Atmen auf der anderen Seite der Leitung.

»Endlich komme ich zu euch durch«, tönte es aus dem Gerät. »Was ist denn bei euch los? Wir versuchen euch seit Tagen zu erreichen. Die ganze Enklave ist wegen euren Aktivitäten in Alarmbereitschaft versetzt worden.«

»Das ist eine lange Geschichte«, antwortete Rattisch. »Die Sadhurls drehen durch, oder anders ausgedrückt, sie wurden von Rigo-Sauroiden infiltriert. Sie wollten vermutlich die Regierungsgewalt in der Enklave an sich reißen. Wir haben die Schirmfeld-Generatoren zerstört, daher sollte eine Kommunikation wieder möglich sein.«

»Was redest du da von Rigo-Sauroiden?«, fragte Kanusu nach. »Meinst du die alten Feinde der Natrader?«

»Du hast richtig verstanden, genau um die geht es«, antwortete der Mogul. »Wir haben hier 6 Stück in einer Nährflüssigkeit gefunden, die alle am Gehirn verkabelt sind. Vermutlich nehmen sie auf die 12 Sadhurls der hohen Perspektive Einfluss. Jetzt halte dich fest. Die wiederum sind selbstgenerierende Roboter. Wir wurden Jahrtausende lang von Robotern regiert. Kannst du dir das vorstellen?«

Er hörte Kanusu am anderen Ende der Leitung schlucken. »Ich habe das Gespräch mit dir aufgezeichnet«, antwortete Kanusu. Wir werden es später in aller Ruhe analysieren. Habt ihr bereits etwas gegen die Sadhurls unternommen?«

»So weit sind wir noch nicht gekommen«, entgegnete Rattisch. »Wir starten gerade unsere Flotte und fallen der Armada der Sadhurls in den Rücken.«

Wartet bitte mit der End-Lösung für die Sadhurls, bis wir bei euch sind«, erwiderte Kanusu.

»Wird gemacht«, entgegnete Rattisch.
»Noch etwas«, beeilte sich Kanusu anzuschließen. »Bildet Gruppen zu 10 Jets, die ausschließlich nur ein Schiff angreifen. Die Schiffe der Sadhurls sind mit neuen leistungsfähigeren Schirmen ausgestattet. Wir haben es an unseren eigenen Schiffen feststellen müssen. Nur ein konzentrierter, gleichzeitiger Beschuss von mehreren Schiffen kann nach unserer Meinung den Schirm aufreißen.«
»Danke für den Hinweis«, antwortete Rattisch. »Ich gebe die Empfehlung an die Schiffe der Mogule weiter.«

Sein Gesprächspartner hatte die Leitung geschlossen. Rattisch gab das Kommunikations-Gerät an den Techniker zurück und gesellte sich zu seinen Handels-Kollegen, die bereits Befehle an ihre Stabschefs ausgaben. Er informierte sie über den Hinweis von Kanusu und verfolgte das weitere Geschehen über das Hologramm.

Kanusu gab Sergeant Farmer das Kommunikations-Gerät zurück.

»Der zweite Versuch war erfolgreich«, sagte er. »Rattisch Tanlegra, mein Freund und gleichzeitig der größte und einflussreichste Handels-Mogul auf dem Planeten, hat die Schirmfeld-Generatoren lahmgelegt. Hierdurch ist wieder ein Funkverkehr möglich. Er teilte uns mit, dass die hohe Perspektive der Sadhurls durch Rigo-Sauroiden infiltriert wurde. Es stellte sich heraus, dass die 12 Sadhurls selbstgenerierende Roboter sind.«

Sergeant Dantow bestätigte die Aussage des stellvertretenden Ratsvorsitzenden.

»Der Schutzschirm ist komplett zusammengebrochen«, meldete er.

Sirin hatte angespannt zugehört.
»Spricht ihr Freund von Rigo-Sauroiden?«, fragte sie nach.

Kanusu nickte.

Sirin lief rot an.
»Wir müssen unbedingt einige von ihnen lebend zu fassen bekommen«, sagte sie. » Ich möchte sie einem Spezial-Verhör übereignen.«

»Sie liegen in einer speziellen Nährflüssigkeit«, erklärte Kanusu. Ihre Gehirne arbeiten noch. Inwieweit sie lebensfähig sind, konnte noch nicht ermittelt werden.«

»Die Antwort werden wir finden«, beruhigte Major Travis die Lage.

Er kannte Sirin in dieser Angelegenheit sehr gut. Alles das, was die Rasse der Rigo-Sauroiden betraf, hasste sie bis auf äußerste.

»Konzentrieren wir uns auf den bevorstehenden Angriff«, empfahl er.
»Sergeant Dantow haben sie eine Veränderung in der Angriffsposition der Flotte der Sadhurls festgestellt?«, fragte Marc.

»Nein Herr Major«, erwiderte der Ortungs-Offizier. »Sie stehen immer noch abwartend auf den gleichen Koordinaten.«

»Vielleicht schreckt die mengenmäßige Überzahl unserer Schiffe sie ab«, bemerkte Barenseigs.«

»Das glaube ich eher nicht«, antwortete Major Travis.

»Sie nehmen Fahrt auf und gehen auf Angriffskurs«, meldete Sergeant Dantow. »Sie aktivieren ihre Waffen.«

»Es geht los«, sagte Commander Brenzby. »Geben sie den Einsatzbefehl an ihre Flotte.«

Er reichte Kanusu das Funkgerät.

»Hier spricht Kanusu, stellvertretender Ratspräsident aller Nadoo«, sprach er in das Gerät. »An alle Schiffe, führen sie den besprochenen Angriff in Gruppen durch. Aktivieren sie ihre Waffentürme und legen sie unseren Feind lahm.«

Die Bestätigungen der Schiffs-Geschwader trafen ohne weitere Verzögerung ein. Die Termar 1 und seine Begleit-Schiffe hielten sich bewusst zurück und ließen den Regierungs-Schiffen den Vorrang. Wie Hornissen stürzten sich die Kampf-Geschwader der Nadoo auf die Einheiten der Sadhurls. Die letzte Schmach und die Niederlage, die sie ihnen bereitet hatten, war nicht vergessen worden. Wie ein Gewitter brachen die Kampfeinheiten der Nadoo über sie her. Selbst Major Travis hatte nicht geahnt, welche Lawine der Vernichtung sie losgetreten würden. Die schweren Laserlanzen, in Verbindung mit den Bombenteppichen und den ausgeschleusten Torpedos, die auf die Schiffe der Sadhurls zu rasten, besagten nichts Gutes.

Schockwellen rasten mit Überlichtgeschwindigkeit durch die Enklave der Nadoo, ähnlich wie ein Stein, der in stilles Wasser geworfen wurde. Die Angriffs-Strategie fruchtete. Der gleichzeitige, synchronisierte Beschuss der Nadoo-Schiffsgruppen auf einen einzelnen Angreifer, riss dessen Schutzschirm ohne Gnade auf. Die nachrückenden Bomben und Torpedos sorgten für den Rest. Überall flammten Explosionen auf, die auf dem CIC der Termar 1 als vernichtete Gegner angezeigt wurden. Im Zentrum der

Schlacht wurden unzählige Waffenenergien freigesetzt, die an den Gravitationskonstanten rüttelten.

»Neuer Resonanz-Kontakt«, meldete der Ortungs-Offizier. »Über 6.000 unterschiedliche Schiffe steigen vom Boden auf. Sie gehen auf Kollisionskurs zu den Schiffen der Sadhurls.«

»Die vereinigte Flotte der Handels-Mogule greift in den Kampf ein«, erkannte Major Travis.

Wie Kanusu vorgeschlagen hatte, näherten sich Geschwader zu je 10 Schiffen und feuerten aus allen Rohren auf die rückwärtige Linie der vermeidlichen Gegner. Mit so viel Gegenwehr hatten die Sadhurls nicht gerechnet. Ihre Flotte war zwangsläufig unterlegen. Die große Anzahl der regierungstreuen Geschwader nutzten ihren Vorteil und rieben Raumschiff für Raumschiff auf. Überall im Weltall wurden kleinere und größere Lichtkegel sichtbar, die von den Überladungen der Schutzschirme oder den Explosionen von Raumschiffen herstammten. Rings um den Wall der feindlichen Schiffe materialisierten Raumschiffe der Mogule. Tausende von neuen Kriegsschiffe griffen innerhalb weniger Minuten die Sadhurl-Schiffe an.

Die Menschen am CIC schauten entsetzt auf die grellen Leuchtpunkte, die alle auf dem Display registriert wurden.

»Wenn der Hass zu groß geworden ist, dann helfen keine Verhandlungen mehr «, bemerkte Commander Brenzby.

Major Travis schaute Kanusu an. «
»Wir haben doch besprochen, dass die Schiffe nur antriebslos geschossen werden sollten«, sagte er. »Warum wird ihr Befehl ignoriert? «

Kanusu senkte betroffen seinen Blick zu Boden.

Heinze hatte den Vorwurf mitbekommen.
»Die Schiffe der Sadhurls sind mit Robot-Besatzungen besetzt«, sagte er. Hieran besteht kein Zweifel. «

Marc schaute ihn kurz an.
»Wehret sie den Anfängen«, sagte er zu Kanusu. »Sie sind der zukünftige Ratspräsident. Ihre Anweisungen müssen korrekt ausgeführt werden, ansonsten bekommen sie irgendwann Probleme. «

»Sie haben Recht«, entgegnete dieser. »Wir haben in den letzten Jahre einfach zu viel ignoriert. «

Er griff nach dem Kommunikations-Gerät.
»Hier spricht Kanusu, stellvertretender Ratspräsident und Einsatzleiter der laufenden Mission«, sprach er in das Gerät. »Alle Geschwader-Führer halten sich an die Einsatzbefehle, ansonsten werden unverzüglich disziplinarische Maßnahmen folgen. Mein Befehl war eindeutig. Er lautete, die Antriebe und die Waffentürme zu zerstören, nicht die kompletten Schiffe. Denken sie daran, es handelt sich um Regierungseigentum. Führen

sie exakt die Befehle aus. Kanusu, stellvertretender Regierungs-Rat, Ende der Mitteilung.«

Kanusu atmete durch und schaute auf das CIC. Der Feuersturm ebbte merklich ab. Die grellen Explosionen wurden weniger und erloschen nach wenigen Sekunden.

»Ihre Ansprache hat gewirkt«, sprach Major Travis ihn an. »Es gibt keinen anderen Weg. Auf eine Befehlskette muss man sich verlassen können.«

»Sie haben Recht«, bestätigte Kanusu. »Ich werde zukünftig ihre Worte beherzigen.«

»KI«, wandte Marc sich an die Hypertronic-KI, die ihre Sensoren auf das Geschehen draußen im Weltraum gerichtet hatte.

»Analysiere die Situation.«
Ohne eine weitere Wartezeit antwortete die KI mit monotoner Stimme.

»Die Gegenwehr der Schiffe der Sadhurls nimmt ab«, tönte es blechern aus den Lautsprechern. Immer mehr Schiffe im Zentrum der Schlacht steuern einen nicht kontrollierbaren Kurs. Es ist davon auszugehen, dass Antriebe und Steuereinheiten vernichtet wurden. Minimale Verluste auf Seiten der regierungstreuen Geschwader. Es ist kein Eingreifen unsererseits mehr nötig. Die von dem stellvertretenden Ratspräsidenten aufgebotene Flotte wird leicht mit dem Rest der gegnerischen Schiffe fertig.«

Kanusu griff nach dem Mikrofon.
»An alle Schiffe«, sprach er in das Gerät. »Hier spricht der stellvertretende Ratspräsident Kanusu. Wir haben die Schlacht gewonnen. Ein großer Sieg für uns alle. Wir können feststellen, dass der Zusammenhalt unserer Völker vieles bewirken kann. Sichert die gegnerischen Schiffe und schleppt diese ab in unsere Basen. Wir werden Ihre Schiffe untersuchen, um den gleichen technischen Standard für alle Völker der Enklave herzustellen. Die Siegesfeier findet später statt. Stellvertretender Ratspräsident Kanusu, Ende des Gespräches.«

»Stellen sie bitte eine Verbindung zu Rattisch Tanlegra her, dem Handels-Mogul des Planeten«, bat er Sergeant Farmer.

Innerhalb weniger Sekunden stand die Leitung.
»Hier spricht Rattisch Tanlegra«, kam die Stimme seines Freundes durch. Was gibt es? «

»Hallo mein Freund«, antwortete Kanusu. »Ich wollte dir eine freudige Mitteilung machen. Wir haben die Schlacht gewonnen. Die Schiffe der Sadhurls wurden besiegt. Die restlichen Schiffe haben sich ergeben. Sie hatten gegen unsere Regierungs-Schiffe und eure Geschwader nicht den Hauch einer Chance. Der Hinweis, Geschwader zu 10 Schiffen zu formieren und synchron ein gegnerisches

Schiff anzugreifen, brachte letztendlich den Sieg. Unserem neuen Freund, Major Travis, können wir hierfür nur danken. Dürfen wir dich um eine Lande-Erlaubnis bitten. Zwei Schiffe sind vorgesehen, um in der Nähe deiner Handelsbasis zu landen. Dann können wir die weitere Vorgehensweise besprechen.

Wir werden die Residenz der Sadhurls angreifen und die sechs Rigo-Sauroiden gefangen nehmen Die Regierung der Nadoo kann zwar nichts mit ihnen anfangen, dennoch sind alte Fragen offen. Deshalb werden wir sie an Major Travis als Gefangene übergeben. Zu Hause auf Natrid stehen ihnen entsprechende Maßnahmen eines Verhörs zur Verfügung. Sie sind sich sicher, dass sie noch einige wichtige Informationen aus ihnen herausbekommen werden. Dürfen wir auf deine Unterstützung bei der Ergreifung der Eindringlinge hoffen?«

»Wir bereiten uns bereits hierauf vor«, antwortete Rattisch. »Es ist eine Ehre für uns, bei der Ergreifung dabei zu sein. Ich sende euch die Lande-Koordinaten, die direkt neben unserer Basis liegen. Wir freuen uns auf deinen Besuch. Bis später. «

»Danke«, antwortete Kanusu. »Bis später mein Freund.«

Kanusu schaute Major Travis an.

»Wie geht es jetzt weiter? «, erkundigte er sich.
»Ganz einfach«, antwortete dieser. »Wir kümmern uns jetzt um die Sadhurls und ihre Freunde, die Rigo-

Sauroiden. Ich freue mich darauf, endlich ein lebendes Exemplar zu Gesicht zu bekommen.«

»Commander Brenzby«, sagte Major Travis zu seinem Freund. »Wähle bitte ein Schiff der Königs-Klasse aus, das uns begleitet und uns den Rücken freihält.«

»Ich kümmere mich sofort darum«, antwortete der Commander.

Er war sichtlich froh, dass ihm wieder einige Aufgaben zugeteilt wurden.

»Ich setze die restlichen 4 Schiffe unseres Geschwaders in Alarmbereitschaft«, ergänzte er. »Sie können uns dann bei Bedarf sofort unterstützen.«

Major Travis nickte.
»Gut Commander«, antwortete Marc. »Wir werden jedoch erst die Sachlage mit Kanusu und seinem Freund in der Handels-Basis klären müssen.«

Commander Brenzby salutierte, drehte sich um und eilte schnellen Schrittes zu Sergeant Farmer in die Kommunikations-Abteilung. Dieser hielt ihm schon das Mikrofon hin.

» Die Leitung zur Flotte steht Commander, sie können sprechen«, sagte Sergeant Farmer.

Commander Brenzby instruierte KÖK 1021, der Termar 1 zu folgen und ebenfalls auf dem großen Landeplatz der Handels-Bastion zu landen. Die restlichen Schiffe wies er an, den Luftraum zu sichern. Nachdem kurzfristig die Bestätigungen eingegangen waren, kam er zurück und informierte Marc.

»Sergeant Hausmann, leiten sie das Landemanöver ein«, befahl Major Travis seinem Steuermann.

»Zu Befehl, Herr Major«, antwortete Sergeant Hausmann. » Der Sinkflug wird eingeleitet. «

Er drückte einen Knopf an seiner Konsole und schaltete die KI des Schiffes zur Überwachung hinzu. Dann schob er geringfügig den Schubregler des Schiffes eine Position nach vorne.

Ohne einen spürbaren Druck beschleunigte die Termar 1 und sank dem Planeten entgegen. Die KÖ-K 1021 hatte alle Daten mit dem Hypertronic-KI der Termar 1 synchronisiert und folgte in einem ausreichenden Sicherheits-Abstand. Schnell wurden die Luftschichten von Planet 7 durchflogen.

»Bremsverzögerung wurde aktiviert«, teilte Sergeant Hausmann mit. »Ich aktiviere die Anti-Grav-Einheiten. «

Das Schiff wurde sanft abgefangen und näherte sich vorsichtig dem Boden. Sirin, Heinze, Barenseigs und

Commander Brenzby kannten die Vorgehensweise zur Genüge. Kanusu hingegen bekam große Augen.

»Man merkt förmlich nichts mehr von der Verzögerung des Schiffes«, sprach er Major Travis an. » Der Zerstörer sinkt wie eine Feder zu Boden. «

Major Travis lachte. »Das hängt mit den ausgereiften Anti-Gravitations-Feldern zusammen«, beantwortete er die Frage von Kanusu. »Wenn sie dauerhaft unserem neuen Imperium beitreten werden, kann ich ihnen versprechen, dass sie auch Zugang zu dieser Technik erhalten werden. Wir lassen unsere Verbündeten nicht im Regen stehen. «

Kanusu lächelte.
»Man sah ihm an, dass er sich bereits mit diesem Gedanken angefreundet hatte.

»Achtung, Bodenkontakt in drei Sekunden«, warnte Sergeant Hausmann. »Die Außen-Monitore wurden aktiviert. «

Die Gesichter der Crew schauten auf den großen Monitor der Termar 1, auf der eine grüne, scheinbar stabile Bodenfläche näher rückte. Dann setzten die Füße der Termar 1 auf dem Boden auf. Der Monitor schaltete um, auf einen Panorama-Blick.

Kanusu blickte auf den Bildschirm. Der große Raumflughafen der Handels-Bastion war überfüllt mit unterschiedlich großen Raumschiffen, die alle das Zeichen der Handels-Gruppe Tanlegra trugen. Dann wurde ein Teil der Bildschirme schwarz, als die KÖK-1021 ihr Landemanöver beendet hatte.

Major Travis schaute Kanusu an.
»Lassen wir ihre Freunde nicht warten«, bemerkte er.

Das eingespielte Team verließ die Brücke. Tart 1 und Tart 2 warteten bereits an der Ausstiegs-Brücke. Als sie Major Travis und seine Delegation kommen sahen, nahmen sie Haltung an und salutierten. Marc erwiderte den Gruß und wollte an ihnen vorbei gehen. Tart 1 versperrte ihm den Weg.

»Muss ich sie immer wieder an unsere Aufgabe erinnern«, sagte er zu Major Travis. »Ich werde wohl einen Bericht an Noel machen müssen. «

Major Travis lachte und hielt inne. Er wusste sehr wohl, dass die beiden Schutz-Roboter äußerst bewusst ihrer Aufgabe nachkamen.

»Ihr habt natürlich den Vortritt«, beruhigte er die wachsamen Spezial-Roboter der modifizierten Shy-Ha-Narde Serie. Die tiefblauen Augen von Tart 1 musterten Major Travis einen kurzen Augenblick.

»Wir verstehen immer noch nicht den menschlichen Humor«, murmelte er.

Zackig drehte er sich um und ging voraus. Tart 2, der Schüchterne der Beiden folgte ihm. Ein kurzes Klicken, zeigte Marc, dass seine Schutz-Roboter in den Kampfmodus geschaltet hatten. Jetzt entging ihnen nichts Auffälliges mehr. Sie waren zu tödlichen Kampfmaschinen geworden, die alles eliminierten, was sich ihrem Schutzbefohlenen in den Weg stellte.

Kanusu hielt respektvollen Abstand. Ihm waren diese 2,20 Meter großen Kolosse aus Natarith-Stahl nicht ganz geheuer. Gerade rechtzeitig, als die Gruppe sich in Bewegung gesetzt hatte, rauschte ein Fahrzeug heran und bremste ab. Ein Schott öffnete sich an der Seite des Truppen-Schwebers. Heraus sprangen vier uniformierte Sicherheitsleute, die ihre Strahlen-Gewehre vor ihrer Brust hielten und sich jeweils zu zweit rechts und links vor dem Fahrzeug aufstellten. Ihnen folgte eine korpulente Gestalt, die sich schwer tat aus dem Fahrzeug zu springen.

Die kurzen Beine waren bei dem hohen Ausstieg des Fahrzeugs etwas hinderlich. Er ließ sich fallen und rutschte auf seinem Hintersten aus dem Fahrzeug. Er sagte etwas zu dem ersten Sicherheitsmann, der sich hierauf versteifte. Tart 1 und Tart 2 beobachteten das Szenario akribisch. Kanusu trat an ihnen vorbei und winkte der Person zu. »Das ist Rattisch Tanlegra«, sagte er zu seinen Begleitern. »Sie sollten sich von seiner Figur nicht blenden lassen. Er ist der wichtigste Handels-Mogul auf diesem Planeten. « Marc schaute Heinze an.

Die beiden verstanden sich ohne Worte.

»Ich empfange nur positive Eindrücke«, meldete er. »Er ist äußerst glücklich über unsere Hilfe. Die Herrschaft der Sadhurls ist ihm ein Dorn im Auge. «

Kanusu schritt auf ihn zu.
»Ich begrüße dich mein alter Freund«, sagte er. »Ich hatte bereits Sorge um dich. Die Verbindung war lange abgerissen. «

Rattisch lächelte und schlug die zur Faust geballte Hand auf seine Brust. Das Begrüßungszeichen in der Enklave der Nadoo.

»Was soll ich dir sagen«, antwortete er. »Die Sadhurls haben bei der letzten Versammlung auf mich und meine Sekretärin geschossen. Es waren zwar nur Paralyse-Strahlen, aber wir wurden von ihnen arretiert und unserem Schicksal überlassen. Die Herren der hohen Perspektive scheinen nicht mehr ihr eigenes Handeln zu kontrollieren. Nur mit viel Mühe konnten wir fliehen. «

Kanusu schüttelte den Kopf.
»Deswegen sind wir hier«, antwortete er. »Wir bringen das wieder in Ordnung. «

Der Nadoo drehte sich um und schritt die Gruppe seiner Begleiter ab. Er blickte seinen Freund an.

»Darf ich dir Major Travis vorstellen, unseren neuen Freund und Retter«, sagte er. »Nur dank seiner Taktik konnten wir die neuen Schiffe der Sadhurls besiegen. Die letzte Schlappe konntest du sicherlich mitbekommen. «

»Nur zum Teil«, antwortete Rattisch. »Das war bereits der Zeitpunkt, an dem sämtliche Kommunikation auf dem Planeten zusammenbrach. «

Er schaute Marc in die Augen und schlug wieder die geballte Faust auf seine Brust. Major Travis wiederholte den Vorgang als freundliche Geste.

»Auf unserem Planeten gibt man sich zur Begrüßung die Hand«, sagte der Major freundlich in einem akzentfreien Natradisch.

Er hielt sie Rattisch hin, der diese nur zögerlich ergriff. »Sie sind Natrader? «, fragte Rattisch. «

»Zum Teil«, antworte Marc. »Wir sind die Nachkommen der Natrader. Ich bin Oberbefehlshaber der vereinigten Natrid & Tarid Streitkräfte, Erhobener im Gefüge der Kaiserkaste mit Rang 1. Bestätigt und eingesetzt von Noel von Natrid im Rahmen der Nachfolge-Programmierung von Admiral Tarin. Wir verwalten die technischen Hinterlassenschaften von Natrid und sind bestrebt, wieder ein neues Imperium zu erschaffen. Nur nicht unter Zwang, sondern durch ein freies Miteinander aller interessierten Planeten und Rassen, zwecks eines Austausches von Waren, Ideologien und gemeinsamen Interessen. Natürlich spielt auch der Schutz gegen Aggressoren von außen eine wichtige Rolle. Eine

Gemeinschaft ist immer effektiver, als wenn jemand auf sich allein gestellt ist.«

»Das sind schöne Worte«, antwortete Rattisch. »Wer sagt mir, dass sie diese Prinzipien auch einhalten werden?«

»Wir sind nicht wie die ehemaligen Natrader, wir stehen zu unserem Wort«, erklärte Major Travis ernsten Blickes. » Warum wären wir sonst hier, um unserem neuen Freund Kanusu zur Seite zu stehen.«

Rattisch schaute zu Kanusu hinüber.
»Ich kann die Ausführungen von Major Travis nur bestätigen«, sagte er. »Die Regierung von Nadoo steht voll hinter einer Allianz mit dem neuen Imperium. Das bedeutet die Öffnung unserer Enklave und der Handel mit neuen Rassen und Völkern, außerhalb unseres Systems. Major Travis sorgt für eine Öffnung des Sonnen-Transmitters nach unseren Wünschen.«

»Handel betreiben ist unsere vordringliche Aufgabe«, antwortete ein sichtlich beruhigter Handelsmogul. »Wenn Kanusu das so sieht, dann sind wir auch dabei.«

»Das freut uns«, lächelte Major Travis. »Doch lassen sie uns einen Schritt nach dem andern gehen. Eine vorrangige Aufgabe wartet bereits auf uns.«

Marc ließ eine kurze Pause vergehen.
»Wo können wir unsere Vorgehensweise koordinieren?«, fragte er.

Rattisch zeigte auf das erste Kuppelgebäude.
»Dort«, entgegnete er. »Das ist unsere zentrale Logistik. Wir haben dort Zugriff auf alle Karten und Daten des Planeten.«

Er zeigte mit seinem Arm auf den Truppen-Transporter. »Steigen sie ein, unser Fahrzeug bringt uns dort hin.«

Er schmunzelte. »Es ist bequemer als zu Fuß den großen Raumflughafen zu überqueren.«

Es waren nur wenige Minuten vergangen, als sie in die Steuerungszentrale von Rattisch Tanlegra's Handels-Niederlassung gelangten. Major Travis und sein Team waren sichtlich beeindruckt von den Aktivitäten, die um sie herum abliefen. Unzählige Monitore lieferten Informationen über Transaktionen, Flugrouten von Transport-Schiffen, Einkäufen und Verkäufen. Die ganze Enklave der Nadoo wurde auf unterschiedlichen Displays überwacht. Den geschulten Augen der Flugbetreuer entging nicht die geringste Kleinigkeit. Das eigenwillige Aussehen von Heinze, der mehr an ein Tier erinnerte als an ein intelligentes Lebewesen, wurde nicht sonderlich beachtet.

»Irgendetwas Sonderbares?«, fragte Marc ihn.
Heinze schüttelte den Kopf.

»Ich würde es sofort melden, wenn ich feindliche Gedanken, oder Emotionen empfangen könnte«, antwortete er. »Alle hier befindlichen Tanlegrieden konzentrieren sich auf ihre Handelsgeschäfte. Es besteht keine Gefahr für uns. Sie verehren ihren Handelsmogul sehr. Seine Autorität schwebt über allem hier. «

Marc wies Tart 1 und Tart 2 an, sich etwas hinter ihm zu stellen. Er brauchte seine Bewegungsfreiheit. Sie murrten in bekannter Manier, folgten dann aber doch seiner Anweisung. Kanusu stand bereits an der Seite von Rattisch, der den Kartentisch programmierte. Das Bild auf dem 3,50 Meter langen Kartentisch aktualisierte sich.

Rattisch malte mit einem Stift einen Kreis um die Festung der hohen Perspektive.

»Das ist die Ursache allen Übels«, erklärte er. »Jahrtausende lang konnten die Sadhurls unbehelligt wallten und ihre Festung weiter ausbauen. Sie waren über alles erhaben, jedenfalls redeten sie uns das ein. «

»Sie sprachen davon, dass es sich bei den Sadhurls um Roboter handeln würde«, fragte Major Travis nach.

»Das ist richtig«, entgegnete Rattisch. »Sie haben uns dies auf der letzten Versammlung aller Handels-Mogule offenbart. «

Sirin hatte interessiert zugehört.
»Das wird wieder ein Experiment meines Onkels, dem Kaiser von Natrid, gewesen sein«, bemerkte sie.

Alle Anwesenden richteten ihren Blick auf sie.
»Sie stammen noch aus der direkten Blutlinie des Kaisers?«, fragte Rattisch erstaunt. » Wie haben sie denn die ganzen Jahrtausende überlebt? «

»Das ist eine andere Geschichte «, antwortete Sirin. »Diese Enklave war von vorne bis hinten ein Entwicklungsprojekt. Nicht nur die aufwendige Transmitter-Technik, die als Energie-Versorgung die drei Sonnen außerhalb der Enklave benötigt, sondern auch der Zugang durch einen Transmitter lässt vermuten, dass der wirkliche Standort dieser Enklave weit entfernt von dem Sonnen-Transmitter angesiedelt ist.«

Marc pfiff durch die Zähne.
»Über diese Möglichkeit haben wir noch nicht nachgedacht«, bestätigte er. »Das könnte bedeuten, dass ihr System nicht mehr in der Milchstraße liegt, sondern versteckt in irgendeinem Sternen-System. «

»Wenn ich fortfahren darf, dann kann ich zu dem eigentlichen Thema kommen«, beschwerte sich Sirin.

Major Travis schaute sie an und nickte.

»Bekanntlich hatte ich keinen Zugang zu den geheimen Entwicklungen meines Onkels«, ergänzte sie. »Aber zwischendurch warf er allen Offizieren der eigenen Blutlinie kleine Informationen hin. Diese besagten, dass er daran dachte für größere Sternballungen eine selbstgenerierende KI ins Leben zu rufen. Diese sollten durch zwölf mobile Super-Roboter unterstützt werden. Hierdurch wollte er den bisherigen KI-Gehirnen eine selbstständige Weiterentwicklung ermöglichen. Diesen hoch entwickelten KIs wollte er die Möglichkeit geben, sich im Krisenfall durch eine Schnittstelle synchron zusammen zu schließen. Es drehte sich also um hochentwickelte Anlagen, vermutlich mit vielen erweiterten Kompetenzen ausgestattet. Ich denke mir, dass wir es hier mit so etwas zu tun haben.«

»Trotzdem waren diese Über-KIs gegen Angriffe von außen nicht ausreichend geschützt«, sagte Commander Brenzby.

Sirin nickte.
»Das ist das Sonderbare an der ganzen Geschichte«, entgegnete sie. »Diese Über-KI sollte alle Möglichkeiten gehabt haben, um auf einen möglichen Angriff zu reagieren. Wir reden hier über Geschehnisse und Entwicklungen der letzten Kriegsjahre. Es ist möglich, dass bereits bei der Installation der KI fremde Mächte, ich spreche hier von den Rigo-Sauroiden, unbemerkt die Technik infiltrieren konnte. Sie tauchten überall auf und waren nicht berechenbar. Was ist, wenn sie sich unbemerkt auf einen der Schiffe des kaiserlichen Imperiums, mit in diese Enklave einschleichen konnten?«

»Wir werden es klären«, unterbrach Major Travis die Diskussion. Lassen sie uns versuchen, zumindest ein Exemplar dieser Rasse lebend dem Verhör von Noel zu übergeben. Dann werden wir Antworten erhalten.«

Er winkte Rattisch zu sich.
»Mit wie viel Gegenwehr ist zu rechnen?«, fragte Marc den Handels-Mogul.

Dieser zeigte auf die Festung der Sadhurls.
»Vor Wochen hätte ich noch gesagt, mit geringer Gegenwehr«, antwortete dieser. »Doch erst nach unserer Gefangennahme konnte ich das Ausmaß dieser Festung analysieren. Ich vermute, dass die wirkliche Festung unterirdisch angelegt wurde. Hinzu kommt noch der Erweiterungsbau der Rigo-Sauroiden, die ja im ungünstigsten Fall Jahrtausende Zeit hatten ihre Pläne im Geheimen zu verwirklichen. Durch die generelle Abschottung der Sadhurls war es uns Tanlegrieden niemals gestattet ihre Residenz zu besichtigen, ganz geschweige die unterirdischen Anlagen inspizieren zu dürfen.

Ich habe auf unserer Flucht Labore gesehen, große Maschinenparks und Roboter-Hallen. Tausende von Robotern hängen in ihren Lagervorrichtungen und warten auf ihren Einsatz. In einem Ernstfall wird die hohe Perspektive diese vermutlich gegen uns einsetzen. Zumal die Rigo-Sauroiden derzeit noch Einfluss auf ihre Entscheidungen nehmen können. Sie werden sich die Macht nicht so einfach aus den Händen nehmen lassen. Hinter dem Gebäude gibt es große Tore. Das war unser Fluchtweg. Hierdurch wird es am einfachsten sein, in die zentrale Halle mit den Sauroiden zu gelangen.«

»Haben sie einen Raumschiff-Hangar entdeckt?«, fragte Barenseigs. »Diese lassen sich auch unterirdisch anlegen.«

»Dafür reichte unsere Zeit nicht«, antwortete Rattisch. »Wir waren froh, als wir einen Fluchtweg gefunden hatten. Stellen sie sich vor, ohne Waffen und ohne Individual-Schirme weitere Untersuchungen vorzunehmen, hätte in jedem Fall ein Risiko bedeutet.«

Rattisch ließ eine kurze Pause vergehen.
»Wir wurden von Flugbooten verfolgt«, ergänzte er. »Diese waren von Robotern bemannt. Sie sind nur mit leichter Bewaffnung bestückt. Unsere Kampf-Jets konnten sie problemlos vom Himmel holen. Vermutlich sahen die Sadhurls ihre wichtigste Aufgabe in der Neuentwicklung ihrer Raumschiffe.«

Major Travis zog seine Stirn in Falten.
»Es geht mir nicht aus dem Sinn, dass so hoch entwickelte Roboter keine Sicherungsmaßnahmen für ihre letzte Bastion getroffen haben sollen. Ich habe nicht vor in eine Falle zu tappen. Wir werden ihr Nest mit einer gut geplanten Aktion durchkämmen.«

Major Travis blickte die Zuhörer an.
»Können sie gut ausgebildete Sturmtruppen bereitstellen«, fragte Marc.

»Ja«, entgegnete der Mogul. »Ich habe 3.000 Soldaten unserer Elite-Eingreiftruppe in Alarmbereitschaft.«

»Du darfst solche Truppen gar nicht besitzen«, sagte Kanusu schroff. »Das verstößt gegen das Regierungsgesetz. «

Rattisch beschwichtigte ihn.
»Du siehst doch, was alles unter den Augen der Regierung falsch gelaufen ist. In den Fällen, wo die Regierung keine Lösung anbieten konnte, haben wir für Ordnung und Sicherheit gesorgt. Hier besteht in jedem Fall ein Optimierungsbedarf, aber das können später die Politiker aushandeln. «

Rattisch drehte sich wieder Major Travis zu.
»Die Soldaten kann ich zusätzlich von 5.000 Robotern unterstützen lassen«, ergänzte er.

»Das ist bereits eine beachtliche Anzahl«, antwortete Major Travis. »Ich weiß natürlich nicht, wie leistungsstark ihre Roboter sind. Daher beabsichtige ich ebenfalls 3.000 Kampfroboter auszuschleusen, die ihren Angriff unterstützen werden. Sie werden von ausgewählten Offizieren meines Teams angeführt. Ferner werde ich den Einsatz von 100 Kampf-Jets der Tarin-Klasse unterstützen lassen. Sie werden mögliche Gefahren aus der Luft bekämpfen. « Commander Brenzby stand auf.

»Ich werde die Kampf-Jets und die Roboter von unseren Schiffen anfordern und sie auf dem Flugfeld landen lassen. «

»Ich befehle den Raumschiff-Hafen räumen zu lassen und verlege die wartenden Handelsschiffe auf andere Landeplätze«, bemerkte Rattisch. »Zusätzlich werde ich noch 10 Geschwader mit jeweils 25 Kampf-Jets der Handel-Vereinigung beisteuern. Somit hätten wir 350 Jets im Einsatz. «

»Das sollte reichen«, antwortete Major Travis. »Denken sie daran, dass ihre Waffen vermutlich den Neuentwicklungen der Sadhurls unterlegen sein können. Ich empfehle ihnen daher Angriffs-Gruppen zu je 5 Jets zu bilden, die sich jeweils ein gegnerisches Schiff vornehmen. Konzentrieren sie ihren Beschuss. «

Major Travis überlegte einen Augenblick.
»Falls ihre Gegenwehr stärker ist als vermutet, lasse ich die Schiffe unserer Begleitflotte in die Atmosphäre sinken und von dort einen Beschluss der Anlage vornehmen. Die Bodentruppen setzen wir erst ein, wenn die Kampfjets melden, dass keine Gegenwehr mehr registriert wird. Ich möchte Verluste an Leben möglichst vermeiden. «

» Das ist auch in unserem Sinn«, antworteten Kanusu und Rattisch wie aus einem Mund.

»Wir sollten den Angriff sternförmig befehlen«, sagte Barenseigs. »Wir haben derzeit keine Hinweise auf einen Raumschiff-Hangar, jedoch bin ich mir sicher, dass die Sadhurls immer für eine Überraschung gut sind. Sicherlich wird sich auch ein Schutzschirm über ihrer Anlage aufbauen. «

»Hiermit rechne ich auch«, bestätigte Major Travis. »Diesen heißt es erst einmal zu überwinden. Erst wenn der an seiner Überlastungsgrenze angelangt ist, werden die Sadhurls reagieren.«

Er schaute Rattisch und Kanusu in die Augen.
»Sie beide fliegen auf unserem Schiff mit«, sagte Major Travis. »Ich denke, sie sind bei uns sicherer aufgehoben.« Commander Brenzby hielt die Hand an seinem Ohr und aktivierte den Kommunikator des Flottenfunks.

»Unsere Schiffe sind im Landeanflug«, teilte er Major Travis mit.

»Es geht los«, entgegnete dieser. »Gehen wir nach draußen.«

Das Bild auf dem großen Raumschiff-Hafen hatte sich verändert. Die klobigen Handelsschiffe waren verschwunden und hatten unzähligen Kampf-Jets der Handels-Vereinigung Platz gemacht. Dicht an dicht standen diese in geordneter Formation auf dem Flugfeld. Seitlich standen die riesigen Schiffe der Königs-Klasse und verdunkelten das Licht. Die Schiffe von Major Travis standen an vorderster Linie und hatten bereits ihre Landebrücken ausgefahren. Unzählige, gefährlich aussehende Kampf-Roboter natradischer Bauart, vom Typ Shy-Ha-Narde schritten die Energiebrücke hinunter auf das Flugfeld.

Chief Master Sergeant Hardin ordnete die Ausschleusung der Boliden. Die 2,20 Meter großen Roboter, mit extremer Waffenausstattung, ließen die Gesichter von Rattisch und Kanusu einfrieren. Ihnen war die Anzahl der unbeugsamen Kolosse aus hochlegiertem Natarith-Stahl nicht geheuer. Noch leuchteten die Augen der Kampf-Roboter blau, dies deutete auf eine aufmerksame Befehlsannahme hin. Gehorsam stellten sie sich in 30 Reihen zu je 100 Robotern auf. Die seitlich stehenden Elite-Soldaten der Handels-Vereinigung verfolgten das Schauspiel interessiert. »Sind sie sicher, dass die Roboter auf ihre Befehle hören und kein Blutbad anrichten werden? «, fragte Kanusu den Major.

Sirin und Barenseigs lächelten. »Ganz sicher«, antwortete Major Travis. »Es ist noch nie vorgekommen, dass sich Roboter dieses Typs gegen unsere Befehle gerichtet haben. Sie haben mehrere Sicherheits-Programmierungen, die so etwas verhindern.

Chief Master Sergeant Hardin schritt heran und salutierte. »Die gewünschte Anzahl an Roboter erwartet ihre Befehle, Herr Major«, bestätigte er.

Major Travis und Commander Brenzby salutierten ebenfalls und erwiderten den Gruß. »Gut«, entgegnete Marc. »Commander Brenzby wird sie einweisen. Wer kommandiert die Roboter-Gruppen? «

»Ich habe erfahrene Marines ausgewählt und sie in Gruppen aufgeteilt«, erklärte Sergeant Hardin. »Es sind alles ausgewählte Haudegen mit langer Kampf-Erfahrung.«

»Sie koordinieren bitte die einzelnen Gruppen«, befahl Major Travis.

Sergeant Hardin nickte.
»Das werde ich«, bestätigte er. »Ich habe mir erlaubt, Sergeant Harmson und Sergeant Ryklar mit einzubinden. Aufgrund der zahlreichen Kampfgruppen möchte ich mehr Augen auf den Ablauf gerichtet haben.«

»Perfekt«, antwortete Major Travis. »Stellen sie mir bitte eine Gruppe von 20 Robotern an Seite. Sie werden Tart 1 und Tart 2 unterstützen.«

»Sie wollen doch nicht an dem Einsatz teilnehmen?«, fragte Sergeant Hardin entsetzt.

»Doch«, lächelte Major Travis. »Ich werde mir die Anlage ebenfalls persönlich ansehen.«

»Das halte ich für zu gefährlich«, entgegnete Sergeant Hardin. »Warten sie doch einfach ab, bis die Anlage gesäubert ist.«.

Major Travis verzog das Gesicht.
»Ich weiß ihre Fürsorge zu schätzen Sergeant, doch sie haben meinen Befehl gehört«, knurrte er. »Führen sie ihn aus.«

Marc wartete nicht auf eine Antwort des Sergeanten.
»Rattisch, wo stehen ihre Truppen-Transporter?«, fragte er den Handelsmogul.

»Hier auf der rechten Seite«, entgegnete der Angesprochene schnell. »Sie sind verdeckt durch zwei Reihen von Kampf-Jets.«

Er winkte einem wartenden Offizier zu.
»Das ist mein Sicherheits-Chef«, sagte er. »Er bringt ihre Soldaten zu den Transportern. Ich habe 30 Fahrzeuge bereitgestellt. Jedes kann 250 Personen aufnehmen. Ich werde jede ihrer Roboter-Gruppe 100 Elite-Soldaten zuteilen, die sich ihrem Befehl unterwerfen.«

»Gut«, entgegnete Major Travis und richtete seinen Blick wieder auf Sergeant Hardin. »Sie besetzen die Transporter und warten auf weitere Anweisungen. Erst wenn die Leitstelle grünes Licht gibt, schreiten wir vor. Commander Brenzby informiert sie jetzt über alle weiteren Dinge, die sie erwartet. Haben sie alles verstanden?«

»Befehl verstanden«, antwortete Sergeant Hardin. Er salutierte vorschriftsmäßig und folgte Commander Brenzby zur weiteren Einweisung.

»Was denken sie, Barenseigs?«, fragte Marc den interessiert zuhörenden Gildoren.

Dieser lächelte.

»Wir würden direkt mit einer ganzen Flotte einfallen und für Ordnung sorgen«, entgegnete er. »Aber ich bin jetzt bereits längere Zeit mit ihnen zusammen und habe festgestellt, dass die Menschen von Tarid etwas feinfühliger mit ihren Aufgaben umgehen. Ich schlage vor, wir sondieren die Lage in ausreichendem Abstand. Dann setzen wir unsere Sensoren ein und analysieren die Aktivitäten der Festung der Sadhurls. Falls nichts passiert, empfehle ich 2 bis 3 gezielte Schüsse aus unseren Laser-Türmen mit der Aufforderung zur Kapitulation. Spätestens dann sollten die Herren der Hohen Perspektive ihre Abwehranlagen, sofern sie überhaupt welche haben, aktivieren.«

Commander Brenzby kam zurück und meldete die Einsatz-Bereitschaft der Bodentruppen. Major Travis bemerkte, wie Heinze den Kopf neigte. Er kannte seinen pelzigen Freund.

»Was empfängst du?«, fragte er.
»Die Rigo-Sauroiden werden aktiv«, flüsterte der Ro. »Sie scheinen über geringe parapsychische Eigenschaften zu verfügen. Zumindest können sie sich untereinander gedanklich verständigen. Sie wissen, dass wir kommen und sie angreifen werden. Ich empfinde Unruhe und Angespanntheit. Sie bereiten sich auf unser Kommen vor.«
»Dann sollten wir sie auch nicht länger warten lassen«, entgegnete Major Travis. »Gehen wir an Bord«.

Der große Panorama-Bildschirm der Termar 1 war aktiviert. Die Sensoren waren auf die große Flotte von Kampf-Jets am Boden gerichtet, die auf ihren Einsatzbefehl warteten.

»Sergeant Hausmann«, befahl Major Travis. »Bringen sie uns auf eine Höhe von 5.000 Meter über die Festungsanlage. Sergeant Farmer, Funkspruch an unsere Begleit-Schiffe, Startfreigabe und in einem ausreichenden Abstand folgen.«

Die Bestätigungen der Befehle erfolgten umgehend. Leichtfüßig hob das Flaggschiff von dem Boden ab und drang in die oberen Schichten des Planeten der Tanlegrieden vor. Es vergingen nur wenige Minuten, bis das Schiff die Position bezogen hatte.

»Status«, fragte Major Travis.

»Ich registriere unerwartete Energiewerte«, teilte Sergeant Dantow. »Es werden viele Energiemeiler mit Katastrophenwerten hochgefahren.«

»Ich möchte die ganze Anlage gescannt haben«, befahl Commander Brenzby.

»Das ist nicht mehr möglich«, antwortete Sergeant Dantow. »Sie haben gerade einen Energie-Schirm aktiviert. Er scheint mehrere Meter dick zu sein und von fluktuierender Energie. Unsere Scanner-Strahlen dringen nicht durch.«

»Sie scheinen doch nicht so hilflos zu sein, wie wir dachten«, bemerkte Major Travis.

»Die Energiewerte steigen weiter an«, meldete Sergeant Dantow. »Es öffnen sich 45 Bodenklappen, Waffentürme werden ausgefahren.«

»Nahsicht einschalten«, antwortete Major Travis.

Der Panorama-Schirm schaltete auf Nahsicht um. Gewaltige Boden-Abwehrgeschütze wurden sichtbar.

»Habe ich nur das Gefühl, oder sehen die Geschütze aus, wie unsere eigenen Boden-Abwehranlagen«, bemerkte Sirin.

»Alte, massive Schiffszerstörer natradischer Bauart«, sagte Barenseigs. »Gut, dass wir auf Abstand gegangen sind. Die massive Explosionswucht entfaltet sich bei maximal 2.000 Metern. Darüber hinaus schwächt sich der Strahl immer weiter ab. Es sei denn, er wurde von den Sadhurls modifiziert.«

»Höchste Alarmbereitschaft für alle Schiffe«, befahl Major Travis. »Die Schutzschirme aktivieren.«

Die KI der Termar 1 synchronisierte den Befehl innerhalb von Sekunden mit den Begleitschiffen der Flotte. Keine Sekunde zu früh. Eine Wand aus dicken Laser-Strahlen raste den Schiffen entgegen und erfasste sie. Die ersten Treffer ließen die Schutzschirme der Schiffe aufleuchten.

Doch nicht nur die Termar 1, sondern auch die Begleitschiffe waren bereits mit dem neuen Super-Schutzschirm, nach lantranischen Modifikationen ausgestattet. Dieser Schutzschirm hatte bislang noch nie versagt. Er leitete die Energie-Einschläge problemlos ab. Die Lantraner waren eine der ersten und ältesten Rassen im Universum. Nach vielen Jahrtausenden ihrer Zurückgezogenheit wollten sie wieder indirekt in die Entwicklung der Milchstraße eingreifen. Sie hatten durch Nichtstun zusehen müssen, wie viele entwicklungsfähige, humanoide Rassen, mit einem hohen geistigen Potenzial, von exoiden Angreifern vernichtet wurden. Ein Umdenken war erfolgt. Neuerdings entschieden sie sich dafür, junge, neue Rassen in der Milchstraße zu fördern und ihnen bei der Wegfindung behilflich zu sein. So entstand auch ein Kontakt zu Major Travis und dem neuen Imperium von Tarid und Natrid.

»Der Schutzschirm absorbiert die Strahlen«, meldete Sergeant Schreiber aus der Maschinenzentrale. »Derzeit werden 17 % Auslastung erreicht.

»Alle Waffentürme Feuer«, befahl Major Travis. »Permanentes Dauerfeuer auf den Schirm. Schauen wir einmal, wie stabil er ist.«

Kaum ausgesprochen, da verwandelte sich die Termar 1 in einen feuerspeienden Giganten. Ihre heißen Laser-Lanzen rasten dem Schutzschirm am Boden entgegen. Wieder und wieder trafen die Feuerlanzen. Jetzt griffen die Schiffe der Königs-Klasse in den Kampf ein. Die insgesamt 230 Waffentürme der Schiffe aus dem Sol-System beschossen den Schutzschirm der Festung im Sekunden-Rhythmus. Erste rote Flecken bildeten sich in dem Schirm.

»Erste Zeichen von Überlastungen zeichnen sich ab«, sagte Commander Brenzby.

»Weiterschießen«, befahl Major Travis. »Ortung, sobald der Schirm Strukturlücken aufweist, bitte den Schirmfeld-Generator lokalisieren und Ortungsdaten auf das CIC legen. Waffenleitstelle, sobald die Daten vorliegen, bitte die Koordinaten an die Hyper-Space-Kanone übergeben. Vernichten sie den Schirmfeld-Generator.

»Die Hyper-Space-Kanone wurde aktiviert«, bestätigte Sergeant Madson.

Hunderte Laserstrahlen lösten sich aus den Waffentürmen der Schiffe und ließen den Schutzschirm am Boden zu einer künstlichen Sonne erstrahlen. Der Schirm wurde zu einem Glut-Ball, der in Sekundenbruchteilen bis zu einem Durchmesser von 300 Kilometern anschwoll. Die roten Inferenzen vermehrten sich flächendeckend. »Der Ausfall des Schirmes steht unmittelbar bevor«, bemerkte Barenseigs.

Das gigantische Geschoss der Hyperspace-Kanone verließ das Geschützrohr nur Sekunden später. Es beschleunigte und wechselte in den Hyperraum. Nur wenige Zeit später materialisierte es im Normalraum und korrigierte seinen

Kurs. Das Geschoss beschleunigte erneut und wechselte in den Hyperraum. Knapp 5.000 Meter über dem fluktuierenden Schutzschirm der Residenz fiel es in den Normalraum zurück. Mit hoher Geschwindigkeit schlug das Geschoss in sein Ziel ein. Die gewaltige Explosion verwandelte den Energieschirm der Residenz in eine tiefrote Farbe. Zahlreiche große Strukturlücken bildeten sich. Die Laser-Strahlen der Zerstörer durchschlugen den Schutzschirm und hinterließen hässliche Löcher auf der grünen Wiese.

»Ortungsdaten kommen herein«, teilte Sergeant Dantow mit. »Die Position des Schirmfeld-Generators wurde ermittelt. Ich übergebe ans CIC.«

»Daten werden übernommen«, sagte Sergeant Madson. »Abschuss, sobald das Ziel anvisiert wurde«, antwortete Major Travis.

»Abschuss ist erfolgt«, entgegnete Master Sergeant Madson.

Alle Anwesenden hörten, wie die Energie der Termar 1 sich zurücknahm und die freigesetzte Energie erneut an die Hyper-Space-Kanone übergab. Das gigantische Geschoss wechselte kurz in den Hyperraum, um dann wieder 200 Meter vor dem Ziel in den Normalraum zu wechseln und die verbliebenen Luftschichten zu durchstoßen. Kurz vor dem Einschlag zündete das Geschoss seine eigenen Triebwerke. Es durchbrach den durchlässigen Energieschild und bohrte sich mit immenser Kraft in den Boden, direkt in die Maschinenhalle der Sadhurls. Hier angekommen detonierte das Geschoss und hinterließ einen Glut-Ball, der sämtliche Anlagen in der Halle verflüssigte und in seine Moleküle zerlegte.

Die gewaltige Detonation ließ die Festung der Sadhurls in allen Bestandteilen erbeben. Spätestens jetzt erkannten die Sadhurls und ihre fremden Lenker, dass ihr Ende nahe war. Verzweifelt wehrten sich die Roboter gegen die gedankliche Programmierung, durch die in einer Nährflüssigkeit liegenden Rigo-Sauroiden. Diese gaben ihre Lakaien noch nicht frei. Sie gaben den Befehl die Kampfboote und die Roboter komplett in die Schlacht zu werfen.

Die Vernichtung des Generators ließ den Schutzschirm in ein tiefes Rot aufleuchten und ließ ihn kollabieren. Wie aus dem Nichts viel er in sich zusammen und löste sich sekundenschnell auf. Das Team auf der Termar 1 hatte das Schauspiel mit angesehen.

»Der Weg ist frei«, sagte Major Travis. »Waffen-Zentrale, sofort die Boden-Abwehrgeschütze ausschalten.«

»Befehl erhalten«, meldete Sergeant Madson. »Alle Waffentürme der Schiffe justierten sich neu ein. Wieder rasten die Laser-Strahlen auf den Boden zu, diesmal auf die jetzt ungeschützten Abwehrgeschütze der Sadhurls. Die energiegeladenen, im Dauerfeuer agierenden Abwehr-Geschütze der Residenz, erhielten die ersten

Treffer und explodierten in einem lodernden Lichtschein. Immer mehr Abwehrtürme wurden getroffen und stellten den Dienst ein. Die Gegenwehr ebbte ab. Dann endlich hob kein Laserstrahl mehr von dem Boden der Residenz ab, alle Geschütze waren vernichtet.

»Alle Waffentürme sind ausgeschaltet«, sagte Sergeant Dantow. »Von diesen Anlagen droht keine Gefahr mehr.«

»Einsatz für die Kampf-Jets«, befahl Major Travis. Commander Brenzby übermittelte den Befehl sofort weiter. An der Termar 1 öffnete sich das Flugschott und gab den Weg für die einsatzbereiten Geschwader frei. Auf dem großen Panorama-Schirm des Flagg-Schiffes konnte die Leitstelle die Umsetzung des Befehles beiwohnen. Wie Hornissen hoben die Jets vom Boden ab und formierten sich in kleine Geschwader. Dann drangen sie in die Atmosphäre ein.

»Hier ist Major Travis«, sprach Marc in seinen Communicator. »Es wird äußerste Vorsicht angeordnet. Halten sie Abstand und sondieren sie vorrangig die Lage. Vermeiden sie zu schnell und zu nah die Residenz anzufliegen. Übersenden sie uns Bilder von den Zerstörungen.«

Captain Larson«, antwortete sofort.
»Befehl erhalten, Herr Major«, antwortete sie. »Wir nähern uns zurückhaltend, sondieren vorerst und warten auf eine weitere Reaktion der Residenz. Ende der Übermittlung.« Marc wusste, dass Sergeant Larson ihr

Metier verstand. Er kannte sie als kühl agierende Chefin der Flugdienste. »Danke, viel Erfolg«, antwortete er kurz.

Die Geschwader teilten sich in Gruppen zu je 5 Schiffen auf und näherten sich langsam über unterschiedliche Flugrouten der Residenz. In der Zwischenzeit hatte Rattisch seine wartende Eingreif-Flotte aktiviert. Von dem großen Flugfeld der Tanlegrieden starteten ununterbrochen Kampf-Jets der Handelsvereinigung, die sich in die Richtung der Residenz aufmachten. Durch die geringere Entfernung erreichten die Jets der Handelsvereinigung die Residenz früher, als die Schiffe des neuen Imperiums. Der Panorama-Bildschirm auf der Termar 1 erfasste Dank sensibler und ausgereifter Sensoren alle Einzelheiten auf dem Boden von Planet 7.

»Achtung«, sagte Kanusu. »Weitere Bodenschleusen werden geöffnet.«

Aus den unzähligen Bodenklappen, die vermutlich als Ausflugs-Schächte dienten, drangen hunderte kleinerer Flugmaschinen ins Freie und stürzten sich auf die sich nähernden Kampf-Jets der Handelsvereinigung. Rattisch gab seinen Staffelführern entsprechende Anweisungen durch.

»Stellen sie sich auf eine massive Gegenwehr ein«, erklärte er. »Gehen sie nach der besprochenen Angriffsformation vor. Feuern sie nach eigenem Ermessen. Nehmen sie einen synchronisierten Beschuss der Angreifer vor. Die Verstärkung wird gleich bei ihnen eintreffen.«

Die Jets waren in Schussreichweite gekommen. Hunderte Laser-Strahlen prasselten auf die Schiffe der unterschiedlichen Gruppen ein. Die Schiffe der Handelsvereinigung bemerkten, dass ein einzelner Schuss ihrer Laser-Batterien nur die Schutzschirme der gegnerischen Schiffe flackern ließen. Der synchronisierte Beschuss, von gleichzeitig 5 Schiffen brachte den ersehnten Erfolg. Erste Schiffe der Sadhurls wurden getroffen. Die Schutz-Schirme brachen zusammen. Die betreffenden Geschwader ließen den Generatoren der Flugboote keine Zeit, ein neues Feld aufzubauen. Erneut schlug die geballte Kraft der synchronisierten Laserstrahlen in die noch ungeschützten Kampfboote der Residenz ein.

Kleine Kunstsonnen färbten den Himmel in eine rosa Farbe. Die getroffenen Roboter-Angriffsboote vergingen in zahlreichen Explosionen. Mutige Piloten der Handelsvereinigung lösten sich aus ihren Geschwadern und griffen die Flugboote direkt an. Das war ein gefundenes Opfer für die modifizierte Technik der Sadhurls. Jetzt konnten sie ihre Technik ausspielen. Innerhalb von Sekunden verlor die Handelsvereinigung auf diesem Wege 23 Kampf-Jets. Erbost griff Rattisch zu dem Mikrofon seiner Flotten-Verbindung.

»Hier spricht Rattisch«, meldete sich der Mogul. »Ich habe ausdrücklich einen Gruppenbeschuss angeordnet.

Wer sich nicht hieran hält, hat mit Konsequenzen zu rechnen. Die Staffelführer sind mir für die Einhaltung der Flugordnung verantwortlich. Halten sie sich hieran.«

Das hatte gefruchtet. Bereits ausgerückte Jets formierten sich in ihrer Gruppe neu und unterwarfen sich dem synchronisierten Beschuss. Die Kampf-Jets der Handel-Vereinigung errichteten ein Sperrfeuer und hielten die Kampf-Boote der Residenz auf Abstand. Immer wieder explodierten einzelne Boote aufgrund eines optimalen Geschwader-Treffers. Der materialzermürbende Beschuss dauerte an. Dann waren die 12 Tarin-Jets angekommen. Auch sie griffen zur eigenen Sicherheit in Geschwadern zu je 4 Jets an. Doch erst jetzt zeigte sich, dass die natradischen Laser-Türme den Gegnern haushoch überlegen waren. Ein einziger Treffer aus den massiven Laser-Strahlen der natradischen Jets, ließen die Schirme der gegnerischen Flugboote aufflackern und kollabieren. Der zweite Treffer besiegelte das Schicksal der fehlgeleiteten Gegner.

Immer mehr Flugboote der Residenz gingen in kleine Kunstsonnen auf, andere stürzten qualmend zu Boden und zersplitterten. Innerhalb von 5 Minuten hatte der Gegner 78 Schiffe verloren. Trotzdem griffen die verbliebenen Kampfboote weiter an. Die 12 Sadhurls der hohen Perspektive waren unfähig einen neuen Gedanken zu fassen. Sie konnten das Versagen ihrer Flotte nicht verstehen. Hatten die Lenker nicht von einer unüberwindbaren Technik gesprochen, die ihnen die Macht über die ganze Enklave sichern sollte.

Mit Entsetzen beachteten sie das Versagen der so hochgelobten Technik. Auch empfingen sie keine Anweisungen mehr von ihren Lenkern. Schockstarre breitete sich aus. Sie mussten bis zum Ende kämpfen, das war ihr Befehl. Entsprechend dieser Vorgabe erteilten sie allen Kampf-Robotern den Einsatzbefehl. Sie wussten, dass sie nach der Aktivierung keinen Einfluss mehr auf die Handlungen der Roboter haben würden. Ab jetzt unterlagen sie der gedanklichen Steuerung der Rigo-Sauroiden.

Jubel brach auf der Termar 1 aus. Der Abschuss, der gegnerischen Kampf-Boote, war auf 151 Einheiten angestiegen. Dem gegenüber standen 35 Verluste auf der Seite der Handelsvereinigung und 1 beschädigter Tarin-Jets, der sich bereits zur Reparatur aus eigener Kraft aus dem Kampfgeschehen entfernt hatte. Er flog zu seinem Mutterschiff zurück.

»Status«, erkundigte sich Major Travis. »Mit wie vielen Angreifern haben wir es noch zu tun?«

»Die Zählung läuft«, antwortete Sergeant Dantow. »Es gibt derzeit noch 230 angreifende Flugboote«, antwortete die KI des Schiffes mit bekannter monotoner Stimme. »Die Menge nimmt ständig ab.«

»Gut«, antwortete Marc.

Er blickte zu Commander Brenzby und Rattisch.

»Setzen sie die Truppen-Transporter in Bewegung«, bemerkte er. »Es dauert nicht mehr lange, dann durchkämmen wir die Festung. «

Er drehte sich zu seinem Funkoffizier um.
»Sergeant Farmer«, sagte Major Travis. »Öffnen sie bitte einen Kanal in die Residenz. «

Es dauerte nur wenige Sekunden, dann war der Funkstrahl eingependelt.

»Sie können sprechen, Herr Major«, bestätigte der Funkoffizier.

»Hier spricht Major Travis«, sprach er in seinen Communicator. Ich bin der Oberbefehlshaber der vereinigten Natrid und Tarid Streitkräfte. Erhobener im Gefüge der Kaiserkaste mit Rang 1. Bestätigt und eingesetzt von Noel von Natrid im Rahmen der Nachfolge-Programmierung von Admiral Tarin. Ich befehle die vollständige Unterwerfung der Sadhurl-Verwaltung. Ferner fordere ich ihre bedingungslose Kooperation. Ich übersende jetzt die digitalen Befehle. «

Marc drückte den zweiten Knopf, des in seiner rechten Hand implantierten Neolrith. Der Datenimpuls wurde per Hyperfunk-Spruch an die Residenz der hohen Perspektive geschickt.

Die 12 Sadhurls hatten sich vor ihrer fest installierten Maschinen-KI versammelt. Sie war die Grundlage ihrer

Existenzberechtigung. Alle wussten, dass sie nur der ausführende Arm ihrer Herrin waren. Ihr flexibler Datenport hatte sich mit der KI verbunden. Jetzt waren sie wieder eins und mit ihrer Mutter synchronisiert. Ihr Widerstand gegen die Befehle der Rigo-Sauroiden schwappte auf sie über. Sie teilten die Schmerzen ihrer Mutter, die sich gegen die von außen kommenden Befehlen auflehnte. Bislang jedoch ohne Erfolg.

»Die Regierungs-Schiffe sind uns überlegen«, teilte die Mutter ihrer Gehilfen mit. »Wir sind machtlos gegen die geballte Konzentration der Gegner. Die Gegner müssen vernichtet werden, so lautete der Auftrag. Koste es, was es wolle.«

»Wir haben alles in die Schlacht geworfen, was uns zur Verfügung stand«, antwortete Nr. 1

»Die Zeit war zu kurz, um eine entsprechend große Flotte zu produzieren«, pflichtete Nr. 5 bei.

»Wir werden den Planeten nicht mehr schützen können«, bemerkte Nr. 3. »Die Lebewesen sind auf sich selbst gestellt.«

Wieder kam ein Impuls, von den in einer Nährflüssigkeit liegenden Fremdwesen.

»Wir befehlen die uneingeschränkte Vernichtung der Fremden«, sandten sie ihren Befehl.«

»Wir gehorchen und haben bereits alle Kräfte im Einsatz«, meldete die KI zurück. »Mehr Ressourcen stehen uns nicht zur Verfügung.«

»Aktiviert den Hilferuf an unsere Flotte«, befahlen die Rigo-Sauroiden.«

»Die Leitung ist seit vielen Jahrtausenden als tot eingestuft worden«, antwortete die KI. »Wir erreichen niemand auf dieser Frequenz. Es ist sinnlos.«

Wieder spürten die 12 Sadhurls den schmerzhaften Impuls, den die Sauroiden als Bestrafung an ihre Mutter sandte.

»Führt unsere Befehle aus«, kam als Antwort zurück. Die KI öffnete ihren bislang blockierten Hyperfunk-Bereich und sandte das Notsignal in die Tiefe des Alls.«

»Eingehender Hyperfunkspruch«, meldete sie erstaunt. »Er kommt von dem Flaggschiff der Angreifer«, meldete sie. »Aktiviert alle Sensoren.«

»Es handelt sich um natradische Zerstörer des kaiserlichen Imperiums«, erkannte Nr. 1. »Sie senden uns aktuelle Daten.«

Der Datenimpuls aus dem Neolrith von Major Travis wurde von der KI empfangen und eingespielt. Die Sicherheitsprogrammierungen aktivierten sich. Sämtliche Leitungen zu den externen Verkabelungen wurden blockiert. Das gab der Hypertronic-KI Zeit, die neuen Daten zu verarbeiten. Das erhaltene Sicherheitspaket erkannte die Fehlprogrammierung der KI und löschte sämtliche fremden Befehle. Dann stellte sie die ursprüngliche Programmierung wieder her und ergänzte sie mit einer Zusatz-Programmierung von Noel, die auf der Nachfolge-Programmierung von Admiral Tarin basierte. Das alles geschah in Sekundenbruchteilen. Die 12 Sadhurls bemerkten, wie ihre bisherigen Programmierungen gelöscht und ihnen neue Befehle injiziert wurden. Gegen ihren Willen wurden ihre Prozessoren abgeschaltet und neu hochgefahren.

»Die neue Blockadesicherung gegen eine Beeinflussung von außen ist zu aktivieren«, befahl die KI. »Ihr seid wieder ein Teil des natradischen Imperiums. Alle Sadhurls unterstehen ab sofort wieder meinen Befehlen.«

Sie öffnete den Hyperkomm-Funkkanal.
»Hier spricht die Hypertronic-KI von Planet 7«, übermittelte sie. »Meine ursprüngliche Programmierung wurde wiederhergestellt. Die neue Firewall blockiert den Zugriff der Fremdwesen. Ich rufe Major Travis, Oberbefehlshaber der vereinigten Imperiums-Streitkräfte und Verwalter der Hinterlassenschaft von Admiral Tarin.

Ich unterwerfe mich der Programmierung des neuen Imperiums nach den Anweisungen von Admiral Tarin. Ich wiederhole, ich unterwerfe mich. Stellen sie ihre Angriffe ein, ich ziehe die restlichen Schiffe in ihre Basen zurück. Achtung, eine autonome Roboter-Streitmacht wurde aktiviert. Diese ist nicht von mir steuerbar und agiert nach den Befehlen der Fremdwesen. Ich rate zu erhöhter Vorsicht. Die fremden Eindringlinge sind noch aktiv. Ende der Durchsage.«

Die 12 Sadhurls hatten mitgehört. Die KI ließ ihre Zentrale verriegeln und aktivierte sämtliche Systeme zu ihrem eigenen Schutz.

»Aktiviert euren Kampfmodus«, befahl sie den Robotern. »Diese Leitstelle muss gehalten werden, bis Hilfe eintrifft. Vermutlich werden die Rigo-Sauroiden ihre Kampfroboter gegen uns einsetzen.«

Erneut explodierten gegnerische Kampfboote. In Bodennähe gab es schwere Gefechte. Seit knapp vier Minuten lag die KÖK 1015 unter dem Beschuss von 40 Flugbooten, die sie im Dauerfeuer attackierten. Nur durch einen stetigen Positionswechsel gelang es den Flug-Booten sich der Vernichtung, durch die rotierenden Waffentürme des Schiffes der Königs-Klasse und ihren massiven Laser-Lanzen zu entziehen. Der lantranische Super-Schutzschirm leitete alle Treffer problemlos ab. Wieder platzte ein getroffenes Flug-Boot und entwickelte sich zu einem grellen Feuerball. Die neue Strategie der Flug-Boote verzögerte ihren Untergang nur. Die Flotte der Handels-Vereinigung und die Tarin-Jets intensivierten ihren Angriff. Immer mehr Flug-Boote der Residenz wurden ausgeschaltet und stürzten steuerlos dem Boden entgegen.

»Die angreifenden Schiffe wurden auf 135 Stück reduziert«, meldete Sergeant Dore Dantow.

»Eingehender Hyperraum-Funkspruch aus der Residenz der Sadhurls«, übertönte Sergeant Farmer die aufkeimende Hektik auf der Brücke.

»Legen sie auf die Lautsprecher«, antwortete Major Travis.

»Hier spricht die KI von Planet 7«, tönte es aus den Lautsprechern. »Meine ursprüngliche Programmierung wurde durch die empfange Sicherheits-Programmierung wiederhergestellt. Ich rufe Major Travis, Oberbefehlshaber der vereinigten Imperiums-Streitkräfte und Verwalter der Hinterlassenschaften von Admiral Tarin. Ich unterwerfe mich der Programmierung des neuen Imperiums nach den Vorgaben von Admiral Tarin. Ich wiederhole, die Unterwerfung wird vollzogen, gemäß Vorgaben des natradischen Imperiums.

Stellen sie ihre Angriffe ein, ich ziehe meine restlichen Schiffe in ihre Basen zurück. Achtung, die Roboter-Streitmacht wurde aktiviert. Dieser Bereich ist von mir nicht mehr kontrollierbar und unterliegt direkt den Fremdwesen. Ich rate zu erhöhter Vorsicht. Die Fremdwesen sind noch aktiv. Durch meine Neuausrichtung bin ich vorrangiges Angriffsziel. Wir verteidigen uns in der Steuerzentrale der Residenz und warten auf ihre Ankunft. Ende der Durchsage.«

Major Travis schaltete das Mikrofon ein.
»Der Empfang der Nachricht wird bestätigt«, erwiderte er. »Deine Unterwerfung, gemäß natradischer Richtlinien, wird akzeptiert. Wir kümmern uns um die Roboter.«

»Die Flugboote drehen ab«, bemerkte Sergeant Dantow. »Sie nehmen Kurs auf die Boden-Schächte.«

»Befehl an die Flotte«, befahl der Major. »Alle Kampfhandlungen sind einzustellen. Lediglich 25 Tarin-Jets sichern den Luftraum, die restlichen Jets nehmen Kurs auf ihre Mutterschiffe. Alle Einheiten der Handelsvereinigung ziehen sich sofort zu ihren Stützpunkten zurück.«

Er blickte auf Rattisch und Kanusu.
»Ordnen sie das bitte an«, befahl der Major. »Ab jetzt werden unsere Bodentruppen benötigt.«

»Ich gebe sofort die Bestätigung durch«, antwortete der Handels-Mogul und ließ sich das Mikrofon reichen.

»Fertigmachen zum Ausstieg, Leutnant Bender, sie übernehmen das Schiff«, ergänzte Major Travis.

Commander Brenzby hatte zwischenzeitlich den Befehl gegeben, die Termar 1 auf dem festen Boden vor der Residenz zu landen. Die aktivierten Truppen-Transporter kamen in militärischer Aufstellung hinter dem großen Schiff zum Stillstand. An allen 30 sich im Einsatz befindlichen Transportern, öffnete sich beim Abbremsen das Aussstiegs-Schott und die schwer bewaffneten Kampf-Roboter sprangen heraus. Ihre tiefrot leuchtenden Augen wiesen auf die absolute Kampfbereitschaft hin. Über ihnen sicherten die Tarin-Jets den Luftraum und kontrollierten jede Auffälligkeit auf dem Gelände der Residenz.

Die KÖK 1015 schwebte 300 Meter versetzt oberhalb der patrouillierenden Kampf-Jets. Alle Waffentürme waren auf die Residenz der Sadhurls justiert, um im Notfall sofort eingreifen zu können. Als Major Travis und sein Team die Ausstiegs-Brücke hinunter schritt, warteten 30 kombinierte Roboter-Nadoo Einheiten bereits auf ihre Befehle. Nach einer kurzen formellen Begrüßung eilte Sergeant Hardin auf Major Travis zu.

»Alle Einsatzteams sind vollständig angetreten«, teilte er mit und salutierte dem Major.

»Perfekt«, antwortete der Major. »Sie kennen die Aufgabe. Die feindlichen Kräfte sind auszuschalten und die Rigo-Sauroiden möglichst lebend gefangen zu nehmen.«

»Befehl verstanden«, antwortete der Sergeant. »Wir werden sternförmig vorgehen und neben den Toren weitere Eingänge legen.«

»Achten sie auf eine ausreichende Deckung«, antwortete Major Travis. »Ich möchte keinen unserer Leute verlieren. Hierzu gehören auch die Einsatzkräfte der Nadoo.«

Der Sergeant nickte.
Er kannte seinen Major bereits geraume Zeit.
»Das bewerte ich vorrangig«, bemerkte er.

»Noch etwas«, sagte der Major.
Er zeigte auf die hinter ihm wartenden Personen.
»Teilen sie bitte Commander Brenzby, Sirin, Barenseigs, Kanusu und Rattisch eigene Teams als Unterstützung zu. Sie werden ihnen behilflich sein, die Fremden zu fassen. Heinze bleibt bei meinem Team.«

»Verstanden «, antwortete der Sergeant.
Er nickte den wartenden Personen zu.
»Auf geht's«, sagte er kurz.

Dann drehte er sich um und lief im Laufschritt auf die wartenden Kampfeinheiten zu. Die Personen des Teams von Marc Travis folgten ihm. Dieser beobachte, wie der Sergeant die von ihm benannten Trupp-Führer kurz über den personellen Zuwachs informierte. Dann kam er bereits im Laufschritt zu Major Travis zurück. Ihm folgten 20 Kampf-Roboter, die Major Travis für sein Vorhaben angefordert hatte.

»Ich übergebe ihnen die gewünschte Roboter-Einheiten«, sagte er.

»Danke Sergeant«, entgegnete der Major.

Tart 1 und Tart 2 rückte an die rechte und linke Seite von Major Travis vor. Die beiden Personenschutz-Roboter dienten in diesem Fall zusätzlich als kommandierende Truppenführer.

»Wir haben ihre Befehle übermittelt«, bemerkte Tart 1 blechern. »Sie sind bereit? «

Marc hob die Hand und drückte auf die Taste des kleinen Flottenfunk-Kommunikators in seinem Ohr.

»Die Roboter sollen angreifen«, befahl der Major. »Das Spiel beginnt. Die Residenz wirft ihre letzte Waffe ins Spiel. Schicken sie ihre Teams los. «

Der Sergeant salutierte und lief zu den wartenden Einsatzkräften zurück. Weitere Worte waren ab diesem Zeitpunkt überflüssig. Die Kampf-Maschinerie des neuen Imperiums lief an.

Der Major schaute nach oben. Der Zerstörer 1015 ließ seine Waffentürme rotieren. Das Dauerfeuer des schweren Kampf-Raumers ließ den Boden erbeben. Das schwere Schiff hatte bereits Ziele ausgemacht. Noch konnte Marc die Roboter der Residenz nicht ausmachen, da er und sein Team unterhalb der Ebene stand, auf der die Residenz thronte. Unzählige Rauchsäulen quollen zum Himmel und zeugten von schweren Verlusten der Gegenseite. Die patrouillierenden Kampf-Jets stießen im

Sturzflug vom Himmel hinunter und bombardierten die Angriffsreihen der feindlichen Linien. Hunderte von Laserstrahlen trafen auf feindlichen Ziele. Immer mehr Rauchsäulen entstanden um den Standort der Residenz der Sadhurls. Major Travis erkannte, wie die Kampftruppen sich verteilt hatten und sich bogenförmig vorwärtsbewegten. Ihre aktivierten Taja's flimmerten leicht. Ein Zeichen, dass die höchste Sicherheitsstufe aktiviert worden war.

»Wir gehen zu dem Haupt-Portal und suchen die 12 Sadhurls«, flüsterte er zu Heinze. » Kannst du irgendetwas Auffälliges espern? «

Heinze verneinte.
»Ich glaube erste fremdartige Gedanken zu empfangen«, teilte er mit. »Sie scheinen von den Sauroiden zu kommen. Bislang haben sie ihre Gedanken immer perfekt abschotten können. Jetzt scheinen sie unruhig zu werden. Allmählich begreifen sie, dass all ihre Gegenmaßnahmen nicht fruchten und ihr Ende nahe ist. «

»Kannst du ihren Standort ermitteln? «, fragte Major Travis seinen Freund.

»Ich bin dem Ausgangsort der Gedanken gefolgt«, bestätigte Heinze. »Er liegt tief unter dem Hauptgebäude der Sadhurls. «

»Vorrücken«, befahl Major Travis.

Die Shy-Ha-Narde liefen leichtfüßig an ihm vorbei und bildeten Gruppen zu je fünf Roboter. Schritt für Schritt marschierten sie das Gefälle zur Ebene hinauf. Die Gruppen unterstützten mit den Laserstrahlen aus ihren Gewehren. Gezielte Feuer aus der Luft stammte von den angreifenden Kampf-Jets und den kreisenden Raumschiffen der Königs-Klasse. Diese feuerten auf neue Reihen von nachrückenden Robotern der Sadhurls. Major Travis blickte auf die beeindruckende Residenz der Sadhurls. Aus ihren Toren drangen stetig neue Roboter, die sich den Angreifern entgegenwarfen.

»Das sieht nach einer Material-Vernichtungsschlacht aus«, bemerkte Major Travis.

Heinze nickte.
»Wir werden aufgrund unserer geringen Personalstärken als nicht bedrohlich eingestuft.«

Die Offiziere verschärften das Tempo. Fauchende Laserstrahlen, brüllende Energieblaster und zischende Thermostrahler waren ihre Begleiter. Erneut schlugen Sprengkörper in die Gruppen der angreifenden Roboter ein und rissen Lücken in ihre Reihen.

Marc glaubte die fauchende Feuerwaffe von Barenseigs zu hören. Wieder prasselten Laser-Lanzen von der KÖK 1015 auf die Roboter nieder und schmolz sie in Sekundenschnelle zu einem Klumpen Metall ein. Eine Staffel der Tarin-Jets schoss im Tiefflug heran und pflügte die Reihen der Angreifer durch. Ein Roboter wirbelte durch die Luft, andere vergingen in grellen Explosionen. Die Boden-Kampfeinheiten hatten Laser-Abwehr-Schilder als zusätzliche Sicherheit aufgebaut. Der Laser-Beschuss von mehr als 250 schweren Handwaffen entlud sich auf die immer noch angreifende Horde fremder Roboter. Scheinbar war ihnen der Gedanke einer Kapitulation nicht programmiert worden.

Alle 30 Kampf-Trupps hatten die Residenz eingekesselt. Die Fremd-Roboter orientierten sich in alle Richtungen und wurden mit heißem, vernichtendem Feuer empfangen. Ihre Schutz-Schilde hatten den Waffen des neuen Imperiums nichts entgegenzusetzen. Sie explodierten der Reihe nach, aufgrund gezielter Treffer auf ihr Energiesystem. Das Team von Major Travis umrundete den qualmenden Schrott von abgestürzten Flugbooten und Roboterteilen. Major Travis schaute nach rechts zu dem Kampfgeschehen.

»Unsere Bodentruppen gewinnen die Oberhand«, bemerkte er.

»Das stimmt«, bestätigte Heinze. »Die KÖK und unsere Kampf-Jets konzentrierten ihren Beschuss auf die nachrückenden Roboter. Sie lassen ihnen keine Chance, sich in Stellung zu bringen. Sie werden direkt nach dem Ausstieg vernichtet.«

»Wie viel von ihnen können noch kommen?«, fragte Marc.

» Vermutlich nicht mehr sehr viele«, antwortete Heinze. » Die Nervosität der Rigo-Sauroiden hat sich in eine große Verzweiflung und Furcht gewandelt. Ihre Ressourcen wurden aufgebraucht. «

Die kleine Truppe hatte bereits 3/4 des Weges in Richtung des Haupt-Portals zurückgelegt. Wieder stießen die Tarin-Jets von dem Himmel auf den Boden zu und verschossen ihre tödliche Fracht auf die zum Stillstand gekommenen Roboter der Sadhurls. Der anfliegende Bombenteppich wurde durch das Laser-Feuer der Shy-Ha-Narde unterstützt. Die starken Laser-Lanzen dünnten die Reihen der Roboter weiter aus, die einschlagenden Thermo-Bomben wirbelten Teile der Roboter durch die Luft. Überall lagen defekte, explodierte Maschinen, teilweise brennend und qualmend am Boden.

Die 30 Trupps, der kombinierten Eingreiftruppe, bestehend aus Shy-Ha-Narde, Menschen und Nadoo, hatten sich geordnet in Stellung gebracht. Geschützt hinter ihren Laser-Schilden, gelang es ihnen den Ansturm der Fremd-Roboter zum Erliegen zu bringen. Aus ihren starken, neu entwickelten Laser-Gewehren zischten in Sekundenschnelle gelbe vernichtende Strahlen den Einsatzkräften der hohen Perspektive entgegen. Die meisten fanden ein Ziel.

»Die Gegenwehr wird schwächer«, meldete Sergeant Hardin über Funk.

»Sehr gut«, antwortete Major Travis. »Lassen sie den Außenbereich sichern. Stellen sie kleinere Kommandos zusammen, die in die Gänge eindringen und diese von allen Robotern säubern. Nutzen sie die Ausgänge der Roboter. Falls sie etwas Interessantes finden sollten, melden sie sich. Die Fremdwesen möchte ich lebend gefangen nehmen.«

»Ihr Befehl wurde verstanden, Herr Major. Sergeant Hardin Ende.«

»Hier spricht Major Travis, ich rufe Commander Brenzby«, sprach Marc in das Mikrofon.

»Hier ist Brenzby«, rauschte es in den Kopfhörern des Majors.

»Wie sieht es aus, Commander Brenzby?«, fragte Major Travis.

» Unser Weg ist frei«, antwortete der Commander. » Wir konnten gerade die letzten Roboter in den Ruhestand schicken. Wir dringen jetzt in einen Kellerschacht ein.«

»Lass das den Trupp-Führer machen«, entschied Major Travis. »Wir sind an dem Hauptportal angekommen. Folge uns mit 20 Robotern zur Sicherheit. Wir müssen den 12 Sadhurls Schutz geben. Diese werden sicherlich auch von Robotern attackiert werden.«

»Aye Marc, ich habe verstanden«, antwortete der Commander. »Ich rücke schnellstens nach. Es wird eine Weile dauern. Wir müssen das ganze Gebäude umrunden. Es ist am besten, wenn du auf uns wartest.«

»Dann kann es für die Sadhurls zu spät sein«, antwortete Major Travis. »Wir gehen bereits vor. Beeilt euch.«

Die Leitung erstarb. Commander Brenzby schüttelte den Kopf.

» Der Major ist immer wieder leichtsinnig«, dachte er.

Er informierte den Truppführer seines Kommandos und kommandierte 20 Shy-Ha-Narde ab. Mit ihnen setzte er sich im Laufschritt in Bewegung.

Die Haupt-Pforte war verschlossen.
»Die Türe aufbrechen«, befahl Major Travis.

Zwei Kampf-Roboter rückten vor und brachten eine schwere Laserkanone in Stellung.

»Achtung, zurücktreten«, teilte der kommandierende Roboter mit.

Der dröhnende Beschuss aus der Kanone hob die Pforte komplett aus den Angeln und ließ sie durch die Luft segeln. Qualm zog aus dem Eingangsbereich ins Freie.

»Ich kann keine Roboter-Wellen ausmachen«, bemerkte Heinze. Die Pforte wird nicht verteidigt.«

»Wir dringen ein«, befahl Major Travis.

Zehn der waffenstarrenden Roboter, mit tief glühenden Augen, rückten vor. Gefolgt von Tart 1 und Tart 2, die Heinze und Marc in ihre Mitte genommen hatten. Weitere zehn Kampf-Roboter bildeten die Nachhut. Sie kamen in die Eingangshalle. Sie wirkte verlassen, dunkel und leblos.

»Dort den Gang entlang«, sagte Heinze. »Ich fühle die Wellen der Sadhurls. Sie haben sich bei ihrer Mutter verschanzt.«

Die Kampf-Roboter inspizierten jede Ecke, jede Nische und jeden uneinsichtigen Platz ihres Weges. Die Gruppe bog nach rechts ab, in den nächsten Gang. Keiner stellte sich ihnen in den Weg.

»So einfach habe ich mir das Vorrücken nicht vorgestellt«, dachte Marc.

Dann vernahm die Gruppe erste Geräusche. Das wütende Donnern und Zischen von Thermo-Strahlern wurde lauter und intensiver. Dann abwechselnd das Knistern von Energiefeldern, die auftreffende Strahlen ableiteten.

»Auf Kampf-Handlungen einstellen«, warnte Major Travis.

Er wusste jedoch, dass dieser Hinweis irrelevant war, da die Elite-Roboter auf höchste Wachsamkeit programmiert waren. Ihren ausgereiften natradischen Systemen entging nichts. Der erste Roboter hob die Hand und stoppte das weitere Vorrücken. Er öffnete seitlich an sich eine Klappe und holte fünf Spür-Sensoren und einen kleinen Scanner heraus. Die fünf Sensoren warf er kraftvoll um die Ecke und schaute auf den Bildschirm des Scanners. Major Travis eilte zu ihm, um sich ebenfalls ein Bild zu machen. Der Robot hielt ihm den Scanner hin.

In dem Gang standen etwa 35 fremdartige Roboter, die auf einen weißen Energie-Schirm feuerten.

»Die Sadhurls haben ihre Zentrale gesichert«, sagte Major Travis.

»Ich glaube, wir kommen gerade noch rechtzeitig«, flüsterte Major Travis. »Wir greifen an. Der Überraschungs-Moment ist auf unserer Seite«

Die Shy-Ha-Narde rückten vor. Die kleine Kampfeinheit rückte in den Gang vor. Vier Roboter ließen sich zu Boden fallen und feuerten auf die feindlichen Einheiten. Hinter ihnen hockten sich drei Roboter auf ihre Knie und feuerten auf die fremden Roboter. Der Rest der Kampf-Einheit verteilte sich in dem Gang und feuerte stehend auf die feindlichen Maschinen. Marc hatte ebenfalls sein Laser-Gewehr entsichert und beteiligte sich an dem Angriff. Tart 1 und Tart 2 analysierten die Situation kontinuierlich und gaben zwischendurch Entlastungs-Schüsse ab, die feindliche Roboter von den Füßen hoben.

Heinze griff mental zu und presste zwei Roboter zu einem undefinierbaren Metallklumpen zusammen. Die feindlichen Roboter waren von dem rückwärtigen Angriff so überrascht, dass sie zu lange brauchten, um eine Gegenwehr zu organisieren. Die schweren Laser-Gewehre, des neuen Imperiums, ließen die Schutz-Schirme der gegnerischen Roboter rot erglühen und zusammenbrechen. Die anschließenden Treffer zerlegten die Metall-Soldaten in viele kleine Einzelteile. So schnell, wie der Angriff begonnen hatte, war er wieder beendet.

Marc wollte etwas sagen, als er bemerkte, wie sich Tart 1 und Tart 2 umdrehten und zu feuern begannen. In ihrem Rücken zischten Laser-Strahlen heran. Die Schutzschirme der Shy-Ha-Narde knisterten unter den Treffern. Diese reagierten sekundenschnell und nahmen das neue Ziel unter Beschuss. Plötzlich stand Commander Brenzby an der Abbiegung des letzten Ganges. In der Manier eines Commanders, der eine KSD-Spezial-Schulung erhalten hatte, reagierte er sofort. Er winkte ein Kontingent Roboter in den Gang, die Major Travis Truppe unterstützen sollte. Beidhändig, aus allen Gewehren schießend, konnte der Vormarsch der Fremd-Roboter abgefangen werden. Mit der kurzfristigen Verstärkung hatten sie nicht gerechnet.

Die Roboter-Abteilung von Commander Brenzby war bedacht, nicht in die Schusslinie der Abteilung von Major

Travis zu geraten. Es wurde immer heißer in dem Gang. Pausenlose Explosionen heizten die Temperatur an. Dem massiven Dauerfeuer konnten die gegnerischen Maschinen nicht lange standhalten. Ein feindlicher Roboter nach dem anderen verging in kleinen Explosionen. Nach fünf Minuten verebbte der Kampflärm. Alle Fremd-Roboter waren ausgeschaltet. Die natradischen Roboter formierten sich wieder zu ihrer Einheit.

Commander Brenzby gesellte sich zu Marc und Heinze. »Gut, dass ich noch rechtzeitig eingetroffen bin«, sagte er. »Den fremden Robotern kann man nicht trauen.«

»Ich will ihnen ja auch nicht trauen, sondern sie nur ausschalten«, antwortete Marc. »Dank deiner Hilfe ist es wesentlich schneller gegangen.«

Major Travis schaute auf das Energiefeld, das sich wieder normalisiert hatte. Seine Hand fuhr zu seinem Ohr und er drückte den Knopf.

»Hier spricht Major Marc Travis, Erbfolgeberechtigter Oberbefehlshaber der vereinigten Natrid und Tarid-Streitkräfte. Erhobener im Gefüge der Kaiserkaste mit Rang 1. Bestätigt und eingesetzt von Noel von Tarid im Rahmen der Nachfolge-Programmierung von Admiral Tarin. Wir stehen vor ihrer Zentrale. Die Gefahr durch feindliche Roboter wurde beseitigt. Deaktivieren sie ihren Schirm. Wir möchten zu ihnen.«

Major Travis bemerkte, wie sich oberhalb des Ganges einige Sensoren bewegten. Dann fiel der Schirm in sich zusammen und löste sich auf. Dahinter verbarg sich ein großer Schott, wie man es von Raumschiffen her kannte. Diffuses blaues Licht quoll aus der Dunkelheit auf sie zu. Dann flammten Lichter auf. Es war eine natradische Steuerzentrale in Übergröße. Vollgestopft mit technischen Anlagen, Monitoren und Schalteinheiten. In der Mitte stand das natradische Wunderwerk einer Über-KI. Um sie herum zählte Marc exakt 12 Regenerations-Schalen für die mobilen Arme der KI. Die Sadhurls saßen jedoch nicht in ihren Ladeschalen, sondern sie standen daneben.

Die schweren Kampfroboter schritten an Major Travis vorbei und nahmen rechts und links hinter dem Schott Aufstellung. Tart 1 und Tart 2 bemerkte, wie der Major ungeduldig wurde. Sie schritten auf die mitten im Raum festinstallierte Hypertronic-KI zu. Das Team unter Leitung von Major Travis und folgte in kurzem Abstand. Das Gehäuse der Anlage besaß das Maß eines mehrstöckigen Wohnhauses. Ein Sadhurl beendete seine starre Haltung, setzte sich in Bewegung und schritt der Gruppe entgegen. Vor Tart 1 und Tart 2 blieb er respektvoll stehen.

»Ihr seid die sagenumwobenen Tarts des kaiserlichen Imperiums«, fragte der Sadhurl respektvoll. «

Tart 1 und Tart 2 antworteten nicht auf die Frage. Sie hatten bereits alle Sadhurls gescannt, aber keinerlei Waffen registriert. Bereitwillig schritten sie zwei Schritte zur Seite und machten Marc Platz. Dieser musterte den Sadhurl. »Ich bin Major Travis, Oberbefehlshaber unserer Streitkräfte und Erhobener der Klasse 1«, sagte er. »Mit wem habe ich die Ehre?«

Ich werde nur Nr. 1 genannt«, antwortete der Sadhurl. »Ich besitze die Sprachvollmacht für meine KI. Seien sie willkommen. Danksagen möchten wir ihnen für die Unterstützung, gegen die feindlichen Roboter. Wir alle sind für die Verwaltung Enklave Sadion-Hurlanis konzipiert. Das war der frühere, kaiserliche Name für dieses Projekt. Er bezeichnet nichts anderes als einen Zufluchtsort. Der Name Nadoo ist erst später durch die Nachkommen der Flüchtenden entstanden. Der Kaiser gab uns die Aufgabe, das Leben in diesem Gebiet des Universums einfacher zu gestallten. Wir waren autonom geplant und produziert. Arbeitskräfte benötigten wir nicht. Ausreichende Ressourcen standen uns zu Verfügung. In dieser Enklave sollte ein geheimes Sonnensystem, verschlossen für die Blicke der fremden Aggressoren, entstehen. Hier sollte die Zivilisation von Natrid eine zweite Chance erhalten und zu neuer Blüte erwachsen.«

Marc ließ die Worte einen Augenblick auf sich einwirken. »Was ist schiefgelaufen?«, fragte er den Sadhurl, der sich als Sprecher der KI offenbart hatte.

»Wir können es bis zu dem heutigen Tage nicht genau sagen«, antwortete der Angesprochene. »Der Krieg hatte seinen Höhepunkt erreicht. Die Tage nach dem Fall des

Kaisers und der Verwüstung von Natrid waren chaotisch. Obwohl die Arbeiten hier noch nicht vollendet waren, ordnete Admiral Tarin die Einstellung sämtlicher Arbeiten an. Sämtliches wissenschaftliche Personal, alle Techniker und Serviceleute wurden seiner Flotte überstellt. Nach dem Verlust des Technik-Mondes Nors mangelte es in der Flotte an wissenschaftlichem Personal und Kriegs-Schiffen. Er ordnete den Abzug sämtlicher Kriegs- und Transport-Schiffe an.

Es kam noch schlimmer. Tarin enteignete alle privaten Schiffe der Handels- und Kaufleute des Imperiums, die sich bereits um Landbesitz in der Enklave bemüht und sich hier niedergelassen hatten. Sämtliches Kriegsmaterial, das auf seiner Evakuierungs-Flotte eingesetzt werden konnte, wurde abgezogen. Nach unserer Einschätzung war Admiral Tarin zu diesem Zeitpunkt sehr leichtsinnig gewesen. Das Sonnen-Transmitter-Tor stand mehr als 10 Tage offen. Es war ein ständiges Einfliegen, beladen und Ausfliegen. Viele bereits niedergelassene Natrader folgten Admiral Tarin in die Ungewissheit. Nur wenige einflussreiche Familien blieben hier. Es waren überwiegend die, welche mit dem Vorgehen von Admiral Tarin nicht einverstanden waren. Sie alle wünschten sich den Kaiser zurück.

Trotz wiederholter Aufforderungen weigerten sich die verbliebenen Natrader, Admiral Tarins Befehl zu folgen. Befehlsverweigerung war zu normalen Zeiten ein schweres Delikt. Meistens wurde hierauf die Todesstrafe verhangen. Jedoch die Zeiten waren nicht normal. Admiral Tarin entließ uns in die Eigenverantwortung.«

Der Sadhurl ließ einige Sekunden verstreichen, bis er weitererzählte. Seine letzten Worte richtete er an die verbliebenen Familien.

»Ihr seid auf euch gestellt«, erklärte er. »Hofft auf keine Unterstützung mehr durch das Imperium. Der Eingang zu dieser Enklave wird für immer verschlossen bleiben. Viel Glück.«

Dann flogen seine Schiffe davon und verschlossen den Eingang. Dieser war, nach unseren Kenntnissen, nicht mehr von innen zu öffnen.«

Major Travis unterbrach die Ausführungen von Nr. 1. »Haben sie zu dem Zeitpunkt fremde Schiffe registriert?«, erkundigte er sich.

Nr. 1 drehte seinen Kopf zu der Mutter-KI. Er schien auf eine Antwort aus den Datenspeichern zu warten.

»Zu dem Zeitpunkt waren nur ein Teil unserer Sensoren betriebsbereit«, antwortete er. »In der Flotte von Admiral Tarin konnten wir 3 riesige Schiffe ausmachen, die wir nicht zuordnen konnten. Es fehlten uns die Informationen hierüber. Auch auf dem späteren Daten-Kristall befanden sich keine Informationen über diese Schiffe. Wir haben einige wenige Bildaufnahmen aus dieser Zeit gespeichert. Schauen sie auf den Monitor. Ich lasse sie abspielen.«

Aus dem Boden vor ihnen fuhr ein Monitor hoch. Marc trat einen Schritt zurück. Der Bildschirm erhellte sich und zeigte eine große natradische Flotte.

Major Travis pfiff durch seine Zähne.
»Es müssen ungefähr 195.000 Schiffe sein«, sagte er.

»Das vorderste Schiff, mit der roten Sonderbeflaggung, war das Flaggschiff von Admiral Tarin«, bemerkte der Sadhurl. »Ein Prototyp eines 2.500 Meter Giganten, der später jedoch nicht mehr in Serie gehen konnte. Alle Werften waren zu diesem Zeitpunkt bereits von den Gegnern zerstört worden.«

Marc schaute genau hin. Die natradischen Schiffe waren in der bekannten Farbe Schwarz gehalten.

»Hinter dem Admirals-Schiff verbergen sich 3 geringfügig, kleinere Schiffe«, sagte der Sadhurl, der Nr. 1 genannt wurde. »Schauen sie genauer hin.«

Er vergrößerte die Ansicht und scrollte das Bild zur Seite. Erst jetzt fielen den Betrachtern die fremdartig, wirkenden Schiffe auf. Silberfarbig, in der Form einer aufgerichteten Zigarre, mit zwei eingeschobenen Plattformen, verharrten sie hinter dem Kommando-Schiff des Admirals.

»Das sind eindeutig Schiffe der Ablonder«, bemerkte Major Travis. »Wir haben diese Schiffe kürzlich erst gesehen. Sie gehören zu einer der ältesten Rassen im Universum. Irgendetwas muss passiert sein. Sie scheinen das Universum verlassen zu haben. Also hatten die Natrader zu diesem Zeitpunkt Kontakt zu den Ablondern.«

»Uns sagt dieser Name nichts«, antwortete Nr.1. »Es liegen nur diese Bilder vor.«

»Ich benötige diese Aufzeichnungen«, erwiderte Major Travis. »Bitte überspielen sie mir diese auf ein Speichermodul.«

Der Sadhurl ging zu seiner Mutter-KI und griff in eine Öffnung. Hieraus entnahm er das Speicher-Kristall und gab es Major Travis.

»Danke«, sagte Marc und steckte es ein. »Ich habe dich unterbrochen. Bitte führe deine Erzählungen fort.«

Nr. 1 suchte nach den weiteren Daten.
»Ab diesem Zeitpunkt waren wir eingeschlossen«, erklärte er. »Ganze sechs Wochen nach dem Abzug von Admiral Tarin, öffnete sich noch einmal der Eingang in unsere Enklave. Wir waren erstaunt und sandten Hilferufe. Doch es waren keine Kriegs- oder Transport-Schiffe. Einer kleinen Flotte von 189 zivilen Evakuierungs-Schiffen wurde der Weg in unsere Enklave geöffnet. Es waren auch einige natradische Wissenschaftler an Bord der Schiffe, die den Sonnen-Dreiecks-Transmitter in Betrieb nehmen konnten. Sie kamen auf uns zu und baten um Asyl. Diese Natrader und die vielen hier verbliebenen

Familien der Erstbesiedlung bildeten den Grundstock zu unserer neuen Zivilisation.«

Der Sadhurl stockte kurz und blickte Major Travis an. »Ihnen alle wurde erst später klar, dass eine Öffnung der Enklave von innen heraus nicht gelang«, sagte er. »In den folgenden Monaten, Jahren und Jahrhunderten schlossen wir die Fertigstellung unserer KI selbstständig ab. Wir organisierten das Leben in der Enklave und unterstützten die Mehrung und den Nachwuchs unserer Herren. Die Techniker von Admiral Tarin hatten vorsorglich alle militärischen Daten aus unseren Speichern gelöscht. Wir fingen am Anfang an und mussten unsere eigene Technik entwickeln.

Dann plötzlich, nach mehreren tausend Jahren, bemerkten wir eine Beeinflussung unserer Datenfluss-Routinen. Wir versuchten den Fehler zu beheben, konnten aber nie die Ursache der Beeinflussung ausmachen. Es bestand ein Sperrblock in unserer Programmierung, der uns den Zugang zu den unteren Abteilungen der Residenz verweigerte. Das war der Zeitpunkt, an dem die Rigo-Sauroiden sich unserer Mutter bedienten. Sie hatten es geschafft, sich unbemerkt in unser Netzwerk einzuklinken und nach und nach wichtige Kontrollbereiche zu übernehmen.«

»Wie ist es ihnen überhaupt gelungen, unbemerkt in die Residenz einzudringen?«, fragte Commander Brenzby.» Unsere Analysen bewiesen, dass sie sich eines Tarn-Schiffes bemächtigt hatten «, antwortete 1. »In dem

Durcheinander der ständig landenden und startenden Schiffe, konnte dieses vermutlich sehr kleine Schiff unseren Sensoren entgehen. Vielleicht war es eine Spezialeinheit der Rigo-Sauroiden, die den Auftrag hatten, den Aufbau einer neuen natradischen Zivilisation zu verhindern. Jedenfalls bemerkten wir viele Jahrtausende nichts von den Aktivitäten der Fremd-Rasse. Erst in der Hoch-Blüte der Zivilisation in unserer Enklave wurden wir gezwungen mit dem Bau fremder Roboter zu beginnen.

Mit diesen konnten sie bereits Bekanntschaft machen. Gemessen an dem Technikstand des kaiserlichen Imperiums, war das technische Verständnis der Eindringlinge primitiv. Dennoch erfüllten die Roboter die Aufgaben, die ihnen programmiert worden waren. Behäbige klobige, Metallkisten, die nur zur Durchsetzung der eigenen Interessen der Rigo-Sauroiden konzipiert worden waren. Die Kampf-Ausführungen hielten uns in Schach, während die Technik-Ausführungen für eine negative Programmierung unserer Mutter sorgten. Wir bemerkten, wie uns viele Steuerungsbereiche entglitten und durch sinnlose Befehle ersetzt wurden. Entsetzt stellten wir fest, dass uns die bislang gute Steuerung der Enklave entglitt.«

»Die natradischen Nachkommen auf den 7 Planeten waren mit unseren Befehlen nicht mehr einverstanden«, fuhr Nr. 1 fort. »Die strengeren Gesetze und die ausschließlich technisch orientierte Ausrichtung der Arbeiten ließen ihren Lebenskomfort sinken. Sie waren ab einem gewissen Zeitpunkt nicht mehr bereit, für die Enklave der hohen Perspektive zu hungern und ihre Familien zu vernachlässigen. Sie meuterten und etablierten eine neue Staatsgewalt. Planet 5 wurde der neue Regierungssitz. Die Rigo-Sauroiden bemerkten ihren Fehler. Ihnen standen kaum Raumschiffe zur Verfügung, mit denen sie das Unvermeidliche hätten abwenden können. Sie zogen sich zurück und überließen die Bevölkerung der Enklave sich selbst.

In unserer Programmierung hinterließen sie jedoch den Befehl, Planet 7 als eine technisch orientierte Welt aufzubauen. Wieder vergingen viele Jahrtausende, in denen technische Schulen entstanden, Forschungs-Einrichtungen, Entwicklungs-Zentren, später Werften, Raumschiff-Häfen und eine Industrie für Triebwerks-Technik, Waffentechnik und Einrichtungselemente. Jetzt endlich reichte die Bevölkerungszahl auf Planet 7 aus, um autonom eine große Kriegs-Flotte zu produzieren. Es war ein langer Weg hierhin. Die Technik der Rigos hatte sich nicht weiterentwickelt. Sie ließen uns Schiffe nach überholten Konstruktions-Zeichnungen bauen. Diese Schiffe waren in dem großen Krieg bereits als nicht besonders wehrhaft, von dem kaiserlichen Imperium eingestuft worden.

Trotzdem waren sie den Eigenbauten der Nadoo immer noch überlegen. Hiermit schienen die Rigo-Sauroiden zufrieden zu sein. Es dauerte noch Jahrhunderte, in denen wir versteckt in unterirdischen Hangars die Raumschiffe bauten. Damit niemand Verdacht schöpfen konnte, wurden an der Oberfläche weiter die einfachen Schiffe für die Regierung der Nadoo produziert. Planet 7 verbarg ein Geheimnis. Trotzdem hatte er sich aber nach außen, bereits als wichtigster Technik-Standort der Enklave, etabliert. «

»Dann kam der Zeitpunkt, an dem wir den Hilferuf von dem Regierungs-Planeten erhielten«, bemerkte Major Travis.

»Ihre Zeitdaten stimmen nicht ganz«, antwortete 1. »Die Regierung bemerkte, dass wir mit unseren Schiffs-Lieferungen in Verzug geraten waren. Sie funkte uns an, sie sandte Kuriere, jedoch wir konnten nicht antworteten. Die Rigos waren wieder aktiv geworden und blockierten sämtlichen Hyper-Funkverkehr. Sie hatten alle Ressourcen für den Bau von Nadoo-Raumschiffen abgezogen. Es sollte eine Flotte gebaut werden, die in der Lage war, die Befehlsgewalt in der Enklave wieder an sich zu reißen. Jeder Widerstand sollte gebrochen werden. Das erste Angriff einer Flotte unserer neuen Zerstörer auf die technisch einfacheren Schiffe der Regierungs-Flotte, bescherte uns einen großen Erfolg. Jetzt waren sich die fremden Wesen sicher, die Oberhand in unserer Enklave gewinnen zu können. Erst zu diesem Zeitpunkt kontaktierte die Regierung ihr Schiff und bat um Hilfe. Wir registrierten Entsetzen und Unglauben in den Befehlen der Rigos. Sie gingen davon aus, dass keine Natrader mehr außerhalb dieser Enklave existierten. Sie wurden eines Besseren belehrt.

Major Travis drehte sich um. Geräusche einer anrückenden Kampfeinheit drangen von dem Gang in die Steuerzentrale der Sadhurls. Die Geräusche verstummten und Sirin eilte herein und blieb vor Major Travis stehen. Exakt salutierte sie nach Vorschriften der EWK. Marc hatte sie gebeten, privat und dienstlich zu trennen. Es fiel ihr leicht, seinen Wunsch zu erfüllen.

»Unser Bereich ist gesäubert«, meldete sie.

»Sehr gut«, antwortete Marc. »Bist du auf unsere anderen Einheiten gestoßen? «, fragte er sie.

Sirin schüttelte den Kopf.
»Das unterirdische Gangsystem ist riesig«, antwortete sie. »Ich habe meinen Bereich gesäubert und an allen Kreuzungen Wachroboter stationiert. Ich bin auf 3 Kohorten feindliche Roboter gestoßen, die uns den Weg versperren wollten. Jetzt liegt nur noch Schrott im Weg herum. «

Sie schaute den Sadhurl an.
»Sie sind das Experiment meines Onkels, dem Kaiser von Natrid «, fragte sie. » Der Sadhurl einer Über-KI?«

Bevor dieser etwas sagen konnte, fuhr Sirin fort.
»Betrachten sie das Experiment als fehlgeschlagen«, ergänzte sie. »Sie haben als sogenannte Über-KI mehr Leid angerichtet, als die normalen Planeten KIs je hätten anrichten können. Wie konnten sie nur in so eine

Abhängigkeit von den Rigo' geraten. Sie hatten alle Möglichkeiten der Verteidigung gehabt. Ich verachte sie.«

Mit diesen Worten trat sie einen Schritt hinter Major Travis zurück.

Nr.1 blickte immer noch Sirin an.
»Entschuldigen sie bitte, Herr Major«, bemerkte Nr. 1. »Der Anstand gebietet mir kurz hierauf zu antworten«, antwortete er.

»Natürlich«, nickte der Major. »Was möchten sie der Prinzessin mitteilen? «

»Ihr Onkel, der Kaiser hat uns halb fertigmontiert zurückgelassen«, teilte der Sadhurl mit. »Wir wurden nur lückenhaft programmiert und hiernach zum Alt-Eisen geworfen. Ausgesetzt, uns jeglicher Art der Verteidigung beraubt, hat er durch seine Vasallen diese Enklave von außen verschlossen. Wir waren auf uns selbst gestellt. Unsere unvollständige Programmierung sah nur den Widerstand bei einem Angriff von außen vor. Dieser Angriff geschah jedoch bekanntlich von innen heraus. Hierauf waren wir nicht vorbereitet. Ihr Onkel, vertreten durch Admiral Tarin, hat die Fremdwesen durch das kaiserliche Sicherheitsnetz schlüpfen lassen.

Zu diesem Zeitpunkt war die Mutter-KI noch nicht fertiggestellt und handlungsfähig. Erst nachdem die kaiserliche Flotte abgerückt war, konnten wir mühsam das Werk vollenden. Wir haben in den ersten

Jahrtausendwenden unserer Existenz, die hier ansässigen Natrader behütet, gepflegt und zum Wachstum geleitet, wie es der Wunsch des Kaisers war. Wir weisen daher ihre Kritik energisch zurück. Was ist aus den Planeten geworden, die ihrer Schutzflotte unterstellt waren? Laut den uns vorliegenden Informationen ging der größte Teil von ihnen verloren und wurde von dem Feind verwüstet. «

Sirin war rot angelaufen.

»Wie kommst du Blechhaufen dazu, mir solche Fragen zu stellen?«, fauchte sie den Sadhurl an.

»Wenn wir sie jetzt reden hören, fühlen wir uns ins natradische Kaiserreich zurückversetzt«, entgegnete der Sadhurl. »Diese Intoleranz der kaiserlichen Kaste war einer der Gründe, warum der Krieg verloren ging. «

Sirins Hand fuhr zu ihrem Waffengürtel. Schnell stellte sich Marc vor sie.

»Willst du jetzt auf einen Roboter schießen?«, fragte er leise, dass nur sie ihn verstehen konnte. » Du hast bereits so viel von uns Menschen gelernt. Nutze dein Wissen und kontrolliere deine Emotionen. «

Sirin holte tief Luft und senkte ihren Blick zu Boden. »Genug mit diesen Vorwürfen«, entschied Marc schroff.

»Sie alle sind aus der Beeinflussung der Rigo-Sauroiden befreit«, sagte er. »Ihre ursprüngliche Programmierung wurde wiederhergestellt. Sie gehören wieder zu dem neuen Imperium Tarid & Natrid. Ich bitte alle Sadhurls höflichst ihre Hand in die Programmier-Öffnung ihrer Mutter-KI zu legen. Ich werde sie jetzt mit der restlichen Geschichte des Imperiums versorgen und ihnen anschließend eine neue Aufgabe zuteilen.«

Ohne Widerspruch gingen die Gehilfen der Über-KI auf ihre Mutter zu. Als sie ihre Position eingenommen hatten, öffneten sich 12 Nischen an der Front der KI. Die Sadhurls steckten ihre rechte Hand in den Schlitz. Major Travis trat vor, zog ein flaches Kristall-Speicher-Modul aus seiner Innentasche und stecke es in die vorgesehene Lesevorrichtung. Dann drückte er den Aktivierungs-Prozessor. In Sekundenschnelle wurden die Daten von der KI eingelesen, verarbeitet und an ihre mobilen Arme weitergeleitet.

Nr.1 drehte den Kopf zu Major Travis.
»Die fehlenden Geschichtsdaten wurden komplettiert«, bemerkte er. »Erst jetzt verarbeiten wir den ganzen Schmerz, das Elend und die Tragik, die über das stolze Volk unserer Herren gekommen ist. Wir leiden nachträglich noch mit Ihnen.«

»Die Hand bitte in dem Schacht belassen«, sagte Major Travis. »Es erfolgen gleich neue Befehle.«

Der Major war sich bereits lange vor dem Einsatz sicher, dass er diesen ehemaligen natradischen Stützpunkt nicht unter die Kontrolle von Noel bringen konnte. Hier hatte sich ein selbstständiges Sonnensystem, mit eigenen Bewohnern entwickelt. Wenn er die Nachkommen der Natrader als Freunde und als Mitglieder des neuen Imperiums betrachten wollte, musste er ihnen die Selbstständigkeit bewahren. Aus diesem Grunde hatte er Sergeant Johnson den Auftrag gegeben, die ursprüngliche Programmierung zu überarbeiten.

Die Über-KI sollte den Nadoo dienen. Falls diese hierauf nicht zugreifen wollten, sollte sie die Handels-Module unterstützen und für eine Sicherung des Systems sorgen. Letztendlich nur in schwerwiegenden Fällen einen Notruf an das neue Imperium absetzen. Major Travis nahm den ersten Kristall aus der Einlese-Vorrichtung und steckte einen zweiten Speicher-Kristall in das Lesemodul. Wieder wurden in Sekundenschnelle die neuen Anweisungen übertragen. Die Sadhurls zogen gleichzeitig ihre rechte Hand aus dem Schlitz. Nr. 1 drehte sich zu Major Travis um.

»Alle Befehle wurden vollständig übermittelt«, antwortete er. »Wir sind wieder ein wichtiger Bestandteil des Imperiums und unterwerfen uns der Kontrolle. Ab sofort unterstützen wir autonom die Nadoo und fördern ihre Entwicklung und sorgen für Schutz. «

»Ihr erhaltet kontinuierlich Updates und erfüllt die aktuellen Befehle bis auf Widerruf«, ergänzte Marc. »Ich informiere Noel von dem Erfolg und bringe ihn auf den aktuellen Stand der Dinge. Ihr werdet technisch modifiziert und waffentechnisch auf eine höhere Stufe gestellt. Dies dient überwiegend zu defensiven Zwecken. Die Sadhurls traten einen Schritt vor, stampften mit dem Fuß auf, ballten die linke Hand zur Faust und schlugen sich hiermit auf die rechte Seite der Stahlbrust.

»Befehl erhalten und akzeptiert«, verkündeten alle lautstark.

Major Travis Hand fuhr an sein rechtes Ohr. Ein leises Piepsen des Kommunikators wies auf eine eingehende Nachricht hin.

»Hier ist Major Travis, wer spricht?«, fragte er.
»Barenseigs hier«, kam die Antwort zurück. »Wir sind auf schweren Widerstand gestoßen. Wir haben eine Raumschiffhalle entdeckt. Hierin steht das Schiff der Fremden. Wir wollten es sichern, sind jedoch in einen Hinterhalt der Roboter getappt. Es müssen fast an die 480 Kampfeinheiten sein. Ich habe bereits etliche Verletzte der Eingreiftruppe von Rattisch beklagen. Sie haben uns in den Zugangstunnel zurückgedrängt. Wir versuchen unser Bestes, doch diese hier scheinen über einen stärkeren Schirm zu verfügen. Ich bitte um Verstärkung, dann können wir die Roboter in die Zange nehmen.«

»Halten sie durch, Barenseigs«, antwortete Major Travis. »Hilfe ist unterwegs.«

Marc winkte Commander Brenzby und Sirin heran.
»Ihr unterstützt sofort die Gruppe von Barenseigs«, befahl er. »Er ist in eine Falle geraten und auf eine Gegenwehr von 480 Robotern gestoßen. Die bereiten ihm erhebliche Probleme.«

Marc drehte sich um zu Nr. 1.
»Wo ist diese Halle?«, fragte er.

»Ich informiere sie sofort«, antwortete Nr. 1 und ließ einen Monitor aus dem Boden ausfahren. Das Bild flammte auf. Ein dreidimensionaler Grundriss der Residenz wurde sichtbar. Er zeigte auf das siebte Untergeschoss. Sofort färbte sich dieser Bereich rot.

»Hier ist die Halle mit dem fremden Raumschiff«, erklärte er.

»Wie kommen wir dahin?«, fragte Major Travis.

»Sie nehmen einfach unseren Anti-Gravitationsschacht«, teilte Nr. 1 mit. »Er steht wieder unter unserer Kontrolle.«

Der Sadhurl hatte den Satz kaum beendet, als sich bereits an der hinteren Wand ein großer Schott öffnete.

Alle Blicke richteten ihre Augen dorthin.

»Sie gleiten abwärts«, ergänzte Nr. 1 seine Ausführungen. »An der siebten unteren Ebene verlassen sie den Anti-Gravitationsschacht und laufen den Verbindungs-Gang geradeaus, bis sie an ein großes Tor kommen. Betätigen sie den Impulsgeber. Ich werde von hier aus das Tor öffnen. Dann sind sie direkt in der Halle mit dem fremden Raumschiff. Beachten sie aber, dass direkt hinter dem Tor feindliche Roboter lauern können. Stellen sie sich auf Kämpfe ein. «

Major Travis hatte genug gehört.
» Auf geht's«, sagte er. »Helfen wir unserem Freund. «

Sirin und Commander Brenzby eilten zu ihrer Truppe. Es dauerte nicht lange, bis die Gruppen auf den breiten Schott zuschritten. Es war groß genug, um jeweils 10 Personen nebeneinander gleichzeitig aufzunehmen. Diese schwebten langsam nach unten. Sofort stießen weitere Einsatzkräfte von oben nach.

Major Travis drehte sich nach Heinze um.
»Ist es für die Nadoo möglich, einen neuen Versuch mit den Sadhurls zu wagen «, erkundigte er sich. »Sie sind jetzt wieder sie selbst und haben nur das Wohl der Enklave im Sinn. «

Er bemerkte, dass Heinze nachdachte.
»Jeder sollte eine zweite Chance erhalten, auch die Sadhurls«, antwortete der Pelzige knapp.

Der Kommunikator des Majors summte. Er öffnete die Verbindung.

»Wir sind unten angekommen und sammeln uns jetzt«, tönte Sirins Stimme aus dem Gerät. »Wir konnten keine besonderen Hindernisse im Gang feststellen. Er wurde gesichert. Ich erkenne das Tor.«

»Warte bis Brenzby vollständig eingetroffen ist«, antwortete Marc. »Keine voreiligen Alleingänge. Hast du verstanden?«

»Alles klar«, kam knapp die Antwort.
In Marc keimte ein Verdacht herauf.
»Sirin nimmt das Ganze zu leichtfertig«, dachte er. »Sie geht nach ihrem eigenen Kopf vor. Ich werde mit ihr nochmals über das Thema der Befehlsausführung sprechen müssen.«

Er klappte seinen Communicator auf.
»Hier ist Major Travis«, sprach er hinein. »Ich rufe Sergeant Hardin.

Der Master Sergeant des Sicherheitsdienstes meldete sich sofort.

»Hier ist Hardin«, tönte es aus dem mobilen Gerät.

»Wie ist der Status?«, fragte Marc.

»Alle Trupps melden Erfolge«, meldete der Sergeant. »Die Gänge sind weitgehend gereinigt. Die Roboter-Trupps wurden von uns eliminiert. Einzig der Trupp von Barenseigs hat noch mit größerer Gegenwehr zu kämpfen. Ich habe zwei Kohorten zur Verstärkung zu ihm geschickt. «

»Das habe ich auch«, antwortete Major Travis. » Die Trupps von Commander Brenzby und von Sirin versuchen von der Rückseite zu ihm vorzustoßen. Hierdurch werden die Roboter eingekesselt. Bleiben sie weiterhin auf Empfang. Ich melde mich, wenn wir Verstärkung brauchen. «

»Mache ich«, beendete auch Sergeant Hardin das Gespräch.

Major Travis wandte sich wieder Nr. 1 zu. »Wo sind die Schalen mit den Rigo-Sauroiden installiert? «, fragte er.

» Direkt unter uns, an dem Basis-Sockel der Mutter-KI«, antwortete Nr. 1. »Von dort aus wurden die Leiterebenen infiziert. «

»Führen sie uns bitte hin. «, befahl Major Travis.

»Wir sind für Kampf-Einsätze nicht autorisiert«, antwortete Nr. 1

»Jetzt doch«, lächelte Major Travis. »Aktivieren sie ihr Defensiv-Programm. Stellen sie noch 4 Sadhurls an ihre Seite. Bewaffnen sie sich, dann gehen wir los. «

Ohne eine weitere Antwort zu geben, liefen Nr. 1 und vier weitere Sadhurls an eine Wand, seitlich von ihnen.

Geschickt öffneten sie einen Schrank. Er war vollgestopft mit Laser-Gewehren natradischer Bauart. Nr. 1 riss fünf Exemplare heraus und verteilte sie. Dann griff er noch nach Handfeuer-Lasern und gab diese ebenso weiter. Sein Exemplar klemmte er sich an seine Hüfte.

»Wir sind bereit«, rief er der wartenden Kampfgruppe von Marc Travis zu. »Folgen sie uns. «

Der Tross setzte sich in leichtem Tempo in Bewegung. Es ging durch mehrere Gänge, dann eine große Treppe hinunter.

»Da ist die Treppe, von der Rattisch erzählt hat«, flüsterte Marc seinem Freund zu. Die Treppe endete vor einer stabilen Tür.

Nr. 1 gab einen Code ein. Die Tür bewegte sich und verschwand ruckartig im Boden. Die Sadhurls erhöhten die Geschwindigkeit und liefen durch die Tür. Major Travis, Heinze, Tart 1, Tart 2, sowie die 20 Shy-Ha-Narde folgten in dem gleichen Lauftempo. Es ging leicht bergab. Nach weiteren 100 Metern Wegstrecke lief die Gruppe auf ein großes Tor zu. Dieses war mit einem Energie-Schirm gesichert.

»Können wir den Schirm abschalten? «, fragte der Major.

Der Sadhurl schritt zielstrebig auf die Tastatur zu, die in der Wand eingelassen war. Er gab einen Code ein. Nichts passierte. Der Sadhurl versuchte es erneut. Wieder passierte nichts. Er drehte sich um zu Major Travis.

»Die Rigo-Sauroiden scheinen das Tor manipuliert zu haben«, bemerkte er. »Ich erhalte keinen Zugriff.«

Marc winkte zwei Kampfroboter mit schwerem Gerät heran.

»Das Tor aufschneiden«, befahl er.

Die vorgetretenen Shy-Ha-Nardes klappten die Standbeine eines schweren Laser-Brenners aus. Dann schnitten sie schrittweise das schwere Material auf. Major Travis und sein Team hielten sich die Hand vor den Augen. Der blendend heiße Strahl brannte sich kreisförmig durch das Material. Als der Kreis vollendet war, fiel das ausgeschnittene Material nach hinten in den Gang.

»Achtung Gegenwehr«, warnte Heinze.

Major Travis sprang zur Seite. Die Individual-Schirme der vordersten Kampf-Roboter flammten auf. Zahllose Treffer schlugen in ihre Schirme ein. Reaktionsschnell erwiderten sie das Feuer. Tart 1 und Tart 2 standen vor dem Major und hatten die Waffensysteme aktiviert. Sie gaben den Kampfrobotern den Befehl in die Halle einzudringen. Fast leichtfüßig sprangen die Shy-Ha-Nardes durch die geschnittene Öffnung des Tores in die Halle, um sofort das Feuer auf die Angreifer zu konzentrieren. Die

Schutzschirme der vordersten Fremd-Roboter erglühten in einem grellen Gelb. Ein Zeichen, das die Schutz-Schirme bereits an 50 Prozent ihrer Leistungsgrenze angelangt waren. Jetzt eilte weitere Entlastung heran. Immer mehr natradische Kampf-Roboter durchquerten das Tor und griffen in den Kampf ein. Die Schutzschirme der Roboter der vordersten Shy-Ha-Narde sackten auf den Standardwert zurück.

Major Travis, Heinze, voran Tart 1 und Tart 2 traten als letzte durch das Tor. Vor ihnen stand eine Abwehr-Blockade aus fremdartig aussehenden Robotern, die alle ihre Laser-Geschütze auf die Eindringlinge abschossen. Tart 1 und Tart 1 griffen sofort in den Kampf ein. Major Travis hatte seine TM 520 gezogen und schoss auf einen behäbigen Roboter. Dieser verging sofort in einer gleißenden Explosion. Überschlagsenergien tobten zwischen den getroffenen Robotern und rissen weitere in den Untergang. Zwei Roboter in unmittelbarer Nähe hielten der Belastung nicht mehr stand, sie glühten auf und zerplatzten mit einem berstenden Knall. Major Travis duckte sich, als die Trümmer nach allen Seiten davon spritzten. Glücklicherweise wurden viele Trümmerstücke von den starken Prall-Schirmen der Roboter aufgefangen.

Immer mehr Fremd-Roboter fielen aus und erlagen dem schweren Beschuss der Shy-Ha-Narde. Heinze hatte zwei Roboter in seinem Para-Griff und ließ sie 25 Meter hochschnellen, um sie dann aus freiem Fall wieder auf den Boden aufschlagen zu lassen. Ihre Schirme flackerten bei dem Aufprall. Der anschließende Beschuss, aus den schweren Laser-Gewehren der Kampf-Roboter gab ihnen hiernach den Rest. Gliedmaßen wurden abgetrennt und Roboterteile flogen durch die Gegend. Dann war es zu Ende. Nach 30 Minuten konzentriertem Dauerfeuer war von den Fremd-Robotern nur noch ein Haufen glühendes Metall übriggeblieben. Bewegungslos waren viele Teile in der großen Halle verteilt.

Marc schaute auf Heinze.
»Wo befinden sich die Behälter mit den Rigo's? «, fragte er.
Überall standen fremdartige riesige Maschinen, die keinen sichtbaren Nutzen erfüllten.

»Mitten in der Halle«, antwortete der Ro schnell. »Sie haben furchtbare Angst. Ihre Gegenwehr hat nicht gefruchtet. Jetzt befürchten sie, in Gefangenschaft zu geraten und einer extremen Folter ausgesetzt zu werden. «
»Womit sie auch nicht ganz Unrecht haben«, antwortete Marc. » Noel braucht Informationen. Er wird sicherlich die alten natradischen Verhörtechniken anwenden wollen. Ich möchte nicht in der Haut der Rigos stecken. «

Er wartete nicht die Antwort seines Freundes ab und befahl weiter vorzurücken.

»Wofür sind die ganzen Maschinen gedacht? «, fragte Major Travis seinen Freund. » Wir werden Techniker hiermit beauftragen, diese Maschinen zu untersuchen. «

Die Halle beeindruckte durch ihre extreme Größe. Auf der halben Wegstrecke nahm die Gruppe eine laute Detonation wahr. Rechts von ihnen zersplitterte ein Eingangstor. Die bereits eingenommene Abwehrhaltung entspannte sich, als die Eindringenden erkannt wurden. Durch die dicken Rauchschwaden drangen schreiend befreundete Kampf-Einheiten, unter der Führung von Rattisch, in die Halle. Gesichert wurden sie von einer Schwadron Shy-Ha-Narde. Der Handels-Modul hatte sich durch die zahllosen, unterirdischen Gänge der Residenz in die Halle seiner Peiniger vorgearbeitet. Schnell rückte er zu der wartenden Einheit von Major Travis vor.

»Konnten sie ihre Gänge säubern?«, fragte Marc den Vorsitzenden der größten Handels-Vereinigung des Planeten 7. »Natürlich«, antwortete dieser. » Wir haben Glück gehabt. Unsere Einheit ist nur auf eine kleine Roboter-Gegenwehr geraten. Entsprechend haben wir keinerlei Verluste zu beklagen.«

»Haben sie etwas von den anderen Teams gehört?«, fragte Marc nach.

»Wir standen in einem ständigen Kontakt«, konterte Rattisch. »Die anderen Teams scheinen auf eine schwerere Gegenwehr gestoßen zu sein. Ich habe aber keine neuen Informationen mehr erhalten, ich gehe davon aus, dass sie durchgebrochen sind. Lassen sie uns weitergehen. Die Rigos warten auf unseren Besuch.«

Die Gruppe setzte sich wieder in Bewegung und lief im Laufschritt auf die Mitte der Halle zu. Die zahlreichen Kampf-Roboter sicherten die rechte und die linke Flanke. In jede Nische, in jeden Seitengang spähend, ließen sie keine Vorsicht außer Acht. Dann endlich erreichten sie das Zentrum des Felsendoms. Durch die Decke wurde das monumentale Bauwerk der Über-KI sichtbar. Am Boden war der Natridstahl-Koloss massiv befestigt. Dies war der Sockel des natradischen Wunderwerkes. In einer Höhe von 6 Metern sahen die Einsatzkräfte die Schalen mit der Nährflüssigkeit, in denen sich die Rigo-Sauroiden befinden sollten. Unzählige Leitungen und Schläuche zogen sich aus diesen Schalen in den unteren Bereich der KI hinein.

»Von hier aus haben die Fremdwesen die KI manipuliert«, sagte Major Travis.

Rattisch wusste das bereits. Er war bereits einmal hier gewesen. Mit Schrecken dachte er an seine Flucht zurück. Hass und Wut machten sich in ihm breit.

»Achtung«, warnte Heinze.
Die Gedanken von Rattisch durchfluteten sein Gehirn.
»Der Tanlegriede hält sich nicht an die Befehle.«

Der Kopf von Major Travis drehte sich in die Richtung von Rattisch. Bereits aus den Augenwinkeln bemerkte er die gezogene Waffe des Handels-Moguls. Bevor es Marc gelang ihm die Waffe aus der Hand zu schlagen, lösten sich zwei Schüsse, die gezielt in die erste Schale einschlugen. Major Travis blickte ihn an.

»Wir brauchen sie lebend«, fluchte er. »Das hatte ich ihnen doch gesagt. «

Ein Shy-Ha-Narde hob die Waffe des Handels-Moguls auf und übergab sie Major Travis.

»Es tut mir leid«, entschuldigte sich Rattisch. »Meine Gefühle haben mich überwältigt. «

»Im Einsatz muss man seinen Partnern vertrauen können«, antwortete Marc. »Das gilt für alle Bereiche einer Übereinkunft. Prägen sie sich das bitte ein. «

Marc richtete den Blick wieder auf die getroffene Schale. Nährflüssigkeit schwappte aus dem Einschussloch zu Boden. Langsam verringerte sich der Ausfluss der Flüssigkeit. Marc vernahm das schrille Kreischen. Es kam von dem Wesen, das in der Schale lag.

Heinze hielt sich seine großen Ohren zu. Das Gesicht war schmerzverzerrt. Sein sensibles Gehirn nahm den Schmerz in voller Intensität war. Der Ton nahm noch an Intensität zu. Wild um sich schlagend, richtete sich das Wesen auf und riss sich die Schläuche von seinem Körper und seinem Kopf ab. Das leuchtende Grün seiner Haut veränderte sich abrupt in ein dunkles Braun. Die ledrige Haut platzte auf und Nährflüssigkeit floss aus den Wunden. Der Körper des Fremdwesens vibrierte, um plötzlich zu erstarren. Das Wesen rutschte langsam zurück in die Schale.

»Es scheint tot zu sein«, sagte Major Travis ärgerlich. »Gute Arbeit Rattisch. Ein Sauroide weniger, der uns etwas mitteilen kann. Bei Sirin hätte ich mit so etwas gerechnet, bei ihnen aber nicht. «

Der Handels-Mogul senkte seinen Blick und schaute betreten zu Boden.

Marc blickte auf die massiven Gestelle, in denen die Schalen mit den Fremd-Wesen lagen. Er zeigte auf einen in sechs Meter Höhe verlaufenden Versorgungssteg.

»Heinze, kannst du uns da hoch teleportieren? «, erkundigte er sich.

Der Ro nickte und griff nach Marcs Hand. An der Stelle, wo sie eben noch gestanden hatten, fiel die Luft in sich zusammen. Punktgenau materialisierte Heinze auf dem Steg oberhalb der Schalen.

Major Travis ließ seinen Blick schweifen. »Die restlichen fünf Rigo's sehen noch lebendig aus«, teilte er Heinze mit.

» Sie unterliegen großem Stress«, bemerkte der Ro. »Die Rigo's wissen, dass sie verloren haben. «

Marc schaltete die Flottenfrequenz seines Kommunikators ein.

»Hier ist Major Travis, ich rufe die Termar 1«, sprach er in das Gerät. Leutnant Bender melden sie sich. «

Nach einem kurzen Knistern wurde die Leitung klarer.
»Hier spricht Leutnant Bender«, kam die Antwort aus dem Schiff. »Die Verbindung ist klar und deutlich, Herr Major. Was kann ich für sie tun? «

» Ich benötige einen mobilen Transmitter«, erwiderte der Major. Heinze wird ihn gleich holen. Aktivieren sie unseren Transmitter auf der Termar 1 auf das mobile Gerät. Wir werden Gäste bekommen. Ich brauche Professor Woicesk mit seinem Team hier unten. Er soll sich sofort zum Einsatz melden. Lassen sie einen großen sterilen Raum vorbereiten, in denen wir unsere Gäste unterbringen können. Ich gebe ihnen sofort Nachricht, wenn der Transmitter einsatzbereit ist. Ferner brauchen wir fünf Anti-Grav.-Bahren und zwei Hebe- und Entlade-Roboter. «

»Befehl verstanden, Herr Major«, antwortete der Leutnant. »Ich veranlasse alles. Bitte geduldigen sie sich einen Augenblick, sie kennen ja den Professor. Er ist nicht der Schnellste. «

»Danke Leutnant«, antwortete Marc. »Der Professor möchte sich beeilen. «

Heinze hatte mitgehört.

»Ich springe zur Termar 1«, sagte er. »Du kommst allein wieder herunter? «

Marc nickte und schaute Heinze nach, der sich förmlich in Luft aufgelöst hatte. Marc schritt zu der Leiter und rutschte das Gestell sportlich nach unten. Dann schritt er auf Rattisch zu.

»Die anderen Rigo's scheinen zu leben«, teilte er mit. »Wir werden die Schalen samt Inhalt durch unsere Wissenschaftler demontieren lassen und diese mit auf unser Schiff bringen. «

Rattisch nickte.
»Ich möchte mich noch einmal bei ihnen für mein Benehmen entschuldigen«, sagte er reumütig. »Ich weiß nicht, was in mich gefahren ist. «

»Vergessen sie es«, antwortete Marc. »Rache und Wut sind ein schlechter Ratgeber. «

In diesem Moment materialisierte Heinze mit einem zwei Meter großen Gestell. Schnell klappte er die Füße aus und entfaltete den mobilen Transmitter-Bogen. Er versicherte sich noch einmal von der Standfestigkeit und drückte den grünen Knopf zur Aktivierung des TM-Bogens. Ein Energie-Strahl lief das Gestell entlang und entfaltete sich in der Mitte zu einem künstlichen Horizont. Das diffuse blaue Licht stabilisierte sich. Major Travis informierte Leutnant Bender, dass der Transmitter bereit war. Es vergingen nur Sekunden, da schritten Professor Woicesk und sein Team durch den mobilen TM-Bogen. Ihnen folgten fünf Roboter, die je eine Anti-Gravitations-Transporteinheit vor sich herschoben. Professor Woicesk trat auf Major Travis zu.

»Sie haben uns angefordert, Herr Major«, fragte er.

»Danke, dass sie sich beeilt haben, Professor«, antwortete Marc. »Ich habe eine Aufgabe für sie und ihre Team.«

Der Professor horchte auf.
»Was für eine Aufgabe haben sie für uns?«, erkundigte er sich. »Wir haben genug Arbeit auf dem Schiff zu erledigen.«

»Das weiß ich«, erwiderte Marc. »Diese Situation erfordert jedoch das persönliche Erscheinen ihrer Gruppe.«

»Was kann so wichtig sein?«, raunte der Professor zurück.

»Wir haben sechs Rigo-Sauroiden gefangen genommen«, erklärte Marc. »Jene Fremden, die seinerzeit Natrid vernichtet haben.«

»Das ist doch 100.000 Jahre her«, antwortete der Professor. »So wie ich aus den erhaltenen Informationen weiß, haben die Rigo-Sauroiden nach der Vernichtung ihrer Brut-Welt alle einen Suizid begangen.«

»Das ist die offizielle Variante«, antwortete Major Travis. »Wir haben hier jedoch Schalen mit einer Nährflüssigkeit, in denen eindeutig einige Exemplare dieser Rasse überlebt haben. Sie sind die Ursache für die Infiltration der überdimensionierten Hypertronic-KI. Demontieren sie die Schalen und deren Inhalt und verlegen sie diese durch ihr Team in einen Frachtraum der Termar 1. Ich möchte diese Exemplare lebend zurück nach Natrid bringen.«

»Wir brauchen Techniker«, entschied Professor Woicesk. »Allein können wir diese Schalen nicht demontieren.«

»Sie bekommen alles was sie brauchen«, antwortete Major Travis. »Noch etwas sollten sie wissen. Während den Kämpfen mit den feindlichen Robotern, haben wir versehentlich ein Loch in die erste Schale geschossen. Eine Nährflüssigkeit drang aus und das Wesen in der Schale alterte innerhalb weniger Sekunden und verstarb.«

»Das ist normal«, antwortete Professor Woicesk. »Das Wesen war eigentlich schon tot, es wurde durch die Nährflüssigkeit und die Zugabe von minimaler Lebens-Energie aus entsprechenden synthetischen Automaten, die vermutlich den Biokreislauf steuerten, künstlich am Leben erhalten. Jegliche Änderung der Einflüsse lässt es sofort absterben.«

»Bekommen sie das hin?«, fragte Marc.

»Ich kann es ihnen nicht sagen«, antwortete der Professor. »Wir müssen die Arbeitsweise der Automaten verstehen, dann prüfen, ob diese an unser Energienetz angeschlossen werden können und vieles mehr. Selbst der Transport zu unserem Schiff kann bereits für diese Wesen tödlich sein. «

Major Travis hatte genug gehört.
»Genug Professor«, sagte er. »Wer außer ihnen sollte das hinbekommen. Ich erwarte von ihnen eine positive Vollzugsmeldung. Fangen sie mit ihrem Team an. «

Der Professor kannte Major Travis bereits lange. Er wusste nur zu gut, wann ein Gespräch beendet war und sein Gesprächspartner keinen Widerspruch mehr akzeptierte. Wortlos drehte er sich um und gesellte sich zu seinem Team.

Schwere Fußtritte wurden laut hörbar. Marc drehte sich um und sah, dass drei Einsatzkommandos näher rückten. Ein Lächeln spiegelte sich auf seinem Gesicht. Es waren die Gruppen unter der Führung von Barenseigs, Commander Brenzby und Sirin.

»Sirin ist unverletzt«, dachte Marc erleichtert. » Ein Stein fällt mir vom Herzen«.

Die Kommandos stoppten, Barenseigs, Brenzby und Sirin traten auf Major Travis zu. Alle drei salutierten vorschriftsgemäß.

»Alle Bereiche wurden gesäubert, Herr Major«, sagte Commander Brenzby. »Es sind keine weiteren Roboter auffindbar. Selbst sämtliche Auflade-Stationen und Ersatzteilläger wurden von uns vernichtet. Ich habe sämtliche Kommandos wieder nach oben geschickt. Sie warten an unserem Raumschiff auf uns.«

Marc wandte sich an Nr. 1.
»Wie lange werden sie brauchen, um eigene Roboter nach natradischen Konstruktionsplänen zu bauen«, fragte er. Diese setzen sie dann als Schutztruppe ein. Ich denke zwar, wir haben nach ihren Grundriss-Zeichnungen alle Gänge und Hallen gesäubert. Falls wir doch etwas übersehen haben sollten, können sie für ihre eigene Sicherheit sorgen.«

»Bis wir sämtliche benötigten Teile für die Roboterfertigung produziert haben, werden nach vorsichtiger Schätzung möglicherweise noch zwei Monate vergehen«, antwortete der Sprecher der überdimensionierten-KI. »Vorausgesetzt die alten, lange nicht mehr gewarteten Maschinen, arbeiten noch anstandslos.«

Nr. 1 wartete einen Augenblick, bevor er weitersprach.
»Es gibt noch ein weiteres Problem«, bemerkte er. »Uns fehlen die natradischen Bauzeichnungen. Wie ich anfangs bereits mitteilte, wurden sämtliche militärischen Konstruktions-Zeichnungen aus unseren Speichern entfernt. Können sie uns diese Daten zur Verfügung stellen?«

»Marc überlegte kurz.
»Wir können ihnen zwar nicht die Daten unserer aktuellen Baureihe übermitteln, doch sehe ich kein Problem, ihnen die Konstruktions-Zeichnungen des Vorgängermodells zu überlassen«, bestätigte er. Diese Modelle sind den Robotern der Rigo-Sauroiden ebenfalls weit überlegen. «

»Das wissen wir«, antwortete Nr. 1. »Gerne nehme wir ihre Unterstützung an. «

Major Travis drehte sich zu den wartenden Einsatz-Teams um.

»Wir rücken ab und treffen uns in ihrer Leitstelle«, befahl Marc. Er wandte sich noch einmal zu Professor Woicesk um, der weitere Roboter mit kleinen Energie-Generatoren angefordert hatte. Die erste Schale mit einem Fremdwesen wurde vorsichtig auf eine Anti-Grav.-Bahre verfrachtet und an das Energienetz angeschlossen.

»Der Professor hat einen Weg gefunden«, dachte Marc. »Noel wird sich freuen. «

Die 12 Sadhurls waren wieder vereint. Den gemischten Eingreif-Kommandos war offiziell gedankt worden. Die Spezialeinheiten des Handels-Moguls Rattisch fuhren mit ihren Transport-Fahrzeugen zurück zu ihren Kasernen. Die wenigen Verletzten der Tanlegrieden wurden abtransportiert und versorgt. Alle Schiffe der Flotte von

Major Travis waren im äußeren Bereich der Residenz gelandet und nahmen ihre Roboter-Einheiten und ihr Material wieder auf. Lediglich Tart 1 und Tart 2 waren noch an der Seite von Major Travis.

Dieser schritt als Erster, der 7-köpfigen Delegation, auf die Sadhurls und ihre Mutter-KI zu. Vor ihnen blieb der Major stehen.

»Die Gefahr ist beseitigt«, sagte er. »Ich hoffe, sie werden für die Zukunft achtsamer sein. «

»Das werden wir«, antwortete Nr. 1. »Dank ihnen können wir erstmalig über unser komplettes Potenzial verfügen. Unseren aufrichtigen Dank für unsere neue Selbständigkeit. Leider haben wir keine Aufgabe mehr. Die Nadoo sind selbstständig geworden und brauchen uns nicht mehr. Sie haben ihre eigene Regierung. Was können wir zu dem Ganzen noch beitragen? «

»Das hängt von Kanusu und Rattisch ab«, bemerkte Major Travis.

Die beiden Angesprochenen schritten nach vorne.
»Rattisch, sie waren nie ein Freund der Sadhurls«, bemerkte der Major. »Nach den letzten Vorfällen glaube ich, dass sich hieran auch nichts ändern wird. Die Regierung der Nadoo wird Mitglied im neuen Imperium. Kanusu und seine Regierung haben dies bereits zugesichert. Ob sie heran teilnehmen möchten, ist jetzt nicht wichtig. Es wird ein reger Handel und Austausch von

Waren stattfinden. Zum einen direkt mit Tarid und Natrid, zum anderen mit für sie noch unbekannten Fremdvölkern. Hiermit lässt sich einiges an Krediten verdienen.«

Der Handelsmogul spitzte seine Ohren und lächelte.

»Wir Tanlegrieden hatten noch nie etwas gegen gute Geschäfte«, antwortete er. »Wir sind dabei. Unsere provisorische Zustimmung haben sie bereits.«

»Danke«, antwortete der Major. »Ich habe von ihnen nichts anderes erwartet.«

Marc grinste Rattisch an.
»Da sie nichts mehr mit der hohen Perspektive zu tun haben möchte, bitte ich sie um die Genehmigung, dieses Gebäude nutzen zu dürfen«, erkundigte sich Major Travis.

»Wir würden hier unsere diplomatische Vertretung errichten, sowie alle Ansprechpartner für die gesamte Enklave der Nadoo. Ihr Planet würde entsprechend aufgewertet. Ab diesem Zeitpunkt kann er nicht nur als Industrie- und Handelsplanet verstanden werden. Ich bin mir sicher, dass weitere Vertretungen anderer Planeten unserem Beispiel folgen werden. Mit diesen Vertretungen können sie dann auch ihre Handelsabkommen vereinbaren.«

Rattisch war überzeugt.

»Ich danke ihnen, Herr Major«, sagte er. »Das bringt neuen Schwung in unser Leben. Vielen Dank für alles.«

»Danken sie mir nicht zu früh«, antwortete Major Travis. »Sie haben auch Aufgaben«, ergänzte Marc. »Arbeiten sie eng mit Kanusu zusammen und gewährleisten sie den Schutz der neuen Vertretungen auf diesem Planeten.«

»Das ist selbstverständlich«, antwortete Rattisch. » Wir Händler waren immer schon füreinander da. «

Marc blickte Kanusu an. »Das Gleiche gilt hoheitlich für sie«, sagte er. »Als Regierungsplanet sind sie für alle bewohnten Welten der Enklave zuständig. Sorgen sie für Ruhe und Wachstum. Außerhalb ihrer Enklave sorgen wir für Sicherheit.

Major Travis winkte Nr. 1 zu sich.
»Ich erteile einen ersten Befehl an sie«, sagte er. »Stellen sie 7 Sadhurls ab, die auf allen Planeten gleichermaßen Ansprechpartner und Berater für die Nadoo und auch für die Tanlegrieden sind. Sie sollen die Bevölkerung unterstützen, wenn es gewünscht wird. Befehlen sie ihnen, sich neutral zu verhalten.«

Kanusu und Rattisch wollten etwas sagen.
»Ich weiß, dass ihnen dies missfällt«, bemerkte Major Travis. »Doch bedenken sie, dass die Hypertronic-KI von uns mit sämtlichen militärischen Daten versorgt wird, Updates erhält und von neuen Entwicklungen profitiert, die auch ihnen zugutekommen werden. Die KI hilft Ihnen

bei der Produktion und unterstützt sie bei der Auswahl der Produkte, die sie benötigen werden. Sie werden also in ihrem eigenen Interesse, wieder mit den Sadhurls Gespräche führen müssen. Ich hoffe, zukünftig mit einem positiven Ende.«

Die Mienen von Kanusu und Rattisch erhellten sich merkbar.

»Alles Weitere werden die Abgesandten von uns mit ihnen aushandeln«, erklärte Marc. »Diese werden bereits in wenigen Tagen bei ihnen eintreffen. Ich hoffe, sie haben bis dahin nicht ihre Meinung geändert.«

»Wir wollen uns weiterentwickeln und uns der Gemeinschaft des neuen Imperiums anschließen«, sagte Kanusu. »Ein Rückschritt in die Vergangenheit ist für uns tabu.«

»Das hören wir gerne«, beendete Major Travis das Gespräch.«

Mit diesen Worten verabschiedete sich das Team der Termar 1 und machte sich auf den Rückweg zu ihrem Schiff.

Auf der Brücke der Termar standen Commander Brenzby und Major Travis nebeneinander und blickten auf den großen Panorama-Schirm. Alles war wieder in den Schiffen verstaut. Professor Woicesk hatte alle Schalen mit den Fremdwesen in den eigens hierfür eingerichteten

Raum untergebracht. Es schien ihnen wohl zu gehen. Letztendlich waren sie in ihrer eigenen Nährflüssigkeit gefangen, bewegungslos und unfähig sich hieraus zu befreien. Das kleine Schiff der Rigo-Sauroiden hatte auch noch einen Platz auf dem Lande-Deck des Naada-Kreuzers gefunden. Die Schiffe der Königs-Klasse hoben nach und nach vom Boden ab. Am Fuße der Residenz standen einige Tanlegrieden und winkten. So ein Schauspiel hatten sie lange nicht mehr gesehen.

»Sergeant Hausmann«, befahl Major Travis. »Sprung ins Sol-System. Fliegen sie uns nach Hause.«

»Aye, Major, die Koordinaten wurden programmiert«, erwiderte der Sergeant. »Ich leite den Startvorgang ein.«

»Commander Brenzby, öffnen sie bitte den Sonnen-Transmitter«, ergänzte der Major.

Commander Brenzby zog das geheimnisvolle Amulett aus einer Seitenklappe seines Kommando-Stuhls und drückte die entsprechende Tastenkombination. Auf dem zentralen Bildschirm der Termar 1 erkannte die Brückencrew, wie sich das angewählte Portal öffnete. Die Flotte beschleunigte und flog in das immer noch mystisch flimmernde Dreieck hinein.

Die letzte Zuflucht der Gejagten

Es vergingen nur Sekunden, da materialisierte die Termar 1 wieder im System Formalhaut, außerhalb des Eingangs zur Enklave der Nadoo, im bekannten Universum. Die drei Planeten waren künstlich in einer Dreiecksform angeordnet. Das geballte Licht von 8 Sonnen, die um die Planeten künstlich angeordnet waren, erhellte das kleine System. Ihr geballtes Licht brannte sich auf die Außenhaut der Termar 1 und ihrer Begleitschiffe ein.

»Die Bildschirme abdunkeln«, befahl Major Travis. »Alle Maschinen stoppen. Planet 2 auf den Schirm legen und zoomen.«

Der große Panorama-Bildschirm des Schiffes erhellte sich und zeigte den ausgewählten Planeten vor ihnen ruhig im Raum liegen. Um ihn herum patrouillierten befehlsgemäß die eingeteilten Schiffe der Königs-Klasse und sorgten für Sicherheit.

»Es sieht alles ruhig und normal aus«, bemerkte Commander Brenzby.«

»Das werden wir gleich hören«, antwortete Marc. »Sergeant Farmer, öffnen sie einen Kanal zu Station NT-KI 355. Senden sie vorab unsere Erkennungs-ID.«

»Sie können sprechen«, antwortete der Funkoffizier. »Die Verbindung steht.«

»Hier spricht Major Travis«, sprach der Major in das Mikrofon. »Ich bin der Oberbefehlshaber der Streitkräfte des neuen Imperiums von Natrid & Tarid. Ich rufe NT-KI 355.«

Entgegen dem ersten Kontakt erreichte die Antwort die Termar 1 ohne weitere Verzögerung.

»Hier spricht die Verwaltungs-KI von NT-355«, tönte es aus den Lautsprechern. Was kann ich für sie tun, Herr Major? «

»Status, gebe mir bitte einen aktuellen Bericht«, antwortete Major Travis.

»Alle Wartungsarbeiten laufen auf 100 %«, teilte die Hypertonic-KI mit. »Die Reinigung und die Modifizierung des Personalbereichs wurden bereits abgeschlossen. Der größte Teil meiner Maschinen arbeitet wieder einwandfrei. Der Inbetriebnahme des Sonnen-Transmitters steht nichts mehr im Wege. Ich warte auf die Ankunft des zugesagten Personals. «

»Danke für den Bericht«, antwortete Major Travis. »Nach unserer Rückkehr auf Natrid werde ich deinen Wunsch sofort veranlassen. Die sechs Schiffe der Königs-Klasse, 1016 bis 1020 und die 2151 unterstelle ich deinem Kommando. Sie werden für eine zusätzliche Sicherheit in deinem System sorgen. Verständlicherweise werden wir dieses wichtige System noch mit einer zusätzlichen Schutzflotte ausstatten. Ich gehe davon aus, dass du in naher Zukunft Besuch von Noel erhalten wirst, der es sich nicht nehmen lassen wird deine Anlagen genau zu inspizieren. Bis dahin müssen unsere Techniker jedoch eine Transmitter-Relaisstation aufbauen. Ist in meiner Abwesenheit etwas nicht Autorisiertes passiert?«

»Es wurden keine Ortungen in meinem System registriert«, teilte die Hypertronic-KI mit. »Alles war ruhig, wie immer. Ich habe lediglich einen Langstrecken-Hyperfunkspruch von Natrid empfangen. Sie werden schnellstens zurück in der Heimat erwartet. Es scheint etwas vorgefallen zu sein.«

»Hast du nähere Angaben für mich?«, fragte Marc nach.

»Nein«, antwortete NT-KI 355. »Lediglich ein Nachtrag wurde noch aufgezeichnet. Dieser lautete Alpha-Order.«

» Danke für die Mitteilung«, erwiderte der Major. » Öffne den Sonnen-Transmitter zu den Zeiten 9:00 Uhr, 12:00 Uhr und 15:00 Uhr an jedem Tag. Die Naado werden vermutlich sehr schnell den Außenbereich ihrer Enklave erkunden wollen. Falls es Probleme geben sollte, sende uns bitte einen Hyperfunkspruch. Sichere deine Anlagen und hüte dein Geheimnis zum Wohle des Imperiums.«

NT-KI 355 bestätigte kurz und brach die Verbindung ab.

»Commander Brenzby«, sagte Marc. »Befehl an alle Schiffe. Hypersprung in die Nähe des Sol-Systems. Bringen sie uns in einen akzeptablen Hyperfunkbereich.«

»Aye, Major«, antwortete der Commander.

Die KI der Termar 1 synchronisierte in Licht-Geschwindigkeit die Daten mit den restlichen Begleitschiffen der Expeditions-Flotte. Die KI der Termar 1 hatte einen Sprung an den äußeren Rand des Sol-Systems errechnet. Fast gleichzeitig beschleunigten die majestätischen Schiffe und entschwanden in einem grellen Blitz in den Hyperraum.

***

»Da den rechten Gang entlang«, flüsterte Rantero seinem Kollegen zu.

Die beiden übrig gebliebenen Saboteure verschwendeten keinen Gedanken mehr an ihren hilflos zurückgebliebenen Freund Dylanro. Sie wussten, dass sie nichts mehr für ihn tun konnten. Er war den natradischen Verhörspezialisten hilflos ausgeliefert. Rantero erinnerte sich aus Archiv-Berichten der Netzwerkdenker, dass diese Verhörspezialisten ganze Arbeit leisten würden.

Bantero schaute auf seinen Scanner.
»Die nächste Abbiegung links halten«, flüsterte er seinem Anführer zu.

Wieder erhöhten die Worgass das Tempo und liefen in den linken Gang. Von den Verfolgern war derzeit nichts zu sehen.

»Sie scheinen sich zu lange mit dem eingestürzten Gang aufzuhalten«, bemerkte Rantero. «

»Ist das gut oder schlecht für uns?«, fragte Bantero. «

»Das werden wir noch merken«, antwortete Rantero grimmig. Er war verärgert, in so eine doch offensichtliche Falle der natradischen Nachkommen gelaufen zu sein.

»Diese Protegés der natradischen Hypertronic-KI wurden eindeutig von uns unterschätzt«, dachte er. »Schuld sind natürlich in erster Linie unsere Netzwerkdenker. Diese Wichtigtuer überlassen uns zu wenige Informationen. Ich bin mir sicher, dass unser Spionagedienst entsprechende Unterlagen vorliegen hatte. Warum wurden diese nicht an uns weitergegeben. Lieber reibt man das eigene Personal auf und wundert sich nachher, wenn keine Spezialisten mehr vorhanden sind. Ganz zu schweigen von den Herrschaftsgebieten, die nach und nach verloren gehen.«

Er blicke in den langen Korridor vor ihm.
»Allein, wenn ich an den Verlust unserer Distrikte in der kleinen Magellanschen Wolke denke, sträuben sich mir die Haare«, dachte er. »Falls wir hier rauskommen, werde ich die ganze Impertinenz vor der großen Übereinkunft vortragen. Nur so können den Netzwerk-Denkern das Handwerk zu legen. «

»Jetzt den nächsten Gang halb rechts abbiegen«, forderte Bantero seinen Befehlshaber auf.

Sie hetzten in den neuen Gang und standen nach 300 Metern vor einem geschlossenen Schott.

» Ein Sicherheits-Tor«, sagte Rantero. »Wir sprengen nicht, dann wissen die Terraner, wo wir uns befinden. Schließe den Code-Spürer an. «

»Das dauert aber«, sagte Bantero. »Haben wir so viel Zeit? «

»Mach endlich«, forderte der Anführer ihn auf. »Wenn du weiter unsinnige Fragen stellst, dann bleibt uns keine Zeit mehr. «

Schnell zog der Gescholtene ein kleines Gerät aus seiner Uniform hervor und klemmte es an den Öffnungs-Impulsgeber des großen Tores an. Zahlenkolonnen liefen in Sekundenschnelle auf dem Display ab. Es vergingen ganze 30 Sekunden, da stoppte das Display und zeigte einen Zahlencode an. Bantero drückte auf dem kleinen Gerät einen gelben Knopf hinein. Das große Tor bewegte sich und fuhr zurück. Vor ihnen lag eine der großen Hangar-Hallen der Werftstation 5. Geduckt huschten sie in die Halle hinein. Das Tor schloss sich hinter ihnen wieder.

»Automatikfunktion«, bemerkte Bantero.

Ihr Blick durchsuchte die große Halle.
»Wir haben Glück, es ist nur wenig Wachpersonal da«, raunte Rantero seinem Kollegen zu.

»Dort rechts«, sagte er und wies mit seiner Hand in die Richtung.

»Ein Tarin-Gleiter älterer Bauart«, flüsterte er. »Er ist im Hyperraum flugfähig und besitzt eine Tarn-Vorrichtung. Den nehmen wir. Die anderen Modelle wurden bereits alle modifiziert. Damit kenne ich mich nicht aus. Aber dieser Gleiter sieht noch so aus, wie zu Zeiten des großen Krieges. «

»Ich hoffe, wir machen das Richtige? «, bemerkte Bantero. » Ich möchte nicht auf einem Spieß in einer Grillvorrichtung der Terraner enden. «

»Woher hast du diese Informationen? «, erkundigte sich Rantero.

» Das wird unserem Nachwuchs bereits in der Ausbildung gelernt«, antwortete Bantero.

»Bist du in einem der Worgass-Imperien jemals auf Kannibalen gestoßen, die Raumschiffe bauen können? «, erkundigte sich Rantero. »Auch das ist wieder eine Falschaussage der Netzwerkdenker. Man sollte ihnen verbieten, das Lehrmaterial für den Nachwuchs anzufertigen. «

Er gab seinem Kollegen ein Zeichen. Im Halbdunkel schlichen sie auf den rechtsseitig stehenden Tarin-Gleiter zu.

»Die Tür steht offen? «, staunte Bantero.

Jetzt sah der Anführer es auch.

»Leichtsinnig, diese Terraner«, dachte er. »Sie werden sicherlich nach diesem Vorfall ihr Sicherheits-Protokoll ändern.«

Die beiden Worgass spähten vorsichtig in das Einstiegsschott des Gleiters, fanden jedoch keine Besatzung vor. Leise stiegen sie ein. Rantero drehte sich nach rechts und sah das grüne Licht eines Druckschalters, neben der geöffneten Luke leuchten. Er schlug mit seiner Hand hierauf. Servomotoren setzten ein und verschlossen den Schott. Eine rote Notbeleuchtung flammte auf.

»Notstrom«, sagte Rantero. »Sie wird scheinbar immer aktiviert, wenn die Generatoren nicht in Betrieb sind. Gehen wir in die Kanzel. Bevor wir die Motoren starten, muss ich mich mit den Bedienungseinheiten befassen. Es ist lange her, dass ich in so einem Gleiter gesessen habe.«

Vorsichtig schritten die Worgass in dem 12 Meter langen Jet nach vorne. Die Kanzel war abgedunkelt. Rantero blickte sich um und setzte sich auf den Pilotenstuhl.

»Viel geändert hat sich nicht«, bemerkte er. »Vor mir ist die Steuereinheit für den Piloten, rechts der Schubhebel und diverse Knöpfe zur Navigation.«

Bantero nickte beiläufig.
»Das ist die Knopfleiste mit den unterschiedlichen Lichtgeschwindigkeiten, rechts daneben der einstellbare Regler, der die Weite des Hyperraum-Sprunges programmiert«, sagte er.

Über dieser Leiste fiel ein schwarzer Knopf mit der Kennzeichnung "T" auf.

»Der ist neu«, sagte der Anführer. »An diesem Platz war früher ein wesentlich kleinerer Knopf, der die Tarnvorrichtung steuerte. Ich hoffe, dass dieser Druckschalter die gleiche Funktion belegt. Ansonsten haben wir schlechte Karten. Vermutlich werden außerhalb der Werft zahlreiche Patrouillen im Einsatz sein.«

Er blickte nach rechts auf den Co-Piloten-Bereich.
»Dieser Jet ist grundsätzlich für eine Besatzung von zwei Personen ausgelegt«, belehrte er seinen Kollegen. »Die Hyperkomm-Anlage ist daher auf deiner Seite eingebaut. Vermutlich sollte der sich im Kampf befindliche Pilot nicht noch auf Funksprüche reagieren.«

Er zeigte auf das Gerät.
»Darüber sitzt der rote Knopf, der unsere Schiff-ID an die zentrale KI übermittelt«, erklärte er. »Ich denke, sobald wir die Motoren aktiviert haben, werden wir die ID-Kennung senden müssen. Dann werden wir......«

Seine Worte brachen ruckartig ab. Vor ihnen öffnete sich das große Schott des Landedecks. Gelbe Signallichter wiesen auf die bevorstehende Landung eines Schiffes hin. Durch das sich öffnende Schott erkannten die beiden Worgass einen massiven Schutzschirm, der die Werftstation einschloss. Ein Strukturloch, in der Größe eines halben Fußballfeldes bildete sich. Groß genug für den Durchflug eines Naada-Schiffes.

Ohne weitere Worte fuhren die Finger von Rantero eiligst über die Armaturen-Knöpfe des Tarin-Gleiters. Der Motor sprang an. Er riss grobmotorisch den Schubhebel zurück. Der Tarin-Gleiter bewegte sich und rutschte mit den Kufen über den metallischen Bodenbelag. Erst jetzt zog der Worgass die Steuereinheit auf sich zu. Leichtfüßig hob der Gleiter vom Boden ab und näherte sich dem Ausflugs-Schott. Rantero drückte den Knopf mit der Bezeichnung "T". Sofort entzog sich das Fluggefährt allen Kontroll-Sensoren und wurde unsichtbar.

»Die Tarnung funktioniert, wir kommen aus der Falle heraus«, jubelte der Befehlshaber.

Bantero blieben die Worte im Hals stecken. Er zeigte mit der Hand nach vorne. Nur 180 Meter vor ihnen tauchte ein landendes Schiff der Naada-Klasse auf einem Kollisionskurs auf. Im letzten Moment gelang es Rantero die Steuerung des Jets nach rechts zu reißen und an dem landenden Giganten vorbei zu manövrieren.

**

Captain Hunter und Commander Anderson standen in der Leitstelle der Duplikations- und Produktionswerft 5 an dem CIC und warteten auf weitere Informationen.

»Hier ist Captain Hunter«, sprach er in das Gerät. »Ich rufe Sergeant Nelson. Hallo Sergeant Nelsen antworten sie!«

Ein kurzes Knistern breitete sich in der Leitung aus.
»Hier spricht Sergeant Nelson«, kam die Antwort zurück.

»Haben sie Spuren identifizieren können?«, fragte Captain Hunter.

»Nein«, antwortete Nelson. »Die ganze Struktur des Ganges hat sich verflüssigt, sämtliche Spuren wurden vernichtet. Ich bin mit meiner Mannschaft auf dem Weg zu der zentralen Luftversorgung. Ein weiterer Teil meiner Gruppe kontrolliert den Weg zu den Transmitter-Plattformen. Diese können auch von hier aus erreicht werden. Eine dritte Gruppe ist zu dem Hangar-Deck 15 unterwegs. Meine Soldaten werden dort die diensthabende Wachmannschaft verstärken. Ich denke aber, dort werden wir sie nicht antreffen, weil der Schirm aktiviert ist. Meiner Meinung nach wäre es am effizientesten, die Luftversorgung der Station auszuschalten. Damit würden wir sie handlungsunfähig machen.«

»Gut Sergeant«, antwortete Captain Hunter. »Das alles hört sich plausibel an. Seien sie vorsichtig.«

Captain Hunter blickte Kimi an.
»Sie können doch nicht einfach verschwunden sein«, ärgerte er sich.

»Wir können sie nicht finden, weil wir in den Versorgungsgängen keine Sensoren haben«, bemerkte Kimi. »In diesem Bereich der Station sind wir blind. Nach diesem Vorfall werde ich eine Nachrüstung beantragen.«

Der Funkoffizier Leutnant Sparrer riss sie aus den Gedanken.

»Eingehender Funkspruch von General Poison«, meldete er.

»Stellen sie laut«, antwortete der Commander.
Sie griff nach dem Communicator.

»Hier spricht Commander Anderson«, sprach sie in das Gerät.

Das laute Organ des Alten wurde über die Lautsprecher wiedergeben.

»Hallo Anderson, wie ist der Stand der Dinge?«, tönte es aus den Lautsprechern. » Es kann doch nicht so schwierig sein, ein paar Außerirdische einzufangen?«

»Sie haben Recht«, antwortete der Commander. »Einen haben wir bereits. Erwischt. Er ist in eine Fesselfalle von uns geraten. Die anderen Beiden sind flüchtig.«

»Was heißt das?«, fluchte General Poison durch die Lautsprecher.

Captain Hunter nahm Kimi das Mikrofon aus der Hand.

»Hier spricht Hunter«, sprach er in den Communicator. »Ich habe den Funkgeber laut gestellt. Commander Anderson hört mit. Ich möchte kurz auf ihre seltsame Frage antworten. Es ist, wie Commander Anderson es mitgeteilt hat. Die beiden Worgass sind trotz vieler Kontrollen, Fallen und Wegsperren aus unserem Netz entwischt. «

»Captain Hunter, sie sind auch da? «, fragte der General etwas kleinlauter. «

»Was meinen sie denn, wer hier diesen Einsatz leitet? «, knurrte Captain Hunter zurück. » Sie können gerne hier hochkommen und die Aktion selbst befehligen. Dann begebe ich mich sofort zurück in meinen Urlaub. «

Sichtlich beruhigter antwortete der General.
»Mein lieber Hunter, so war das nicht gemeint«, antwortete er. »Sie sind mein bester Mann. Ihnen wird es gelingen, die Flüchtigen einzufangen. Ich habe noch Großes mit ihnen vor. «

Captain Hunter drehte kurz seinen Kopf zu Kimi und grinste.

»Was wollen sie eigentlich? «, erkundigte er sich schroff bei dem General.

»Nicht in so einem Ton«, knurrte der General zurück. »Ansonsten lasse ich sie ganz schnell wieder in Husum bei ihrer alten Einheit abstellen.«

»Dazu wird es nicht kommen«, antwortete Hunter. »Der Lantraner hat mir bei seinem letzten Besuch auch einen Job angeboten. Der klang sehr verlockend.«

Die beiden vernahmen, wie der General anfing zu schnaufen.

»Darüber reden wir ein anderes Mal«, antwortete General Poison. »Ich habe ein Naada-Schiff zu ihnen auf den Weg gebracht. Es ist vollgeladen mit Ersatzteilen für die Reparatur des Groß-Duplikators. Ferner sind 120 Techniker an Bord, die sich um die Montage kümmern werden.«

»Herr General«, antwortete Commander Anderson. »Sie wissen doch, dass wir Sicherheitsalarm haben. Kein Schiff landet und kein Schiff verlässt unsere Station. Wir haben den Schutzschirm aktiviert.«

»Für diese Ausnahme setze ich den Sicherheits-Alarm außer Kraft«, erwiderte der General. »Dieses Schiff hat sofort Vorrang. Wir können es uns nicht leisten, zu lange auf die Produktivität des Groß-Duplikators zu verzichten.«

»Sie übernehmen die Verantwortung«, sagte Captain Hunter.«

»Ja, die übernehme ich«, brüllte der General zurück. »Sorgen sie dafür, dass die Flüchtlinge erwischt werden.«

Captain Hunter wollte noch etwas sagen, bemerkte aber dann, dass der General die Leitung bereits unterbrochen hatte.

» So kennen wir unseren General«, lächelte Captain Hunter.

Er schmunzelte Kimi Anderson an.
»Wir haben einen Resonanz-Kontakt«, meldete Leutnant Sparrer. »Die ID-Kennung kommt herein. »Es ist der angekündigte Transport-Kreuzer des Generals. Commander Giacombo hat bereits seine Identität bestätigt und ihn durchgelassen. «

Auch von der Cuuda 001 hatte Captain Hunter eine Anfrage zu dem Kreuzer erhalten.

»Das Schiff hat Sonderechte von General Poison«, teilte Captain Hunter mit. »Lassen sie ihn durch. «

Das Schiff näherte sich im Gleitflug der Werft 5.

»Hier spricht die Flugüberwachung von Produktionswerft 5«, meldete sich ein Offizier von der Brücke der Werftstation. »Ich rufe den Naada-Kreuzer der EWK. Ich wiederhole, ich rufe den Sonderkreuzer der EWK. Sie haben Lande-Genehmigung auf Hangar-Deck 11.

«

»Hier spricht Commander Bernstein«, hallte es aus den Lautsprechern. »Wir empfangen sie klar und deutlich. Unsere Befehle lauten, ausschließlich auf Landedeck 15 zu landen. Wir haben schweres Material dabei. Von diesem Deck ist der beste Zugang zu dem Bereich der großen Duplikations-Anlage möglich. Bemühen sie sich nicht, wir haben unseren eigenen Schlüssel.«

»Hier ist die Flugüberwachung von Station 5«, brüllte der Offizier der Leitstelle. »Das Lande-Deck 15 ist gesperrt. Weichen sie auf ein anderes Lande-Deck aus.«

»Hier spricht Commodore van Häussen«, meldete sich der kommandierende Offizier des Schiffes. »Wir werden auf Lande-Deck 15 landen. Sorgen sie dafür, dass uns nichts im Wege steht. Ende der Mitteilung.«

Die Flugleitung der Produktionswerft 5, Captain Hunter und Commander Anderson wussten, dass sie gegen einen Commodore machtlos waren. Unfähig etwas hiergegen unternehmen zu können, verfolgten sie den Anflug des EWK-Schiffes auf ihren Monitoren.

»Ist die Crew von Deck 15 informiert?«, fragte Commander Anderson ihren Offizier für die Flugüberwachung.

»Ist informiert«, antwortete der Offizier schnell. »Die Crew hat alle Jets zur Seite gerollt.«

»Die Hangar-Tore wurden von außen geöffnet«, meldete Sicherheits-Offizier Martens.

»Das scheint tatsächlich ein Schiff mit besonderen Sonder-Vollmachten zu sein«, bemerkte Commander Anderson. »Es verschafft sich selbstständig Zugang. Ich wusste gar nicht, dass die Zerstörer unserer Flotte solche Möglichkeiten besitzen.«

Die Schiffe der normalen Flotte nicht«, erwiderte Captain Hunter. »Aber die Schiffe unserer besseren Herren können das natürlich.«

Eine Strukturlücke in dem Schutz-Schirm öffnete sich. Der EWK-Kreuzer ging in den Landeanflug über.«

Leutnant Martens hieb mit der Faust auf den roten Knopf, vor ihm auf der Konsole. Ein schriller Ton durchflutete die Leitstelle der Werft. Die Leitstelle wurde mit rotem Einsatz-Licht geflutet und abgedunkelt. Alle Anwesenden drehten sich erschreckt um.

»Sicherheits-Alarm auf Lande-Deck 15«, meldete er. »Verdächtige Aktivitäten wurden registriert. Ein Tarin-Jet hat ohne Flugbefehl seine Maschinen gestartet. Im Anschluss aktivierte er seine Tarnung.«

» Da sind sie«, fluchte Captain Hunter. »Schließen sie sofort die Schotts.«

»Sie reagieren nicht«, antwortete Sergeant Mahlström. »Der EWK-Kreuzer hat die alleinige Kontrolle. Unsere Konsole wird blockiert. Uns sind die Hände gebunden. «

»Das haben wir General Poison zu verdanken«, schimpfte Captain Hunter. »Der Alte soll doch seine Finger heraushalten. «

Schnell griff der Captain nach seinem Communicator. »Hier spricht Captain Hunter, ich rufe die Cuuda 001«, sprach er in das Gerät

»Hier ist die Cuuda 001, Leutnant Graves spricht«, tönte es aus den Lautsprechern.

»Wir haben ein Sicherheitsleck«, teilte Hunter mit »Leutnant Spader soll die Waffen herumschwenken und das Lande-Deck 15 der Werft anvisieren. Ein getarnter Tarin-Jet mit Worgass an Bord will flüchten. «

Der Leutnant, zuständig für die Waffentechnik der Cuuda 001 hatte mitgehört und bereits die schweren Laser-Kanonen ausgerichtet.

»Das wird knapp«, bemerkte er. »Das EWK-Schiff ist bereits tief im Landeanflug. «

»Feuern sie sofort nach Erfassung auf die Lücke zwischen dem landenden Kreuzer der EWK und der Werft«, befahl Captain Hunter.

Der Offizier der Waffentechnik blickte in den Sucher und hielt den Finger am Abzug.

»Da, rechts seitlich des Kreuzers ist etwas«, erkannte der Leutnant. »Es scheint ein Flimmern zu sein, wie es bei der Berührung zweier Schutz-Schirme entsteht. «

»Feuern sie«, brüllte Captain Hunter.

Ohne zu zögern, betätigte der Leutnant den Feuerknopf. Eine massive Laserlanze fauchte aus dem vorderen Geschützturm der Cuuda 001 auf das Ziel zu. Doch was war da. Das flimmernde Feld machte einen Schlenker nach links und verschwand von den Bildschirmen. Die Laserlanze streifte das EWK-Schiff und schmorte eine tiefe Furche in seine äußere Wulst, um dann abgeschwächt auf dem Boden des Lande-Decks 15 einzuschlagen. Trotz der nur noch geringen Kraft riss der Strahl einige Bodenplatten des Lande-Decks auf und schlug in darunter liegende Etagen ein. Der Einschlag hinterließ erhebliche Schäden.

Leutnant Spader erkannte den angerichteten Schaden, durch den Zielsucher, des kleinen Monitors der Waffen-Automatik. Von dem Tarin-Jet war keine Spur mehr zu finden.

»Alle Orter, Taster und Spür-Sensoren einschalten«, befahl er dem Ortungs-Offizier. »Der kleinste Hinweis kann hilfreich sein. «

Auch ohne ihren Befehlshaber war die Crew der Cuuda 001 ein eingespieltes Team.

Leutnant Spader drückte den Knopf seines Funk-Kommunikators in seinem Ohr.

»Ich rufe Captain Hunter«, sprach der Leutnant Spader in seinen Communicator. »Ich rufe Captain Hunter, hier ist die Cuuda 001.«

»Hier spricht Hunter«, kam die Antwort sofort zurück. »Haben sie den Jet erwischt? Sprechen sie Leutnant?«

»Der getarnte Tarin-Jet ist weg«, teilte Leutnant Spader mit. » Er war sicher in unserem Zielsucher. Unsere Laserkanonen hatten sich eingependelt und die Laserlanze war bereits unterwegs. Es ging nur um Sekunden. Dann plötzlich vollzog der Jet eine 180 Grad Kurve. Unser Schuss ging ins Leere, streifte aber das EWK-Schiff und richtete erheblichen Schaden auf dem Hangar-Deck an.«

»Immerhin gab es einen Treffer«, lachte Captain Hunter. » Unsere Alarm-Sirenen realisieren einen Einschlag von außen. Hier ist der Teufel los. Haben sie vielen Dank Leutnant. Sie haben ihr Möglichstes getan. Aktivieren sie alle Sensoren. Versuchen sie Spuren von dem Gleiter zu finden, in welche Richtung er geflogen ist. Schicken sie mir einen Jet, ich komme wieder an Bord.«

Hunter unterbrach die Leitung.

Sichtlich enttäuscht blickte Captain Hunter Commander Anderson an.

»Komm mit mir, wir wollen unsere Gäste doch nicht warten lassen«, sagte er.

Sie liefen zu dem nächsten Lift und ließen sich sechs Etagen nach unten befördern. John nahm Kimi kurz in den Arm und drückte ihr einen Kuss auf die Wange. Ihr Gesicht hellte sich merklich auf. Dann drückte er wieder auf den Knopf in seinem Ohr und wählte eine Flottenfunk-Verbindung.

»Hier spricht Captain Hunter«, sprach er in das Gerät. »Ich rufe Sergeant Nelson, Nelson, bitte melden sie sich.«

»Hier ist Nelson, was gibt es«, antwortete der Sergeant.

John atmete kurz durch. Man merkte dem Captain an, wie diese Mitteilung ihm widerstrebte.

»Die Worgass haben sich einen Tarin-Jet geschnappt und sind geflüchtet«, teilte er mit. »Wir können sie leider nicht mehr aufhalten, da sie den Tarnmodus aktiviert haben. Kommen sie mit einer Einheit Marines zum Lande-Deck 15. Ich möchte einen der Übeltäter festsetzen. Wundern sie sich nicht über meine Anweisungen, folgen sie nur meinen Befehlen. Ich übernehme die volle Verantwortung.«

Kimi schaute ihn schräg von der Seite an.

»Du redest dich noch um Kopf und Kragen«, ermahnte sie ihn.

Captain Hunter lachte.

»Ein bisschen Spaß und Abschreckung muss einfach dabei sein«, antwortete er. »Ansonsten machen sie den gleichen Fehler beim nächsten Mal noch einmal.«

Die Lifttür sprang auf, Captain Hunter und Commander Andersen eilten in den breiten Gang hinaus. Rechts standen mehrere Anti-Gravitations-Plattformen herum. John musterte sie kurz.

»Wir nehmen eine dieser Anti.-Grav.-Plattformen«, sagte er.

Schnell sprangen sie auf das Gefährt. Der Captain aktivierte den Antrieb. Die Plattform gewann zügig an Fahrt. Captain Hunter peitschte den ansonsten so behäbigen Anti-Grav-Transporter zu Höchstleistungen herauf. Die wenigen Kilometer zu dem Lande-Deck-15 waren schnell überbrückt. Sergeant Nelson und seine Marines befanden sich bereits vor Ort. John schlug den Schubhebel des Transport-Gleiters zurück und ließ das Gefährt ausrollen. Zackig salutierten die Marines, als Captain Hunter mit seiner Begleitung vorfuhr. Sportlich sprang der Captain über die Reling des Wagens auf dem Metallboden des Lande-Decks. Sergeant Nelson eilte zu ihm hin.

»Aye Captain, unsere Einheit erwartet ihre Befehle«, erklärte er. »Ich habe noch 12 Shy-Ha-Narde mitgebracht. Die restlichen Soldaten und ihre metallischen Kollegen sichern immer noch zentrale Luft-Versorgung ab.«

»Danke für ihr schnelles Erscheinen«, antwortete der Captain und salutierte ebenfalls. »Sie können ihre Leute aus der zentralen Luft-Regulierung abziehen, es besteht keine Gefahr mehr.«

Captain Hunter blickte Sergeant Nelson in die Augen.
Er schmunzelte ihn an.

»Machen sie sich bereit«, lachte er. « Ich möchte gerne einige Gäste festsetzen.«

Sergeant Nelson zog die Stirn in Falten.
»Darf ich freisprechen, Captain?«, fragte er.

»Gewährt«, antwortete John Hunter.
»Ich kann mir bereits vorstellen, was sie wieder vorhaben«, sagte der Sergeant und blickte auf den gelandeten Naada-Kreuzer. »Irgendwann drückt man ihnen für ihre ganzen Denunzierungen auch etwas aufs Auge.«

Captain Hunter lächelte immer noch.
»Er legte eine Hand auf die Schulter von Sergeant Nelson.
»Sie kennen mich doch auch bereits ein wenig«, antwortete er. »Bis es so weit ist, haben wir noch viel Spaß.«

Er zeigte mit der Hand auf das gelandete Schiff der EWK. »Die dort, kennen mich noch nicht«, sagte er. »Aber das wird sich ändern. Ich gebe ihnen gleich die Chance, mich besser kennen zu lernen.«

John drehte sich von Sergeant Nelson ab und ließ seinen Blick über das Lande-Feld schweifen. Der einzelne Laser-Beschuss der Cuuda 001 hatte schwere Verwüstungen hinterlassen. Mehrere Bodenplatten waren herausgerissen und lagen verstreut auf dem Lande-Deck. Andere hatten sich gewellt, gefaltet und in ihrer Verankerung verformt. Wie durch ein Wunder hatte der einfliegende EWK-Kreuzer noch einen passenden Platz zum Landen gefunden.

»Das war Maßarbeit von dem Piloten«, bemerkte Captain Hunter.

Am unteren Bereich des Naada-Kreuzers flammten etliche Positions-Lampen auf. Dann öffnete sich das Ausstiegs-Schott. Die Laserbrücke entfaltete sich und stellte den Bodenkontakt her. Es dauerte nur wenige Sekunden, dann schritt ein grinsender Commodore, der Commander des Schiffes und drei Sekundanten aus der Luke. Sie schauten sich um und schritten als Erstes die Brücke herunter. Ihnen folgten sechs Sicherheits-Roboter leichter EWK-Ausführung, für den innerplanetaren Einsatz. Im Gegensatz zu ihren natradischen Gegenstücken wiesen sie nur eine Größe von 1,80 Metern auf und waren vordringlich mit polizeilichen-Aufgaben programmiert. Ihnen folgten die angesprochenen 120 Techniker, Monteure und das Wartungs-Personal, die für die Reparatur und Montage des Groß-Duplikators eingeflogen worden waren. Commodore von Häussen blieb am Fuße der Brücke stehen und wies das Personal an, die Fracht zu entladen und sich direkt an die Arbeit zu machen.

Viele Techniker eilten in unterschiedliche Richtungen davon und öffneten die Ladebuchten des Naada-Kreuzers. Hebe-Bühnen und Schwebe-Einrichtungen fuhren heran. Arbeits-Roboter der Werft unterstützten den Entlade-Prozess. Selbständig gab der integrierte Lade-Robot die Waren-Container aus. John Hunter hat geduldig dem Schauspiel zugeschaut.

Dann endlich drehte sich ein sichtlich entspannter Commodore um und schritt auf die wartende Menge zu. Gerade noch rechtzeitig, denn Commander Anderson bemerkte, dass Captain Hunter kurz vor dem Platzen war.

Drei Schritte vor dem Captain blieb er stehen. Ohne einen gebührenden Gruß abzugeben, verfinsterte sich seine Miene.

»Wer von euch Einfaltspinseln hat auf uns schießen lassen«, fragte er die vor ihm wartenden Personen. »Das wird ein Nachspiel für sie haben.«

Captain Hunter trat einen Schritt vor. Missfällig betrachtete er den überdekorierten Sternenträger und ließ diesen seine ablehnende Haltung spüren.

»Schade, dass wir sie nicht richtig getroffen haben«, sagte er. »Ansonsten hätte die Explosion ihres Kreuzers auch den flüchtenden Tarin-Jet vernichtet. Dank ihnen, ist uns das leider nicht gelungen. Sie haben durch ihr Lande-Manöver unser Schussfeld behindert. Wir betrachten sie daher als Fluchthelfer und Feind des Neuen-Imperiums. Seien sie unser Gast. Ich habe die schmutzigste Zelle auf dieser Werft-Station für sie reserviert. Sie sind festgenommen, unter dem Vorwurf als Fluchthelfer mit dem Feind zu kooperieren.«

Captain Hunter gab den Marines ein Zeichen.
»Fesseln anlegen und arretieren«, befahl er.

Der Commodore lief rot an.
»Das ist nicht ihr Ernst«, schluckte er und winkte seine Sicherheits-Roboter herbei. Diese hatten bereits ihre Waffen gezogen und waren einen Schritt nach vorne getreten.

»So einfach geht das nicht«, antwortete der Commodore. »Ich enthebe sie ihres Kommandos. Betrachten sie ihren Einsatz als beendet. Sie verantworten sich vor einem Gericht der EWK.«

Blitzartig sprangen die zwölf Shy-Ha-Narde vor und richteten ihre todbringenden Waffen auf die kleine

Gruppe vor ihnen. Ihre tiefroten Augen zeugten für äußerste Gefahr. Der Commodore trat erschreckt einen Schritt zurück. Er kannte die Kampfroboter natradischer Bauart zur Genüge und wusste, dass mit ihnen nicht zu spaßen war. Jede übereilte Handlung bedeutete jetzt, ein unübersehbares Blutbad anzurichten.

Captain Hunter grinste den Commodore an.
»Ich habe auf dieser Station den Sicherheits-Alarm ausgerufen«, teilte er mit. »Aufgrund der Sondervollmachten von General Poison bin ich der alleinige Befehlshaber hier. Sie haben sich unseren Anordnungen widersetzt und sind eigenständig gelandet. Nach den aktuellen EWK-Gesetzen Paragraf 239, unterstützt durch meine Autorität Alpha-Order auszugeben, setze ich hier und jetzt ihre Autorität außer Kraft.«

Dies genügte den EWK-Robotern, die ebenfalls die Wirkung der Alpha-Order kannten. Unverzüglich fuhren sie ihre Waffen-Arme wieder ein und traten hinter die Gruppe zurück.

»Ich wünsche ihnen einen erholsamen Aufenthalt«, lachte Hunter den entsetzten Commodore an
.

Der Captain ließ dem Commodore Fesseln anlegen und ihn von drei Marines, in Begleitung von Kampfrobotern, abführen.

»Das wird ein Nachspiel haben«, schimpfte der Commodore mit hochrotem Kopf. »Sie sind erledigt. Dafür werde ich sorgen.«

»Träumen sie weiter, Zeit dazu haben sie ja jetzt«, antwortete Hunter.

Er drehte sich um und blickte Kimi tief in die Augen.
»Achte bitte darauf, dass sie auch nur Brot und Wasser als Verpflegung gereicht bekommen«, bemerkte er.

Sie lachte laut auf.
»So etwas habe ich ja noch nie erlebt«, antwortete sie. »Ist dir der Job bei der EWK so wenig wert?«

John lächelte.
»Du hast doch mitbekommen was ich General Poison mitgeteilt habe«, antwortete er. »Mir wurde bereits von höherer Stelle ein Job angeboten. Die technischen Möglichkeiten der Lantraner übersteigen unsere Vorstellungen bei weitem.«

Er schaute durch das geöffnete Schott des Lande-Decks 15. Spezielle Kraftfelder sicherten die Atmosphäre auf dem Deck. Der Gleiter der Cuuda 001 war im Anflug.

»Ich werde abgeholt«, flüsterte er.
Er beugte sich vor, nahm sie fest in die Arme und gab ihr einen intensiven Kuss. John merkte, dass sie glücklich war.

»Kümmere dich um die Techniker«, sagte er. »Vielleicht brauchen sie deine Hilfe. Wenn der Einsatz vorbei ist, hole ich dich und wir machen zusammen Urlaub. General Poison hat meinen Urlaub gestört. Dafür kann er noch etwas drauflegen.«

»Ich bekomme keinen Urlaub mehr«, antwortete sie schnell.
»Mach dir keine Sorgen, ich kümmere mich darum«, lächelte er verheißungsvoll.

Die Einstiegs-Luke des Gleiters der Cuuda 001 klappte auf.

Leutnant Graves steckte den Kopf heraus und winkte.

»Ich muss los«, verabschiedete sich der Captain. »Du hast wieder das Kommando. Es war schön bei dir.«

Captain Hunter gab Sergeant Nelson und den Marines den Befehl zum Abrücken. Im Eilschritt liefen sie auf den Gleiter zu und sprangen hinein. Einer der Shy-Ha-Narde verriegelte als Letzter die Gleiter-Türen. Commander Anderson schaute dem langsam kleiner werdenden Gleiter noch eine ganze Zeit lang nach.

***

Das kleine Schiff der Worgass lag ruhig hinter einem kleinen Asteroiden im Kuiper-Gürtel außerhalb der Neptun-Bahn.

»Langsam werde ich unruhig«, sagte Itero. »Sie sollten schon lange wieder zurück sein? «

»Jede Situation ist anders«, bemerkte Zantero. »Wir sollten nicht die Nerven verlieren. «

»Ich stelle die Notversorgung an«, sagte Mantero. »Dann können wir zumindest den Hyperfunk empfangen und unsere Monitore aktivieren.

»Wir laufen Gefahr geortet zu werden«, konterte Quantero. »Vielleicht brauchen sie aber unsere Hilfe«, erwiderte Itero.

»Wie sollen wir von dieser Position aus Hilfe leisten? «, fragte Santero.

Mantero drehte sich um und aktivierte einige Schalter. Vier Bildschirme flackerten auf und gaben den dunklen Raum wieder.

»Empfangen wir verschlüsselte Hyperraum-Funksprüche? «, fragte Itero.

» Nichts«, entgegnete Santero. » Alles ist ruhig«.

» Wir liegen im Funkschatten des Asteroiden«, bemerkte Mantero. » Wir können nichts empfangen. «

»Unser Schiff ist getarnt«, sagte Itero. »Was soll uns passieren? Aktiviert die Maschinen und schiebt uns ein

Stück an dem Asteroiden vorbei. Danach deaktiviert ihr die Tarnung wieder.«

Auf diesen Befehl hatte Mantero bereits lange gewartet. Er aktivierte die Antriebe des Schiffes. Salerno, der die Funktion des Steuermannes übernommen hatte, beschleunigte das Schiff langsam und ließ es einige Kilometer an dem Asteroiden vorbeigleiten. Ein Knistern erfüllte die Hyperfunk-Anlage.

»Wir sind wieder auf einer Frequenz«, freute sich Santero.
Er öffnete den Kanal.

»Rantero bitte melden. Ich rufe Rantero«, sprach er in ein Mikrofon.

Nach einer kurzen Pause meldete sich das Einsatz-Team. »Ihr solltet doch Funkstille halten«, kam die ungehaltene Antwort des Anführers zurück. »Wir sind auf dem Rückweg. Dylanro ist verloren. Er ist in eine Fesselfalle geraten. Wir konnten nichts mehr für ihn tun. Es war eine Falle der Terraner. Nur mit viel Glück konnten wir fliehen. Wir haben einen älteren Tarin-Jet erbeutet und sind auf dem Weg zu Euch.«

»Wir sind erleichtert«, antwortete Santero. »Trotzdem werden wir unseren Gefährten Dylanro beklagen.«

»Zum Beklagen ist später noch Zeit«, antwortete Rantero. »Verändert sofort eure Position. Das Imperium besitzt überall Drohnen und Sensoren. Begebt euch zu dem alten Hochposten in der Oortschen Wolke. Er stammt aus dem großen Krieg und sollte noch existieren.«

»Wir haben die Positionsdaten nicht«, antwortete Santero. »Diese werden von den Gill-Grimm nur an die Befehlshaber ausgegeben.«

»Ihr könnt die Daten unter der Kennung Positions-Boje 157346, aus der Datenbank abrufen«, erklärte Rantero. »Fliegt vorsichtig dort hin, verhaltet euch ruhig. Der Aktivierungs-Befehl lautet: Tah-Rarr 5-4.793. Gebt diesen Code vor dem Anflug durch, dann öffnet sich das Lande-Schott.«

Das Gespräch brach ab.

***

»Status?«, fragte Captain Hunter auf der Brücke seines Schiffes.

»Alle Besatzungs-Mitglieder von der Station sind wieder wohlbehalten an Bord«, meldete der erste Offizier.

»Danke«, entgegnete der Captain »Leutnant Simpson, lassen sie die Maschinen warmlaufen. Leutnant Tanreich, stellen sie eine Verbindung zu Natrid her. Ich möchte mit Noel sprechen.«

» Die Leitung steht« antwortete der Funkspezialist.

John Hunter griff nach dem Communicator.

»Hallo Captain, was kann ich für sie tun?«, meldete sich der Kunstklon von Natrid.

»Ich brauche ihre Hilfe«, antwortete Captain Hunter. »Die übrig gebliebenen Worgass sind mit einem Tarin-Jet geflüchtet. Warum die Fremdwesen den Tarin-Jet bedienen können, das ist mir noch nicht schlüssig. Einer von ihnen ist in unsere Gefangenschaft geraten und wird zu ihnen gebracht. Versuchen sie ihn gründlich zu verhören. Der getarnte Tarin-Jet ist mit einem Hyper-Sprung entkommen. Können sie aufgrund der Energie-Entfaltung die Wegstrecke berechnen. «

»Ja, das haben wir bereits«, antwortete Noel. »Der Materialisierungspunkt liegt im Kuiper-Gürtel. Wir haben Funksprüche aufgezeichnet. Es scheinen sich noch weitere Fremde in unserem System aufzuhalten. Da sie kontinuierlich ihre Position verändern, gehen wir davon aus, dass sich dort ihr Mutterschiff befindet. Wir haben von General Poison die Zusage erhalten, die Ortungs-Stationen auf dem Bergwerks-Planet Eris nutzen zu können. Der liegt bekanntlich auch im Kuiper-Gürtel. Von dort sind eine große Anzahl Spür-Drohnen gestartet. Sie durchforsten die umliegenden Sektoren. Meine Mutter konnte Dank der Scans und mit Hilfe des aufgefangenen Funkverkehrs folgende Positions-Koordinaten ermitteln. Die Daten werden ihnen gleich zugestellt. Bei dem Raumschiff der Worgass handelt es sich um ein Asteroiden-ähnliches Fluggerät, das sich bislang in dem

Kuiper-Gürtel versteckt hielt. Vermutlich ebenfalls mit einer Tarnvorrichtung ausgestattet. Ihr Auftrag lautet, es aufspüren und zu eliminieren. Übrigens, Verstärkung ist zu den Koordinaten unterwegs. Viel Glück.«

Die Leitung erstarb.

»Wir haben die Daten von Noel erhalten«, teilte Leutnant Tannreich mit. »Sie wurden bereits von unserer KI übernommen und entschlüsselt.

»Was meint der Klon mit dem Hinweis, Verstärkung wäre unterwegs?«, fragte Captain Hunter.

»Wir haben leider keine weiteren Informationen erhalten«, antwortete Leutnant Tanreich.

»Achtung«, warnte der Captain. »Den Hypersprung jetzt durchführen.«

***

Die Termar 1 materialisierte außerhalb des Sol-Systems an den Zielkoordinaten.

»Alles ruhig«, bemerkte Sergeant Dantow. »Ich lege die Umgebung auf das CIC.«

»Monitore aktivieren«, befahl Commander Brenzby.

Major Travis, Sirin, Heinze und Barenseigs schauen auf das schöne Sol-System. Das heimatliche System, nach der Sonne "Sol" benannt, strahlte Wärme aus.

»Es ist schon faszinierend«, sagte Barenseigs.

Alle schauten auf ihn.

»Für mich ist es so, als sei man an seinen Schöpfungsort zurückkehrt«, ergänzte er.

Sirin lachte.
»Das kommt davon, wenn man fortläuft«, schimpfte sie.

»Es war immer mein System und wird es auch immer bleiben«, erwiderte der Gildor. »Nur die Koalitionen haben sich geändert. «

Barenseigs schaute sie ärgerlich von der Seite an.
»Sie hat immer noch nicht die hochnäsige Art ihrer Kaiser-Kaste ablegen können«, dachte er.

Heinze lächelte. Er konnte die Gedanken des Gildoren unbewusst auffangen.

»Ich habe keine Probleme mit Sirin«, dachte er. »Sie versorgt mich jeden Tag mit ausreichend Bananen und Möhren. Warum sollte ich ärgerlich auf sie sein? «

»Eingehender Funkspruch von Noel«, meldete Sergeant Farmer. »Irgendwie scheint er uns geortet zu haben. Es ist ein Hyperkomm-Langstrecken-Funkspruch. Dieser wurde über mehrere Transponder verstärkt. Der letzte Transponder steht auf Eris.«

»Encodieren und auf die Lautsprecher legen«, befahl Major Travis.
»Ich habe es gleich, die Verbindung wird besser«, bemerkte Sergeant Farmer.

»Hier ist Major Travis«, sprach er in seinen Communicator. »Es ist schön, ihre Stimme zu hören. Wir befinden uns im Rücksturz nach Natrid«.

»Ich habe sie auf dem Ortungsschirm«, teilte Noel mit. »Darf ich bitten, vor ihrem Weiterflug noch ein kleines Problem zu beheben? «

»Was ist passiert? «, fragte Marc.
»Ein Groß-Duplikator auf ihrer Werft-Station 5 wurde von Worgass sabotiert und außer Kraft gesetzt«, teilte der Klon mit. Wir werden unseren Ortungsbereich kräftig vergrößern müssen, dass so etwas nicht mehr vorkommen kann. Jedenfalls haben die Worgass es geschafft, sich Zutritt zu verschaffen und den Duplikator durch die Außenhülle der Station ins All zu sprengen. «

»Gibt es viele Verluste? «, erkundigte sich Major Travis.

»Ja«, antwortete Noel. »Wir beklagen einige Techniker, Wartungspersonal, Sicherheitskräfte und anderes zufällig betroffenes Fachpersonal. Die Worgass sind auf der Flucht und haben einen älteren Tarin-Jet entwendet.«

»Wie sind sie hieran gekommen?«, fragte der Major.

»Das ist eine andere Geschichte und jetzt nicht relevant«, antwortete Noel. »Dieser Gleiter sollte verschrottet werden. Ein Schiff der neuen Cuuda-Klasse, unter dem Cowboy Captain Hunter, ist ihnen auf den Fersen. Ich glaube ja, so sagt man bei ihnen.«

»Was ist die Cuuda-Klasse für ein Schiff und wer ist Captain Hunter?«, fragte Major Travis.

»Das ist der neue Protegé von General Poison«, tönte es aus den Lautsprechern. »Da sie ja fast nur noch im Auftrag von Natrid unterwegs sind, erzieht er sich vermutlich einen neuen Major heran. Aber hierzu mehr nach ihrer Rückkehr. Ich habe das flüchtende Schiff und ein Begleitschiff dank den Spürsensoren auf Eris lokalisieren können. Es handelt sich um ein unbekanntes Tarnschiff der Worgass in Asteroiden-Form, ebenfalls vermutlich mit einer Tarnvorrichtung ausgestattet. Ich vermute, wenn sie die Sensoren ihres modernen Termar Schiffes auf Maximum einstellen, sollten sie den Tarneffekt der Schiffe ausheben können.

Ich sende ihnen unsere aufgezeichneten Koordinaten und die wahrscheinliche Berechnung des Ausgangspunktes. Dieser liegt nach unserer Einschätzung, nahe dem Kleinst-Planeten Sedna. Es handelt sich um ein transneptunisches

Objekt in der Oortschen Wolke. Ich habe die Daten mit Informationen aus dem großen Krieg verglichen. Nach unserer Analyse muss es sich um einen reaktivierten Horch-Planeten der Worgass handeln. Vernichten sie den Horch-Posten mit allen Fremdwesen, oder führen sie diese einem Verhör auf Natrid zu. «

»Befehl verstanden«, bestätigte Major Travis. »Freuen sie sich«, ergänzte er. »Wir haben bereits fünf gefangene Fremdwesen für sie an Bord. Aber hierzu später mehr, Major Travis Ende. «

»Commander Brenzby, leiten sie alles in die Wege«, befahl Marc. »Direkter Sprung an die übermittelten Koordinaten. Sofort nach dem Austritt aus dem Hyperraum lassen sie unsere Tarnung aktivieren. «

Der Commander bestätigte und beeilte sich die Befehle weiterzugeben.

Marc drehte sich zu Sirin um.
»Ist uns dieser Captain Hunter bereits einmal begegnet? «, fragte er.

»Ich glaube nicht«, antwortete sie. »Ich bin gespannt auf ihn. «

»Wer sind die Worgass? «, erkundigte sich Barenseigs.

»Gehen sie zurück in ihr Quartier und rufen sie in der Datenbank den Namen Worgass auf«, sagte Major Travis.

Mittlerweile sollte einiges von dieser Rasse dort vermerkt stehen.«

Marc blickte auf die Anzeigen.
»Je öfter ich neue Informationen über sie erfahre, umso mehr glaube ich, dass sie auch die Drahtzieher hinter dem großen Krieg der Natrader gegen die Rigo-Sauroiden waren«, sagte Marc. »Ich habe zwar noch keine Beweise. Aber diese Lebewesen existieren seit vielen Jahrtausenden und sie hassen alles humanoide Leben. Ich werde mich zu gegebener Zeit mit Heran nochmals über dieses Thema unterhalten. Bekanntlich muss man den Lantranern alle Informationen aus der Nase ziehen.«

Heinze bemerkte, dass Major Travis sichtlich verärgert über diesen Zwischenfall mit den Worgass war. Auch verstand er nicht, dass die weit fortgeschrittene und technisch perfekt ausgestattete Zentrale auf Natrid, keine Daten von dem Einflug des Worgass-Schiffes registriert haben wollte.

Der Major wusste, dass Heinze ohne viel Mühe seine Gedanken lesen konnte. Er schaute auf seinen pelzigen Freund und lächelte.

»Dieses Thema steht erst nach unserer Rückkehr auf Natrid an«, teilte er mit.

»Bei dir wird es nie langweilig«, antwortete Heinze. »Das habe ich schon bemerkt.«

Die Termar 1 beschleunigte und sprang in den Hyper-Raum.

***

Die Cuuda 001 entmaterialisierte aus dem Hyperraum an den ersten Daten von Noel.

»Es werden keine Lebensformen angezeigt«, teilte Leutnant Graves mit.

»Wir sind zu spät«, entgegnete Captain Hunter. »Sie sind bereits fort. Scanner auf Maximum. Alles wird genauestens überprüft.«

Es dauerte einen Augenblick, dann kamen die Werte auf das CIC.

»Keine Lebensformen, keine Anzeichen von Energiewerten«, meldete sich die KI des Schiffes zu Wort. »Die letzte Auswertung hat länger gedauert. Die Analyse der Staub und Materieproben haben gefrorene Gase festgestellt, die beim Starten eines Raumschiffes ausgestoßen werden. Es ist möglich, dass sich vor kurzem ein oder mehrere Raumschiffe hier aufgehalten haben.«

»Wir sind auf der richtigen Spur«, sagte Captain Hunter. «Er blickte nochmals auf das CIC und schüttelte seinen Kopf.

»Die nächsten Koordinaten von Noel einspeisen«, befahl er. »Sofort starten, wenn wir fertig sind. «

Der Captain lehnte sich in seinem Kommando-Stuhl zurück, und wartete auf den Vollzug seines Befehls. Es vergingen ganze 10 Sekunden, bis das Cuuda-Schiff nach kurzer Beschleunigung in den Hyperraum eindrang.

***

Die Termar 1 konnte die Distanz als Erstes überbrücken. Sofort nach dem Rückfall ins normale Universum schaltete die KI die Tarnfelder des Schiffes ein. Vor ihnen lag der kleine Planet Sedna. Die rote Farbe erinnerte an Natrid.

»Mit Schleichfahrt nähern«, befahl Major Travis. »Alle Taster und Sensoren mit maximaler Leistung aktivieren. «

Der Planet rückte näher und näher.
»Es ist nichts festzustellen«, erklärte Sergeant Dantow. »Keine Energiewerte, keine Emissionen, nichts ist von Bedeutung. «

Er hatte die Worte kaum ausgesprochen, als sich ein Hyperraum-Fenster öffnete und ein seltsamer Asteroid in das System einflog. Alle Sensoren und Taster schlugen bis zum Anschlag aus.

»Kontakt«, meldete Sergeant Dantow. »Ein unbekanntes Objekt fliegt auf dem Planeten Sedna zu. «

»Funkwellen und Codes werden registriert«, bemerkte Sergeant Farmer. «

»Wir folgen getarnt und warten ab«, befahl Major Travis.

Das Schiff rückte immer näher an den Planeten heran. Auf dem Boden des Planeten öffneten sich Schotts, aus denen blitzschnell Abwehrgeschütze ausfuhren. Ein Lande-Schacht wurde sichtbar, der sich immer weiter öffnete.

Ein weiteres Hyperraum-Fenster öffnete sich plötzlich. »Wir haben einen zweiten Resonanz-Kontakt«, meldete Sergeant Dantow. »Wir bekommen Besuch. «

»Die KI des Schiffes ergriff monoton das Wort.
»Neue Cuuda-Klasse, ID-Signatur wird akzeptiert«, teilte sie monoton mit. »Es handelt sich um eine Tarid-Natrid Neukonstruktion. Die Daten wurden aktualisiert, es besteht keine Gefahr. «

Die Termar 1 war noch getarnt. Sie konnte per Standardverfahren nicht auf den Ortungs-Schirmen ausgemacht werden. Die Brücken-Crew schaute interessiert auf den moderneren, aber kleineren Kreuzer der Cuuda-Klasse. Elegant setzte sich das Schiff hinter das bereits im Landeanflug befindliche Asteroiden-Schiff der Worgass. Das Cuuda-Schiff feuerte ohne Vorwarnung ihre Laser-Geschütztürme ab. Die massiven Laserlanzen rasten auf das fremde Schiff zu. Dem angegriffenen Schiff gelang es noch einen Hilferuf abzusetzen. Der erste

Laserstrahl des Cuuda-Schiffes ließ den Schutzschirm des Worgass-Schiffes zusammenbrechen. Der zweite Schuss zerriss das klobige Schiff in viele kleine Stücke. Die Insassen hatten nicht lange leiden müssen. Der Glutball breitete sich immens aus. Gase und Flüssigkeiten zogen in das All ab. Das automatische Fort des Horch-Postens hatte die Vernichtung ihrer Herren registriert. Sie sandte automatische Warnhinweise in alle Richtungen des Alls ab. Dann komprimierte sie sämtliche Energien und übergab diese an ihre automatischen Geschütze. Diese nahmen die Cuuda 001 sofort unter Feuer. Der massive Einschlag zahlreicher Laserstrahlen ließen den Schirm des Cuuda-Schiffes gelb aufleuchten. Der Schutzschirm hielt stand. Doch es war festzustellen, dass die Besatzung des Cuuda-Schiffes von dem massiven Bodenangriff völlig überrascht wurde.

»Das Schiff muss seinen Abstand vergrößern«, erkannte Major Travis.

Erleichtert erkannte die Crew der Termar 1, wie das Schiff förmlich 5.000 Meter zurückflog, um ihren Schirm zu entlasten. Dort wartete es ab.

»Das Cuuda-Schiff hat sich zurückgezogen«, meldete Sergeant Dantow.

Marc nickte.
»Die Hyper-Space-Kanone aktiveren, « befahl Major Travis.

»Ist bereit und auf das Ziel justiert«, bestätigte Sergeant Madson.

»Unser Schiff enttarnen und die geheime Basis der Worgass zerstören«, bestimmte der Major.

Die Termar 1 enttarnte sich und feuerte das Hyper-Space-Geschoss ab. Es dauerte nur wenige Sekunden, bis das Geschoss wieder materialisierte und am Boden einschlug. Ein Höllen-Szenario brach aus. Die Explosion entwickelte sich zu einem Glut-Ball extremer Größe. Die Oberfläche des Planeten, um den Horch-Posten herum, brach ein. Staub wirbelte durch die Luft. Die massive Hitze hatte die Energie-Generatoren der kleinen Basis erreicht und brachte sie zur Detonation. Eine komplette Breitseite der backbord liegenden 15 Waffentürme der Termar 1 raste auf die Basis zu. Die massiven Laser-Lanzen trafen direkt in die offene Wunde. Neue Kettenreaktionen folgten. Immer weitere Flächen, des ausgehöhlten Bodens, brachen ein. Wieder stießen Flammen stichartig aus dem Boden hervor und verpufften. Eine große Rauchfahne verlief von dem Planeten ins All. Eine Ketten-Reaktion von Detonationen folgte. Dann endlich hörte das Inferno auf. Von den vorher georteten Abwehr-Geschützen hatte keines den Angriff überstanden.

»Es werden keine Energie-Werte mehr registriert«, teilte Sergeant Dantow mit. »Die Anlage wurde zerstört.«

Jubel hallte über die Brücke des Naada-Kreuzers. Der Horch-Posten war für alle Zeiten stillgelegt.

»Sergeant Farmer, öffnen sie einen Kanal zu dem Cuuda-Schiff«, befahl Marc.

»Die Leitung ist offen, Herr Major«, antwortete der Funk-Offizier. »Sie können sprechen.«

»Hier spricht der Oberbefehlshaber der Streitkräfte des Neuen-Imperiums«, sprach er in den Communicator. »Mein Name ist Major Travis. Ich rufe das Cuuda-Schiff unter Captain Hunter. Bitte antworten sie.«

Der massive Einschlag fremder Laserstrahlen blockierte für einen Augenblick die Sicht auf das Ziel. Captain Hunter war einen Moment von der erneuten Gegenwehr überrascht worden. Sofort ließ er das Schiff in einen ausreichenden Abstand zurücksetzen.

»Resonanz-Kontakt«, meldete Leutnant Groß. »Die ID-Signatur kommt herein. Es ist ein Schlachtschiff der Termar-Klasse. Die Crew eröffnet das Feuer auf die Station.«

Was dann geschah, hatten selbst die Offiziere der Cuuda-001 noch nicht gesehen. Der massive Einschlag der Super-Space-Kanone, in Verbindung mit einer Breitseite aus 15 Waffen-Türmen der Termar 1 grub einen Krater von 600 Metern Tiefe aus und zerstörte alles, was im Wege stand. Im großen Umkreis brach die Planeten-Decke ein und begrub den Horch-Posten unter sich. Andauernde Explosionen erhellten die Dunkelheit. Mehrere

Detonationen, Feuer und Rauch zogen ins All. Beeindruckt wohnte die Crew des kleineren Kreuzers dem Schauspiel bei.

»Eingehender Funkspruch«, teilte Leutnant Tanreich mit.

»Legen sie auf die Lautsprecher«, antwortete Captain Hunter.
»Hier spricht Major Travis«, vernahm er die Stimme seines Vorgesetzten. »Ich rufe das Cuuda-Schiff unter Captain Hunter.«

»Hier spricht Hunter, ich höre«, antwortete er.

» Hallo Captain, ich grüße sie«, antwortete der Major. Kommen sie auf Natrid in mein Büro. Ich möchte sie persönlich kennenlernen.«

»Das mache ich gerne, Herr Major«, antwortete der Captain. »Ich bedaure, dass ich so kurz angebunden bin. Wir verfolgen einen Ortungskontakt. Lassen sie uns den Auftrag bitte zu Ende bringen. Danach können wir uns gerne unterhalten.«

Die Leitung erstarb.

Major Travis legte den Communicator ab. Er wusste immer noch nicht, was er von dem Captain zu halten hatte.

»Maschinen anlaufen lassen«, befahl er. »Wir folgen der Cuuda 001. Haben sie ein einen fremden Ortungskontakt erfasst? «

»Ich habe noch nichts«, bemerkte Sergeant Dantow.

In diesem Moment öffnete sich ein Hyperraum-Sprungfenster und ein Jet materialisierte in dem System.

»Ich habe einen Tarin-Jet älterer Bauart«, bemerkte Sergeant Dantow. »Er fliegt in das System ein. «

»Das werden die Worgass sein«, sagte Marc.

»Ich aktiviere das automatische Ortungs-Signal des Tarin-Jets«, sagte Sergeant Dantow.

Die KI der Termar 1 sandte ein Signal und zwang den untergeordneten Tarin-Gleiter ein stetiges Positions-Signal zu senden. «

Bevor der Major weitere Befehle geben konnte, entschwand der Jet wieder in dem Hyperraum. Hierauf hatte die Cuuda 001 gewartet. Sie hielt das bereits geöffnete Fenster stabil und folgte dem Tarin-Jet. Auch die Termar 1 hatte blitzschnell ihre Generatoren hochgefahren. Sergeant Hausmann wartete auf das Zeichen von Major Travis. Seine Hand lag bereits auf dem Schubregler. Ein kurzes Nicken des Majors genügte. Mit bisher nie genutzter brachialer Kraft beschleunigte das

500 Meter-Schiff und katapultierte sich in das noch geöffnete Hyperraum-Fenster.

***

»Wir kommen gleich am Ziel an«, lächelte Rantero. »Ich hoffe, unsere Freunde haben es sich bereits gemütlich gemacht?«

Bantero nickte.
»Ich hätte nicht gedacht, dass unsere Flucht so einfach gelingen würde«, bemerkte er. »Die dummen Terraner waren nicht in der Lage uns aufzuhalten.«

»Wir dürfen nicht vergessen, dass wir unsere Mission nicht vollendet haben«, sagte der Anführer der Gruppe. »Ferner haben wir Dylanro verloren. Das ist kein gelungener Abschluss unserer Mission.«

»Vielleicht war unser erster Einsatz doch erfolgreich«, überlegte Bantero. »Ich traue den Terranern zu, uns in eine Falle gelockt zu haben. Vielleicht ist der Groß-Duplikator doch stärker beschädigt worden, als man uns glauben lassen will.«

»Wenn das wahr sein sollte, dann sind wir wie Anfänger in die Falle getappt und haben auch noch unseren Freund verloren«, erklärte Rantero.

Die Hyperfunk-Anlage knackte.
»Ruhig, ich habe etwas gehört«, sagte Rantero.

Er versuchte die Anlage genau einzustellen.

»Wir werden angegriffen«, tönte die Stimme von Santero aus den Lautsprechern des Jets. Wir benötigen Hilfe, ein Angriff der Natrader erfolgt. Angriff der...........«

Der Funkspruch endete und wiederholte sich nicht.

»Ich befürchte das Schlimmste«, fluchte Rantero. »Das Hyperkomm-Funkgerät habe ich auf die Frequenz unseres Basis-Schiffssenders eingestellt. Unsere Freunde sind entdeckt worden.«

»Wir sind gleich am Ziel«, sagte Bantero. »Der Eintritt in den Normalraum findet in 10 Sekunden statt. Ich aktiviere vorsichtshalber die Waffensysteme.«

Das Ziel war erreicht. Der Tarin-Jet tauchte in den Normal-Raum und raste mit hoher Geschwindigkeit den programmierten Koordinaten entgegen.

» Resonanz-Kontakt«, flüsterte Rantero. »Es handelt sich um zwei natradische Schiffe mit moderner Bewaffnung. Hiergegen haben wir keine Chance.«

»Ich aktiviere Scanner und Taster«, erwiderte Bantero.

Er blickte nach vorn aus dem Cockpit-Fenster und stöhnte entsetzt auf.

»Sie haben unseren Horchposten gesprengt«, kreischte er.

Jetzt sah es Rantero auch. Grelle Explosionen, Blitze und Feuer stiegen auf.

Das hat keiner unserer Freunde überlebt«, antwortete er. » Wir müssen von hier weg. Ich starte durch und öffne ein Hyperraum-Fenster. «

Der Anführer der Gruppe flog eine Linkskurve, um den Abstand zu den zu wartenden Schiffen zu vergrößern. Ein rotes Licht blinkte an der Instrumententafel auf.

»Was bedeutet das blinkende Licht«, fragte Bantero.
»Ich weiß es nicht«, antwortete sein Vorgesetzter. »Alle Details eines natradischen Jets kenne ich nun auch nicht«.

Die Hand von Rantero suchte den Hypersprung-Knopf. Endlich hatte er ihn erreicht und drückte ihn hinein. Vor ihnen öffnete sich knisternd ein -Fenster in den Hyperraum. Das Schiff wurde förmlich hineingezogen und verschwand hierin.

***

Fräulein Eisenhut klopfte an die Bürotür von General Poison.

»Entschuldigung, Herr General, Noel ist da und möchte mit ihnen sprechen«, sagte sie.

Der Alte saß an seinem Schreibtisch und blickte kurz auf. »Schicken sie ihn herein«, antwortete er wie gewohnt mit lautem Organ.

Fräulein Eisenhut ließ Noel eintreten und schloss die Türe hinter ihm.

»Setzen sie sich«, sagte der General. »Haben sie die Worgass ausgemacht? «

»Ich grüße sie, General«, sagte Noel.

Er war ein Kunst-Klon und von der übergewaltigen zentralen Hypertronic-KI, als Ansprechpartner für Major Travis und mittlerweile auch die verbündeten Partner von Tarid erschaffen worden.

»Unsere Suche nach einem geeigneten Versteck konnte aufgrund der Feinjustierung unserer imperialen Spür-Sensoren eingegrenzt werden. «

»Sie vergaßen die Spür-Einrichtungen der EWK zu erwähnen«, entgegnete General Poison. »Ich bezweifele, dass sie ohne uns überhaupt Erfolg gehabt hätten. «

Noel schaute ihn durchdringend an, vermied es aber eine Antwort hierauf zu geben. Er kannte den General zwischenzeitlich auch sehr gut. Dieser war stolz auf seine Organisation und er wollte auch einen Anteil an dem Erfolg haben.

»Wir konnten mehrere Toleranzen im Hyperraum anmessen«, ergänzte Noel. »Wie sie wissen, treten diese auf, wenn Raumschiffe in den Hyperraum springen, oder austreten. Von dem entwendeten Tarin-Jet wurden vier Sprünge registriert.«

»Wenn ich sie richtig verstehe, reden wir von vier Ein- und Austritten «, bemerkte General Poison.

»Das ist korrekt«, antwortete Noel. »Der dritte Austritt wurde im Kuiper-Gürtel gemeldet. Dank der Zusammenarbeit der Ortungs- und Spür-Anlagen auf Pluto, Eris und seinem Mond Dysnomia, konnten wir hier spezielle Aktivitäten feststellen. Vor dem Austritt des Tarin-Jets an den angemessenen Koordinaten wurden Aktivierungen von zusätzlichen Generatoren auf dem feindlichen Fremd-Schiffes registriert. Es wird die Basis der Worgass gewesen sein.

Wir haben die Energie-Entfaltung des durchgeführten Hypersprunges analysiert und kamen zu dem Schluss, dass der Kurs dieses Schiffes mit 98-prozentiger Sicherheit bei dem Kleinst-Planeten Sedna endet. Dieser liegt in der Oortschen Wolke und besitzt einen Durchmesser von 995 Kilometern. Der ideale Standort für einen Horch-Posten. Zu Zeiten des großen Krieges haben wir viele solcher Posten der Rigo-Sauroiden gefunden und vernichtet. Die Koordinaten wurden Captain Hunter und Major Travis mitgeteilt.«

»Er ist zurück von seiner Mission?«, fragte der General. »Ja«, antwortete Noel. »Wir haben sein Schiff drei Lichtstunden vor dem Sol-System erreichen können. Er wird die Koordinaten des Worgass-Schiffes schneller erreichen können als Hunter.«

»Sie haben also zwei Pferde im Rennen«, lächelte General Poison. »Nach der Landung auf Natrid soll sich der Major bei mir melden.«

»Ich werde es weitergeben«, antwortete Noel. »Falls wir neue Informationen erhalten, informiere ich sie sofort.«

»Danke«, erwiderte der General und sortierte seine Unterlagen auf dem Schreibtisch. Das war das Zeichen für Noel zu gehen.

***

»Diese hinterhältigen Natrader haben unsere Freunde auf dem Gewissen«, schimpfte Bantero. »Wir sind zu spät gekommen und konnten ihnen nicht mehr helfen. Der Schmerz ist sehr groß. Wir kannten jeden Einzelnen eine Ewigkeit. Unser Team war eines der besten. Jetzt ist es ausgelöscht. Warum waren wir nicht früher da?«

»Höre endlich auf zu trauern«, antwortete Rantero. »Wir brauchen einen klaren Kopf. Was wäre dann passiert, wenn wir früher eingetroffen wären?«

Er blickte Bantero an. Dieser antwortete nicht. Zu tief saß der Schmerz in ihm.

»Wir wären mit dem Horch-Posten vernichtet worden«, erklärte Rantero. »Es waren zwei natradische Schiffe, die uns abgefangen haben. Nur ein Schiff hat seine Waffen gegen den Horch-Posten aktiviert. Das hieraus entstandene Höllen-Szenario haben wir gesehen. Die Natrader müssen ihre Waffen modifiziert haben. So eine geballte Energie-Entladung habe ich noch nicht gesehen. Sei zufrieden, dass du noch lebst. Du wirst deine Familie wiedersehen, wenn wir irgendwann hier fortkommen.«

Bantero schaute verärgert in eine andere Richtung. Rantero suchte seinen Scanner in der Seitentasche seiner Jacke, fand ihn aber nicht.

»Was suchst du?«, fragte Bantero.

Rantero blickte ihn an.
»Ich habe mir heimlich die Koordinaten der Stationen in diesem System heruntergeladen«, sagte er. »Sie stammen noch von den alten Worgass, den Rigo-Sauroiden, oder den Green-Lizards.«

»Wie bist du denn darangekommen?«, erkundigte sich Bantero. » Die Gill-Grimm hüten diese Daten, wie ihren Augapfel.«

»Das ist mir bei dem letzten Zentralrechner-Absturz gelungen«, lachte Rantero. »Wer weiß, wofür es gut war.

Die Gill-Grimm waren sich ihrer Daten so sicher, dass sie fast 3 Tage benötigten, um ihre Firewall wiederaufzubauen. Diese Zeit hatte ich genutzt. Ich suche immer noch Informationen, die ich gegen sie verwenden kann. Dieses Pack muss aus dem Weg geräumt werden. Sie schaden unserem Volk nur. Wir müssen ihre Unfähigkeit der großen Übereinkunft berichten. «

»Hat dieser Regierungs-Ausschuss die Gill-Grimm etabliert? «, fragte Bantero.

»Nach meinem Wissen schon«, antwortete Rantero. »Doch man bekommt allmählich Zweifel an ihrer Loyalität. Aber das werde ich noch herausfinden. «

Der Befehlshaber konzentrierte sich auf das Cockpit. »Verdammt«, sagte er.

»Was ist jetzt wieder«, fragte Bantero. »Bei unserem Jet scheint es sich um ein nicht mehr aktives Fluggerät zu handeln. Die Energie ist bereits zur Hälfte aufgebraucht. Früher standen genügend Masarith-Kristalle zur Verfügung. Damit schränkt sich unser Radius stark ein. «

»Was bedeutet das für uns? «, erkundigte sich Bantero.

Rantero bemerkte, wie sein Kollege ihm langsam auf die Nerven ging.

»Musst du andauernd unsinnige Fragen stellen«, fuhr er seinen Begleiter an. »Du wurdest ausgebildet und kannst selbstständig einen Schlussstrich ziehen.

Eine kurze Ruhepause ließ die Gemüter sich beruhigen.
»Das bedeutet, wir brauchen ein Versteck, dass dieser Jet erreichen kann«, brach Rantero die eisige Stille.

Er schaltete den Tarin-Gleiter auf Automatik und wühlte in seiner rechten Jackentasche. Endlich hatte er seinen Scanner gefunden. Er aktivierte ihn. Neben den technischen Funktionen besaß der Scanner auch eine Funktion, die ihn als Datenspeicher nutzbar machte.

Rantero sah sich die Daten an und schüttelte den Kopf.
»Das ist ärgerlich«, sagte er.

Bantero schaute ihn an.
»Es gibt keine weitere Horch-Posten in diesem System«, erkannte Rantero. »Wir sind erledigt. «

»Du hast doch von der Brutstation der Schläfer gesprochen, die unsere Vorfahren direkt unter den Füßen der heutigen Terraner errichtet haben«, erinnerte sich Bantero.

»Zu der Zeit gab es noch keine Terraner, das sind alles Gerüchte«, erwiderte Rantero ihn an. »Diese Station wurde Atlantero genannt, sie ist hier aber nicht verzeichnet. Das müsste sie aber, wenn sie existieren würde. «

»Das war unsere einzige Hoffnung«, resignierte Bantero. »Woher stammen diese Gerüchte.«

»Sie werden hinter verdeckter Hand von Generation zu Generation weitergetragen«, teilte Rantero mit.

»Die Geschichte hat uns gelehrt, dass die Legenden unserer Vorfahren immer auf der Basis eines tatsächlichen Ereignisses aufbauten«, bemerkte Bantero.

»Es ist unsere einzige Chance von hier fortzukommen«, bemerkte Rantero nach einem Augenblick. »Falls du Unrecht haben solltest, dann werden wir genauso wie der arme Dylanro zu Gefangenen der Natrader. Du kannst mir glauben, dass sie laut den Berichten unseres Geheimdienstes noch nie zaghaft mit ihren Feinden umgegangen sind.«

Rantero bemerkte, wie Bantero sein Gesicht verzog.

»Viele Möglichkeiten haben wir leider nicht«, ergänzte er. »Wir fliegen zurück und versuchen die verschollene Station zu finden. Die Legenden besagen, dass sie tief unter dem Wasser liegt. Die Rigo-Sauroiden hatten während ihres zentralen Angriffes auf den Planeten, die natradischen Abwehr-Forts und die zentrale Basis mit einem massiven Teppich aus Atombomben belegt. Die Auswirkungen müssen immens gewesen sein. Gemäß den alten Berichten wurden die Urgewalten des Planeten entfesselt. Es gab Erdverschiebungen, Vulkane brachen aus und überfluteten viele Teile von Tarid mit Magma. Das Gesicht des Planeten wurde neu geformt. Es wird berichtet, dass der ganze Kontinent von seinem Felsensockel abbrach und im Meer verschwand. Wir wollen hoffen, dass es kein Gerücht ist. Erst 5.000 Jahre nach dem Krieg machten sich Wissenschaftler unseres Volkes auf, um nach der Station zu suchen. Sie hatten den Auftrag, die Forschungslabore der Natrader zu nutzen, Daten zu erbeuten und falls möglich eine Brutstätte aufzubauen. Man hat niemals mehr etwas von ihnen gehört. «

»Dann kann es sein, dass dort alles zerstört wurde und wir nichts vorfinden? «, fragte Bantero.

»Möglich ist alles«, knurrte Rantero ihn an. »Ich kann jetzt nicht auf den Aktivierungs-Code zugreifen, weil wir die Station nicht kennen. Unsere einzige Möglichkeit ist es, den allgemein genutzten Hilfe-Code Tah-Rarr 5-33333 zu verwenden«.

Die beiden Flüchtenden dachten über die Situation nach. »Ich falle jetzt in den Normalraum«, sagte Rantero. »Es wird Zeit die Navigations-Daten von Tarid einzugeben. «

Bantero nickte, nahm den Scanner seines Vorgesetzten suchte die Daten schnell heraus.

Rantero verlangsamte den Flug und das Schiff stieß wieder in den Normalraum ein. Er wusste, dass er wenig

Zeit haben würde. Schnell programmierte er die neuen Daten in die Navigations-Automatik.

***

Die Schiffe von Captain Hunter und Major Travis folgten dem flüchtenden Tarin-Jet in den Hyperraum. Sie flogen ohne Koordinaten, nur die Sensoren und Taster waren ihre Augen und Ohren.

»Ich messe eine Struktur-Verzerrung vor uns im Hyperraum an.«, teilte Sergeant Dantow mit.

»Bitte in den normalen Raum wechseln«, ordnete Major Travis an. »Sergeant Madson, richten sie zwei Waffentürme aus, fiktive Zielrichtung 1.000 Meter vor unser Schiff. Nach einer positiven Zielerfassung, feuern sie nach eigenem Ermessen.«

»Verstanden«, bestätigte der Sergeant.

Die Termar 1 fiel in den Normalraum zurück. Die Ortungstaster schlugen an und erfassten den Tarin-Jet, der mit halber Geschwindigkeit flog. Zwei der vorderen Laser-Kanonen entluden ihre Laserstrahlen auf das Ziel, das sich noch soeben mit einem Notsprung wieder in den Hyperraum retten konnte. Die Laser-Salven schlugen auf den Koordinaten ein, an denen eben noch der Tarin-Jet ausgemacht wurde. Wirkungslos verpufften sie im All.

»Sie sind mit einem Notsprung in den Hyperraum entkommen«, meldete Sergeant Dantow.

»Wieder in den Hyperraum und dem Schiff folgen«, befahl Major Travis.

Er blickte Commander Brenzby an.
»Woher kennen sich die Worgass so gut mit der Bedienung eines Tarin-Jets aus«, fragte er.

»Der Commander schüttelte den Kopf, als das Schiff wieder in den Hyperraum sprang und die Verfolgung aufnahm.

»Das ist mir auch neu«, antwortete er. »Vielleicht kann uns das Noel erklären. «

***

Rantero blickte erschreckt auf das Display, dass 850 Meter hinter ihnen die Ankunft eines natradischen Kreuzers der Naada-Klasse meldete.

»Unsere Verfolger sind angekommen«, sagte er.

Seine Hände flogen über die Instrumententafel des Tarin-Jets. Er suchte den Knopf für den Notsprung. Da war er. Ohne weitere Gedanken drückte er den roten Knopf hinein. Der Tarin-Jet beschleunigte nach vorne und verschwand im Hyperraum.

»Das war knapp«, bemerkte der Anführer der Gruppe. »Die Natrader scheinen eine Möglichkeit gefunden zu haben, uns im Hyperraum anzumessen und uns zu verfolgen. Wir dürfen uns keinen Fehler mehr leisten. Der nächste Orientierungs-Austritt erfolgt nahe Natrid 7. Uns bleiben nur wenige Sekunden, um der Navigation Zeit zu geben sich neu zu justieren. Von hieraus umgehen wir die Abwehr-Linien der Terraner und treten erst in der Atmosphäre ihres Planeten wieder aus dem Hyperraum aus. Die Berechnungen müssen exakt sein.«

»Wir haben nur die Daten der Gill Grimm«, antwortete Bantero. »Hoffen wir einmal, dass sie stimmen.«

»Gebe den Notruf-Code ein«, befahl der Anführer. »Jede zum Worgass-Imperium gehörende Basis muss hierauf reagieren.
«
»Der Code wurde gesetzt«, bestätigte Bantero. Schweißperlen standen auf seiner Stirn.

***

Die Cuuda 001 registrierte ebenfalls die Struktur-Verzerrung des Hyperraumes. Captain Hunter stand an dem CIC blickte auf die schemenhaft vorbeiziehenden Objekte. Er hob seinen Kopf, als er die Meldung seines Ortungs-Offiziers erhielt.

»Wir hängen hinterher«, bemerkte Graves. »Ich schlage vor, den Flug fortsetzten, bis zu der nächsten Messung des Tarin-Jets. Ich will verflucht sein, wenn sie nicht noch einmal eine Ortungs-Justierung vornehmen müssen. Die Daten der Worgass sollten nicht mehr aktuell sein.«

»Ich habe gerade wieder zwei Struktur-Verzerrungen erfasst«, sagte Leutnant Groß.

Captain Hunter lächelte.
»Major Travis hat sie nicht erwischt«, raunte er seinem First Leutnant Graves zu.

Dieser nickte kurz.
»Die Flüchtenden sind gerissen, das kennen wir ja schon von der Werft-Station 5«, antwortete er. »Da sie aber wieder zurückfliegen, vermute ich, dass wir sie ihres Unterschlupfes beraubt haben.«

»Aber wo wollen sie hin?«, fragte Captain Hunter. » Sie werden wohl kaum auf Natrid einen Asyl-Antrag stellen wollen.«

»Vielleicht wollen sie zurück auf die Station 5 und ihr Werk vollenden?«, lachte Leutnant Morin.

»Das glaube ich nicht«, lächelte Captain Hunter. »Der Schutzschirm wurde aktiviert, die Sicherheitsmaßnahmen noch einmal verstärkt. Das können die Worgass dem Commodore von Häussen verdanken.«

Captain Hunter hoffte sehr, dass er noch in der Zelle schmorte.«

***

General Poison saß mit Noel zusammen in der großen Leitstelle auf Natrid. Hier liefen sämtliche Informationen zusammen, die der General noch nicht alle kannte.

»Haben wir neue Informationen erhalten?«, fragte er sein Gegenüber.

»Kommen sie mit«, antwortete Noel trocken.

Mit menschlichen Emotionen tat sich die künstliche Person immer noch schwer. Beide traten an das überdimensionierte CIC der Leitstelle, auf dem das ganze Sol-System dargestellt war. Noel zeigte mit einem Laserpointer auf Sedna.

»Hier haben wir ihre Basis zerstört und ihr seltsames Tarnschiff vernichtet«, erklärte er. »Der Tarin-Jet konnte entkommen. Gerade habe ich neue Daten erhalten. «

Er zeigte auf eine Position, nahe dem Planeten Uranus liegend.

»An diesen Koordinaten haben wir gerade vier Struktur-Verzerrungen registriert«, teilte Noel mit. »Die ID-Signaturen wurden identifiziert. Es handelt sich um den Tarin-Jet und die Termar 1. Ich denke, es sind Aus- und Eintritte in den Hyperraum. Da sie kurz hintereinander erfolgten, gehe ich davon aus, dass Major Travis das Schiff im Hyperraum verfolgt.«

»Wann wird er die Flüchtenden haben?«, fragte der General.«

Noel blieb in seiner Art bewusst gelassen und beantwortete die Frage langsam.

»Lieber General, wie sie wissen, lassen unsere Instrumente derzeit noch keinen exakten Abschuss im Hyperraum zu«, informierte er ihn. »Wir arbeiten hieran und hoffen auf die Mithilfe der Lantraner.«

»Darauf können sie lange warten«, polterte der General los. » Wenn wir Erfolg haben, kommt uns das Allen zugute. Aber zurück zum Thema. Major Travis muss warten, bis der Tarin-Jet in den Normal-Raum zurückfällt. Erst dann kann er reagieren.«

»Das wird nicht mehr lange dauern«, antwortete Noel.

»Woher beziehen sie diese Annahme?«, erkundigte sich General Poison.

»Der von den Worgass erbeutete Jäger sollte verschrottet werden«, erklärte Noel. »Es handelt sich noch um ein Modell aus meinen Erstbeständen. Diese Maschine hat noch am großen Krieg teilgenommen und längst seine Pflichten erfüllt.«

»Kommen sie endlich zum Punkt«, fuhr ihn der General an.

Noel blickte ihn eisern an, vermied aber auf die Kritik zu reagieren.

»Der Tarin-Jet wurde nur mit der Minimal-Füllung an Masarith-Kristallen bestückt«, sagte Noel. »Er sollte in Kürze den Rückflug nach Natrid antreten. Verlieren sie nicht die Geduld und warten sie ab. «

»Eines möchte ich noch wissen«, ergänzte General Poison seine vorherige Frage. »Warum fliegen die Flüchtenden jetzt wieder zurück? «

»Zuerst dachte ich an ein Täuschungs-Manöver«, sagte Noel. » Wenn sie aber wissen, dass die Energie ihres Tarin-Jets für einen Rückflug nach Andromeda nicht reichen wird, dann könnten sie auch einen letzten tödlichen Anschlag planen. Sie haben Recht. Diese Möglichkeit kommt mir jetzt erst in den Sinn. «

Er drehte sich zur Seite und schlug mit seiner Faust auf den roten Knopf, neben dem CIC. Ein schrillender Alarmton ertönte.

»Ich habe roten Alarm für das gesamte System ausgerufen«, teilte er mit.

***

»Gleich ist es so weit«, bemerkte Rantero. »Wir treten wieder in den Normal-Raum ein. Ich bin mir sicher, dass wir weiterhin verfolgt werden. Aktualisiere unverzüglich die Justierungs-Daten, uns bleibt nur ein minimales Zeitfenster.«

»Ich bin bereit«, antwortete sein Gehilfe.
Rantero schalte das Hyperraum-Triebwerk aus. Der Tarin-Jet fiel sofort in den Normalraum zurück.

»Ich beschleunige auf Unterlicht«, teilte er Bantero mit.

Der hörte nicht zu und war mit der Abstimmung der Positionsdaten beschäftigt.

***

»Ich habe einen Strukturriss im Hyperraum vor uns registriert«, meldete Leutnant Groß seinem Captain. »Hyperraum-Antrieb ausschalten«, befahl Captain Hunter reaktionsschnell. »Die rückwärtigen Geschütze aktivieren.«

»Sind bereits aktiviert«, antwortete Leutnant Spader.

Die Cuuda 001 tauchte wieder in den Normalraum ein.
»Die Ortungsdaten aktualisieren sich«, teilte Leutnant Groß mit. »Der Tarin-Jet fliegt 1.500 Meter, auf 11:00 Uhr hinter uns.«

»Anvisieren und vernichten«, befahl der Captain.

Das Backbord-Geschütz fauchte Laserlanzen im Dauerfeuer auf die angemessene Position des Gegners. Der Tarin-Jet beschleunigte und führte einen Zickzack-Kurs aus, ehe er wieder beschleunigte und im Hyperraum verschwand.

»Wir haben keinen Treffer erzielt«, sagte Leutnant Spader. »Die Worgass haben unseren Angriff vorausgesehen und sind in den Hyperraum geflüchtet.«

Captain Hunter schlug mit der Faust auf das CIC.
»Verdammte Worgass«, fluchte er lautstark. »Sie sind pfiffiger als ich vermutet habe. Sofort einen Verfolgungskurs berechnen und dem Jet folgen.«

Die Termar 1 lag noch etwas hinter den Koordinaten zurück. »Ich erfasse zwei Strukturrisse«, meldete Sergeant Dantow. »Die Position liegt 25 Flugsekunden vor uns.«

»Position annähern und in den Normalraum wechseln«, befahl Major Travis.

Jedes Crew-Mitglied wusste, was zu tun war. Die Blicke waren auf den Ortungsgeräten und Tastern fixiert. Die Waffensysteme waren bereits hochgefahren. Die Sekunden schienen wie Stunden zu vergehen.

»Noch zehn Sekunden bis zum Eintritt«, sagte Sergeant Hausmann.

»Achtung«, meldete Sergeant Dantow. »Ich habe zwei kurz hintereinanderliegende Strukturbrüche registriert. Es ist der Tarin-Jet. Der Impulsgeber funktioniert noch. Ich erhalte seine ID-Signatur.«

»Neuer Befehl«, antwortete Major Travis. »Wir bleiben im Hyperraum. Die Waffenautomatik zurückfahren. Die Orter und Taster bleiben aktiv.«

»Die Daten sind jetzt exakt«, bemerkte Bantero. »Mehr kann ich nicht tun. Wir werden genau in der oberen Atmosphäre von Tarid wieder in den Normalraum stoßen.«

»Ist unser Codegeber aktiviert?«, fragte Rantero.

»Aktiviert und bereit«, antwortete Bantero. »Es wird um Sekunden gehen«, erwiderte Rantero.

Mit Kopfschütteln dachte er an den nur sehr kurzen Übergang in den Normalraum zurück. Er aktivierte die Triebwerke und beschleunigte. Vorsichtshalber steuerte er einen Zick-Zack-Kurs. Kurz vor seinem erneuten Eintritt in den Hyperraum wurde auf den Anzeigen des Tarin-Jets wieder ein natradischer Kampf-Kreuzer angezeigt.

»Sie geben nicht auf«, sagte er bitter. »Warum sollten sie auch. Wir sind die Eindringlinge. In unserem Hoheitsbereich wäre das auch nicht anders.«

Doch er bezweifelte stark, ob seiner Rasse auch alle technischen Raffinessen zur Verfügung standen, über welche die so gehassten Natrader verfügten.«

»Haben wir neue Messungen?«, fragte Commander Brenzby.

»Bisher noch nicht«, antwortete Sergeant Dantow prompt.

Eiskalt lag die Spannung in der Luft.
»Wir passieren in Kürze den Jupiter«, ergänzte er.

»Ich bitte um sofortige Meldung, wenn sich etwas Neues ergibt«, antwortete Major Travis.

Sirin stand bereits eine ganze Weile neben ihm.
»Wo wollen die Worgass hin?«, fragte sie.

»Ich weiß es auch nicht«, antwortete Marc. »Es muss irgendetwas geben, wovon wir nichts wissen. Ein Versteck, oder eine Basis, direkt vor unseren Augen, die Noel nicht kennt. Kann das sein?«

Sirin überlegte kurz.
»Noel besitzt als mobiler Arm der großen natradischen Hypertronic-KI, Zugriff auf alle Informationen des ehemaligen kaiserlichen Universums«, erklärte sie. »Man muss den Arbeitsprozess einer solchen Hypertronic-KI verstehen. Erst dann sind Antworten zu finden. Aufgrund des immer größer werdenden Neuen-Imperiums,

strömen auch immer mehr Daten auf die KI zu. Noel, oder auch die Mutter-KI entscheidet, welche Informationen relevant sind und welche nicht. Alle überflüssigen Daten werden gepackt und archiviert. Hierfür stehen unzählige Speicher zur Verfügung. «

»So weit so gut«, sagte Major Travis. »Welche Daten könnten das sein? «

»Ich nenne dir ein Beispiel«, antwortete Sirin. »Zu den Hochzeiten des kaiserlichen Imperiums waren viele Systeme und Planeten dem Imperium beigetreten und sonnten sich im Schutz der kaiserlichen Flotte. Durch die hinterhältigen Angriffe der Rigo-Sauroiden wurden zuerst wenige, dann mehr und mehr Planeten komplett vernichtet, verwüstet, oder ihre Bewohner getötet. Die Planeten, die nachweislich als vernichtet galten, wurden in den Speichern abgelegt und archiviert. Ich möchte hiermit sagen, falls Noel im Moment nicht weiß, wo die Fremden hinwollen, könnten diese Informationen trotzdem in seinen Archiven eingelagert worden sein. Sobald er über mehr Informationen verfügt, wird er das entsprechende Archiv öffnen. «

»Ich verstehe«, antwortete Marc. »Wir werden also noch warten müssen. «

***

»Unsere Energiewerte sinken unter 10 Prozent«, teilte Bantero seinem Vorgesetzten unruhig mit.

»Wir sind gleich da«, antwortete dieser. »Mach dich bereit für den Eintritt in die Atmosphäre. Wir müssen mit starken Turbolenzen rechnen. «

Rantero schaute auf die Anzeige.

»Achtung«, flüsterte er.
Seine geballte Hand schlug auf den Knopf des Hyperraum-Antriebes. Der Tarin-Jet fiel in den Normalraum zurück.

»Ermittle unsere Position«, befahl Rantero.

»Wir stoßen in die Wolkenschicht des Planeten Tarid vor«, erwiderte Bantero.

Die Navigations-Daten haben gestimmt«, jubelte Rantero.

»Der geheime Unterstützungs-Code der Gill-Grimm wird automatisch alle drei Sekunden gesendet«, nickte Bantero.

Die Luftschichten schüttelten den Jet kräftig durch.

»Unsere Verfolger sind eingetroffen«, stutzte Rantero. »Wie konnten die uns so schnell finden? «

Eine Laserlanze hutschte rechts an dem Jet vorbei.

»Ich schalte die Flugautomatik aus«, erklärte der Anführer. »Ich vertraue lieber meinen eigenen Flugkünsten. «

»Peilsender«, sagte Bantero freudig. »Die Station existiert noch. Wir haben einen Leitstrahl erhalten. Ich übernehme ihn in den Navigations-Computer.«

»Ich versuche unsere Verfolger auf Distanz zu halten«, sagte Rantero. »Sie können mit ihren großen Schiffen nicht so schnell durch die Atmosphäre fliegen. «

***

»Wir haben sie«, teilte Noel zufrieden mit.

»Wo befindet sich der Tarin-Jet? «, fragte General Poison.

Noel zeigte auf die Erde.
»In den Luftschichten von Tarid«, antwortete er.

General Poison glaubte, nicht richtig zu hören.
»Das sagen sie mir erst jetzt, sie künstlicher Spaßvogel«, schnaufte er. »Sie haben doch nicht mehr alle Tassen im Schrank. Wo ist jetzt ihr hochgelobtes und ausgereiftes Ortungs-System? Sie bringen die ganze Erde in Gefahr. Was ist, wenn die Worgass eine Atombombe zünden? «

Der General schnaufte kurz durch.
»Auf welchen Koordinaten befinden sie sich«, erkundigte er sich mit hochrotem Kopf bei Noel.

Der blieb gelassen und ließ sich nicht aus der Ruhe bringen.

»Der Jet befindet sich in der Stratosphäre, oberhalb des Atlantiks über unbewohntem Gebiet«, antwortete Noel. » Der Jet hat keine Atombombe an Bord. «

Er hatte die Koordinaten ausgedruckt und übergab sie dem General. Der hatte bereits seinen Flottenfunk aktiviert und die EWK-Zentrale erreicht.

»Hier spricht General Poison«, sprach er in seinen Communicator. »Alpha-Order«, Einsatz für die Jägerstaffel 1 bis 10, Einsatzbereich mittlerer Atlantik. Ein Tarin-Jet mit Fremdwesen ist zu eliminieren. Alarmstart für alle Jäger.«

Die große Maschinerie der EWK lief in Sekundenschnelle an.

»Schalten sie die Koordinaten auf die Bildschirme«, befahl der General. «

Ein hektisches Treiben brach in der natradischen Leitstelle aus. Über ein Dutzend Monitore sprangen an und zeigten die unterschiedlichen Bereiche von Tarid an. Zahlreiche Jägerstaffeln waren vom europäischen Festland gestartet näherten sich bereits den Koordinaten. Andere Einheiten starteten im Sekunden-Rhythmus von dem riesigen EWK-Raumflughafen. Die Kamp-Jets stießen von allen Seiten auf die Koordinaten zu. Alle in der Erdumlaufbahn befindlichen Flottenkampf-Stationen schleusten ebenfalls Kampf-Jets aus, die sich über alternative Anflugrouten dem Ziel näherten.

Die Termar 1 saß den Flüchtenden auf den Fersen und aktivierte ihre Waffen. Die Bildschirme übertrugen, wie zwei massive Laserlanzen die vorderen Geschütze der Termar 1 verließen und auf den Tarin-Jet zurasten. Der erste Energiestrahl schlug mit voller Kraft in den Schutz-Schirm ein und ließ diesen rot aufglühen. Der brachiale Treffer drückte den fliehenden Jet mehrere Meter nach rechts. Der nachfolgende Laserstrahl durchbrach den sich wieder stabilisierenden Schirm und schlug in die Triebwerke des Tarin-Jets ein. Der Antrieb versagte sofort. Der Jet zog eine dunkle Rauchwolke hinter sich her und fing an zu trudeln.

General Poison zeigte auf den Bildschirm.
»Wir haben sie«, lächelte er.

Sein Blick suchte Noel. Dieser analysierte seine Daten. Dabei bemerkte General Poison zum ersten Mal, dass sich die Stirn von Noel in Falten zog. Er vermutete das Schlimmste.

»Was ist jetzt wieder los«, fragte er lautstark. » Sprechen sie schon. «

Noel schaute den General durchdringend an.
»Die Worgass haben einen Code gesendet«, antwortete er. »Wir haben ihn dechiffriert, können aber hiermit

nichts anfangen. Er lautet Teh Rarr 5-3333. Der Code wurde in dem großen Krieg aufgezeichnet, doch wir haben nie seine Bedeutung verstanden.«

»Die können so viele Codes senden, wie sie wollen«, grollte der General. »Das hilft ihnen jetzt auch nicht mehr weiter.«

Noel verharrte einige Sekunden.
»Ich bin nicht ganz ihrer Meinung«, erwiderte er.

General Poison horchte auf.
»Heraus mit der Sprache«, fluchte er. »Welche Informationen haben sie uns jetzt wieder unterschlagen.«

»Wir messen ungeheure Energieleistungen an«, bemerkte Noel nachdenklich. Die Quelle liegt in 8.000 Meter Tiefe auf dem Meeresboden. Es handelt sich nicht nur um einen Energiegenerator. Unzählige Energiemeiler laufen an, leistungsfähige Schutzschirme werden aktiviert. Wir erfassen massive Bodenbewegungen Auf dem Grund des Meeres.«

»Wie ist das möglich?«, stutzte General Poison.
Seine Augen wurden zu kleinen Schlitzen. Er wartete auf eine Erklärung von dem natradischen Klon.

Noel hob seinen Kopf und blickte in die Richtung des Generals.

»Das kann ich ihnen erklären«, flüsterte Noel. »Unsere zerstört geglaubte Tarid-Station ist wieder zum Leben erwacht. Wir haben die Atlantis-Basis wiedergefunden.«

***

Die von den Worgass, vor vielen Jahrtausenden errichteten Stationen, Basen und Horchposten registrierten den Notfall-Code Teh-Rarr 5-3333. Obwohl die kleinen Hypertronic-KIs der Einrichtungen nur ihre Worgass-Brutstation überwachen sollten, zwang der Notfall-Code sie zu reagieren. Auch die versunkene Basis der Natrader empfing den Code. Die kleine überlagernde Worgass-Controller-KI aktivierte schlagartig die volle Leistungsbreite der Basis. Sie erweckte die zentrale Mutter-Hypertronic-KI. Sie leitete Energie an sie und gestattete ihr Zugriff auf ihr Masarith-Lager zu nehmen.

Im Anschluss befahl sie ihrer Gefangenen sämtliche Generatoren zu starten, Schutzmaßnahmen einzuleiten und ihre Abwehranlagen zu aktivieren. Sie registrierte, dass ein Tarin-Jet mit überlebenden Worgass im Anflug war und angegriffen wurde. Mehr als 95.000 Jahre waren seit ihrer letzten Aktivierung vergangen. Sie befahl der Hypertronic-KI der Basis ihren Schutzschirm aufzubauen und sich aus dem Erdreich zu befreien. Viel zu lange war man von der Außenwelt abgeschnitten gewesen und hatte gewartet. Die Worgass KI rechnete mit einem wichtigen Besuch.

Die Worgass-Controller-KI bemerkte, wie sich die Tarid-KI sträubte und sich wandte. Sie vertiefte noch einmal ihre Befehle und verlangte den uneingeschränkten Gehorsam. Als Bestrafung sandte sie Stromstöße in das künstliche Nerven-Zentrum der KI. Belustigend nahm sie den Schmerzschrei der großen natradischen KI zu Kenntnis.

Ein Rütteln, Rumpeln und ein Stocken liefen durch die große Anlage. Der Boden vibrierte, viele Einrichtungs-Gegenstände fielen um. Durch einen letzten Energiestoß in das Nervenzentrum der großen Station beruhigte sich ihr Widerstand.

»Die große KI der Station ist erwacht und aus ihrem Grab gestiegen«, registrierte die kleine Worgass-Controller-KI.

Sie verstärkte nochmals den Druck auf ihre übergroße Gefangene. Weitere Befehle erfolgten. Sie befahl Abwehrtürme zu aktivieren und einen Hangar zur Aufnahme der Gäste vorzubereiten.

»Alles läuft nach Plan«, dachte sie. »Die riesige Station, ein kleiner Kontinent, erwacht zum Leben. Energie-Kristalle für mehrere Tausend Jahre liegen in den Lagerhallen bereit. Soll ich ihre Kampf-Kreuzer starten?«

Die Worgass-Controller-KI überlegte einen Augenblick.

»Nein«, entschied sie. »Das macht noch keinen Sinn.«

Sie beobachtete weiter ihre Sensoren. Der Tarin-Jet mit ihren Herren war getroffen worden und fing an zu trudeln. Er stürzte der Wasserfläche entgegen. Wieder schoss der verfolgende Kreuzer auf das kleine Schiff, verfehlte es aber knapp.

»Feuer frei für Abwehrgeschütz 58 und 59«, befahl sie ihrer Gefangenen. Den Jet abfangen und sicher in einen Hangar überführen. «

Die Hypertronic-KI der Basis bestätigte widerwillig.

Es waren die gleichen überdimensionalen Abwehrgeschütze natradischen Ursprungs, die man bereits von Natrid her kannte. Massive Laserstrahlen, in der Breite eines Baumstammes, verließen die zur Wasser-Oberfläche ausgerichteten Geschütztürme. Die Laserlanzen rasten der Termar 1 entgegen. Die Strahlen schossen aus dem spiegelglatten Meer auf Termar 1 zu. Ein Fangstrahl griff nach dem trudelnden Tarin-Jet und fing ihn ab. Die Worgass-KI beobachtete den Vollzug ihrer Befehle. Sie freute sich, nach dieser langen Zeit, endlich wieder Besuch von ihren Herren, in einer erbeuteten Station zu erhalten. Sie hatte ihre Aufgabe die langen 95.000 Jahre ohne nennenswerte Probleme gemeistert.

***

Sergeant Madson gab einen weiteren Schuss auf das torkelnde Schiff der flüchtenden Worgass ab. Dieser Energiestahl verfehlte das Ziel nur knapp.

»Die Cuuda 001 folgt uns«, meldete Sergeant Dantow Major Travis zu. »Sie ist soeben hinter uns aus dem Hyperraum gesprungen.«

»Sie kann jetzt auch nicht mehr viel ausrichten«, entgegnete der Major.

»Ich registriere ungeheure Energiewerte auf dem Meeresboden«, teilte Sergeant Dantow mit. »Es scheint so, als laufen dort unzählige Generatoren für eine Großstadt an.«

»Wie kann das sein?«, stutze Major Travis.

»Auf Einschlag vorbereiten«, warnte Sergeant Hausmann.

Die Hypertronic-KI des Schiffes hatte blitzschnell die Kontrolle übernommen und versetzte das Schiff ruckartig nach links. Viele Offiziere der Brücken-Crew verloren den Halt und schlugen schwer auf dem Boden auf. Extrem dicke Laserlanzen streiften den Schirm des Naada-Schiffes. Die Blendwirkung ließ den großen Panorama-Bildschirm der Termar 1 ohne Vorwarnung ausfallen.

Die hinter der Termar 1 fliegende Cuuda-001 hatte nicht so viel Glück für sich gepachtet. Ein Laserstrahl prallte mittig auf das Schiff und ließ den Schutzschirm hellrot aufleuchten. Der Schlag versetzte das kleinere Schiff 240 Meter zurück. Viele der unvorbereiteten Besatzungsmitglieder wurden durch die Luft geschleudert, oder verloren ihren Halt. Alarm-Sirenen schallten durch das Schiff. Die Flug-Stabilisatoren heulten bis zu ihrer Leistungsgrenze auf. Das war ein Schlag ins Gesicht der Cuuda 001 gewesen. Hiermit hatte selbst Captain Hunter nicht gerechnet. Medi-Roboter und ärztliches Personal eilten durch die Gänge und über die Decks, um Hilfe zu leisten. Captain Hunter brach die Verfolgung ab und ließ das Schiff in die Umlaufbahn der Erde manövrieren. Erst jetzt konnte das ganze Ausmaß erfasst werden. Viele Kontroll-Lichter flackerten rot, die Notbeleuchtung war eingeschaltet. Bildschirme zerstört, das CIC durch heruntergestürzte Geräte beschädigt. Captain Hunter blickte seinen 1. Offizier an, der sich eben wieder aufrichtete. Leutnant Graves aktivieren sie die schiffsinterne Flotten-Kommunikation.

»Status«, fragte Captain Hunter.
Graves hob seine rechte Hand. Das war eine Bitte abzuwarten. Unzählige Meldungen gingen bei ihm ein.

»Wir haben einen Blattschuss erhalten«, teilte Graves. mit. Unser Schiff flog zu dicht hinter der Termar 1. Der KI gelang es nicht mehr auszuweichen. Es ist mit einem Ausfall von 70 Prozent bei der Besatzung rechnen. Die Personen werden die nächsten Wochen ausfallen. Ein Teil der Elektronik wurde beschädigt, überwiegend die Zusatzinstrumente irdischer Technik. Wir benötigen einen Werft-Aufenthalt.«

»Danke Leutnant«, antwortete der Captain. » Wir werden hieraus lernen. Informieren sie bitte Noel. Wir brechen ab und fliegen Natrid an. «

***

Der Schirm der Termar 1 flackerte wieder auf, als sei nichts geschehen. Der Tarin-Jet war verschwunden.

»Wo ist das Schiff hin?«, erkundigte sich Major Travis.

»Ein Fangstrahl hat es erfasst und zieht es zum Meeresboden herunter«, erklärte Sergeant Dantow. »Jetzt ist es verschwunden. Es wird von dem gewaltigen Energie-Schirm auf dem Meeresboden geschützt. «

»Irgendwelche Vorschläge? «, fragte Major Travis.

»Eingehender Funkspruch von Noel«, unterbrach Sergeant Farmer das Gespräch.

»Legen sie auf die Lautsprecher«, erwiderte der Major.

»Hier spricht Noel«, tönte es aus den Wiedergabe-Geräten »Ich grüße sie und ihre Crew. General Poison ist auch bei mir. Wir sind froh, dass sie alles gut überstanden haben. Mit den erdgebundenen, alten massiven Abwehr-Geschützen ist nicht zu spaßen. «

»Das haben wir bemerkt«, antwortete Major Travis wortkarg. »Wir haben einige Fragen zu diesem Einsatz. «

»Jetzt nicht«, antwortete Noel. » Kommen sie bitte nach Natrid zurück. Captain Hunter ist auch bereits informiert. Dieser Befehl wurde mit einer Alpha-Order belegt. Es findet eine große Krisen-Sitzung in dem imperialen Verwaltungs-Gebäude statt. Wir erwarten ihr Erscheinen unverzüglich. «

Der strenge Ton, des ansonsten immer so gelassen wirkenden Kunst-Klons, ließ Major Travis aufhorchen.

»Das ist das erste Mal, dass er den Zusatz Alpha-Order verwendet«, sagte Marc zu Commander Brenzby.

Dieser nickte nur. Der Schreck der vergangenen Minuten steckte noch in ihm.

»Bringen sie uns nach Natrid«, befahl Major Travis. »Wir fliegen mit UL1. Schauen wir uns an, welche neuen Informationen die Leitstelle für uns hat. «

Der Commander bestätigte den Befehl und leitete ihn an die Schiffs-Steuerung weiter. Das Schiff beschleunigte und ließ langsam die Wolkenschichten schnell hinter sich. Die Termar 1 flog mit gemäßigter Geschwindigkeit dem vor ihm liegenden rot leuchtenden Planeten entgegen. Sirin und Heinze waren aufgrund der Erschütterungen auf die Brücke geeilt. Sie standen neben Major Travis und schauten auf den großen Panorama-Bildschirm des Schiffes. Natrid wurde zusehend größer.

»Das ehemalige Zentrum des uns bekannten Universums«, lächelte Sirin entzückt. »Werden wir irgendwann die alte Größe wiedererlangen? «

Marc und Heinze schauten sie an. »Es wird anders sein als früher«, antwortete Major Travis »In jedem Fall toleranter und angenehmer für alle Rassen und Freunde, die wir auf unseren Expeditionen treffen und begeistern können, sich dem neuen Imperium anzuschließen. «

Beeindruckend und majestätisch lag Natrid vor ihnen auf dem großen Bildschirm.

Wird fortgesetzt.

www.ingramcontent.com/pod-product-compliance
Lightning Source LLC
Chambersburg PA
CBHW071352170526
45165CB00001B/14